中原储气库固井技术

孙凯　赵建胜　李社坤　主编

中国石化出版社
·北京·

图书在版编目(CIP)数据

中原储气库固井技术 / 孙凯，赵建胜，李社坤主编．—北京：中国石化出版社，2024.6
ISBN 978-7-5114-7420-9

Ⅰ．①中… Ⅱ．①孙… ②赵… ③李… Ⅲ．①地下储气库-固井-研究 Ⅳ．①TE972

中国国家版本馆 CIP 数据核字(2024)第 053106 号

中国石化出版社出版发行

地址：北京市东城区安定门外大街 58 号
邮编：100011　电话：(010)57512500
发行部电话：(010)57512575
http://www.sinopec-press.com
E-mail：press@sinopec.com
北京富泰印刷有限责任公司印刷
全国各地新华书店经销
*
787 毫米×1092 毫米 16 开本 17.25 印张 344 千字
2024 年 6 月第 1 版　2024 年 6 月第 1 次印刷
定价：108.00 元

编 委 会

前言

中原储气库是气藏型储气库，固井质量是储气库建设的重中之重。如果固井质量不过关，地层中储存的天然气就可能沿套管窜到浅层或地表，增大了碳排放风险和安全隐患。近年来，为保证储气库的高质量建设和安全平稳运行，出台了多个储气库钻完井相关标准，对固井工艺、固井水泥石性能等提出了更高的技术要求。

中原储气库在固井作业中，面临盐盖层固井优质封固、多套压力系统井筒完整封固、水泥石低弹性模量要求高等挑战。为了确保储气库的建设成功以及使用寿命，在中原油田原有的固井技术和水泥浆体系的基础上，编者及其团队对中原储气库固井技术开展了大量富有成效的研究工作和现场实践，取得了较大的进展。针对目前国内外尚无系统的储气库固井技术方面的参考书与教材，编者以中原储气库的固井技术及建设实践为基础，结合多年的理论研究与现场实践经验，在盐盖层优质封固工艺、枯竭气藏储层固井工艺、弹韧性水泥浆体系、固井工具等方面进行了集成创新，系统地总结出一套适用于枯竭气藏储气库固井的理论与配套技术，为今后该类型储气库评价及固井建设工作提供参考和一定的技术支撑。

全书共八章。第一章介绍了国内外储气库概况；第二章介绍了中原储气库的地质情况；第三章简单阐述了储气库的钻井设计方面内容；第四章阐述了储气库井筒密封完整性；第五章阐述了储气库水泥浆体系；第六章阐述了中原储气库固井综合配套技术；第七章介绍了储气库应用的固井工具及附件；第八章介绍了储气库固井技术现场应用情况。

在本书编写完成后，西南石油大学严思明、黄盛老师、长江大学郑双进老师进行了审稿，提出了宝贵的建议。在编写过程中得到了中原石油工程有限公司、中原油田分公司、国家管网公司有关领导和技术人员的大力支持和帮助，在此致以由衷的感谢！

由于储气库固井工程涉及地质分析、工程建设、风险管控等方面，编者业务水平有限，本书难免存在缺点和不足，如有不妥之处，敬请读者批评指正。

目录

第一章

概述

第一节 储气库概述

中国能源供需长期处于不平衡状态，矛盾突出。尽管各油气田全力开井生产保供，但由于受到油气开发井的开采方式和长输管道距离限制，短时间内很难达到供需平衡。从国家能源战略来看，储气库由于大气量快进快出的生产运行特点，符合国家能源战略和季节性调峰需要，必然成为天然气发展格局的重要组成部分，其建设意义重大。

一、储气库的作用

（1）储气库的作用一是协调供求关系，缓解因各类用户对天然气需求量的不同和负荷变化而带来的供气不均衡性；二是实施战略储备，当供气需求大幅度增加或故障、检修等中断时，地下储气库可作为补充气源，保证供气的连续性和提高供气的可靠性。

（2）储气库可以降低天然气消费不均衡性对天然气生产系统和输气管网的影响，有助于实现均衡性生产和作业；有助于充分利用输气设施的能力，提高管网的利用系数和输气效率，降低输气成本。

（3）储气库还可以保持天然气价格相对稳定。供气方在天然气低价时储气不售或增加储气量，待用气高峰、价格上涨时售出。用气方在天然气低价时购进储存，待冬季或用气高峰、气价上涨时采出使用。

二、储气库的分类

根据储存空间的不同，地下储气库主要分为油气藏储气库、含水层储气库、盐穴储气库及废弃矿坑储气库等 4 种类型。

1. 油气藏储气库

油气藏储气库是利用已开发的气藏或油藏而建设，将天然气注入气层或油层而形成的储气库，是最常用、最经济的一种地下储气形式，具有造价低、运行可靠的特点。

2. 含水层储气库

用高压气体注入含水层的孔隙中将水排走，并在非渗透性的含水层盖层下直接形成储气场所。含水层储气库是仅次于油气藏储气库的另一种大型地下储气库形式。

3. 盐穴储气库

在地下盐层中通过水溶解盐而形成空穴，用来储存天然气。从规模上看，盐穴储气库的容积远小于油气藏储气库和含水层储气库，单位有效容积的造价高，成本高，而且溶盐造穴需要花费几年的时间。但盐穴储气的优点是储气库的利用率较高，注气时间短，垫层气用量少，需要时可以将垫层气完全采出。

4. 废弃矿坑储气库

利用经过密封处理且符合储气条件的废弃矿坑进行储气。这类储气库数量较少，主要原因在于大量废弃的矿坑技术和经济条件难以符合要求。

各类型储气库优缺点对比，见表 1-1-1。

表 1-1-1　不同类型地下储气库优缺点对比

气库类型	适合地形	优　点	缺　点
气藏型储气库	已开采枯竭废弃的气藏或开采到一定程度的退役气藏	封闭情况良好，安全可靠性大，注入气利用率高，建库周期短	密封性要求高，注入气体最好是经过处理的干气
油藏型储气库	采油程度很高的枯竭废弃油藏或油藏气顶	储气量大、原有地面设备可再利用	建造周期长，需试注、试采运行检验，费用较高
含水层储气库	一般建在背斜构造的含水砂岩储层中	构造完整，钻井、完井一次到位	勘察、选库工作难度大，风险较大，气水界面较难控制，且投资运行费用高
盐穴型储气库	埋深一般>1500m，含盐地层厚度一般>300m	产气能力相对较高，注气时间短，垫层气用量少，储气无泄漏，调峰能力强	天然气有效容积相对较小，钻井、完井难度大，溶蚀冲蚀较难控制，成本高
废弃矿坑储气库	利用废弃煤矿等遗留的洞穴来储存天然气	建库单位成本和操作费用较低，来源广	原有井筒难以密封，存在气体向地面泄漏的风险

第二节　国外储气库概况

国际天然气市场通常将全球划分为北美、南美、欧洲、独联体、中东、非洲和亚太 7 大区域市场，其中除了非洲，其他 6 个地区均建有储气库，但是分布极不均衡，其中北美、欧洲和独联体等传统天然气市场占据了 93%的储气能力。根据 2022 年度国际天然气联盟(IGU)地下储气库工作组年度报告，全世界共有地下储气库 698 余座，已建储气库的总工作气量约 $4160\times10^8m^3$，每日最高峰采气速度约为 $72.48\times10^8m^3$。半数以上的天然气储气库分布于欧美等发达地区，IGU 认为天然气的对外依存度和地下储气库工作气量存在一定关系，当天然气对外依存度超过 30%时，地下储气库工作气量占天然气消费量的比例超过 12%；当对外依存度超过 50%时，这一占比将达到 20%。国外正在不断加大储气库的建设力度，增大储气量，除常规的调峰应急需要外，已经开始研究天然气的战略储备课题。

一、国外地下储气库发展历程

20世纪初叶，随着油气工业的发展，尤其是天然气工业快速发展，油气储存已经引起欧美国家的普遍关注，这个阶段储气库的建库目标主要是选择已开发油气藏，以传统的油气开发理论为指导，借助配套的油气开发技术与装备，开展了储气库注气试验与早期建设，规模较小，发展速度较慢。1915年，加拿大建成世界上第一座地下储气库。截至20世纪中叶，全球储气库业务发展处于初期阶段，建成储气库100余座，基本为气藏型储气库，形成工作气量仅$200\times10^8m^3$。

20世纪50年代开始，欧美国家天然气勘探开发工作取得了快速进展，天然气消费量快速增长，储气库建设工作进入了快速发展期。气藏型储气库本身已经无法满足天然气工业快速发展的需求，不同国家结合自身地质条件，形成了以气藏型储气库为主，油藏型、盐穴型及含水层型储气库多元化发展的新格局。到了20世纪70~80年代，欧美国家多类型储气库建设已经发展到高峰，进入了平稳发展阶段。

20世纪90年代以来，欧美主要发达国家储气库建设基本饱和，只有局部市场的发展，以及对已有储气库布局的补充完善，储气库建设的数量比较少，盐穴储气库由于其较高的采气能力和注采转换的灵活性得到了用户的青睐，成为稳定发展阶段的首选目标。国外盐穴储气库建库条件以盐丘厚盐层为主，水溶造腔机理比较简单，造腔模拟软件、稳定性评价方法也比较成熟。

进入21世纪，特别是近十来年，不同区域国家储气库的建设与利用形成了明显的差异化发展。美国作为天然气净出口国，预计5年内储气库的容量会略有增长，主要是对现有的储气库进行修复和扩容。独联体国家近10年储气库的工作气量增长速度放缓，但独联体国家正在开发以含水层和盐穴型储气库为主的项目，建成之后将显著提高储气库供气的灵活性和供气能力。欧洲具有发达的天然气储运基础设施，为可再生能源的储存提供了优越的条件，“电转气”所具有储存灵活、应用便利和绿色环保的特点，让欧盟委员会开始认识到有效利用现有储气库并将其保存到未来的必要性。中东国家由于天然气消费不断增长，并增加天然气在其能源结构中的份额，天然气存储可能成为灵活供气解决方案的内容之一。拉丁美洲国家未开展新的储气库项目建设。

二、国外地下储气库建设现状

1. 各地区地下储气库工作气量分布

全球65%的地下储气库工作气量主要分布在北美、欧盟等地区的发达国家，各国的地下储气库工作气量与管网完善程度、用户消费结构、进口依存度密切相关，一般占年消费量的

13%~27%。由于发达国家管网比较完善，用气结构以发电、燃气为主，对外依存度达到和超过 30%的国家，工作气量一般达到消费量的 12%以上，如法国、德国等。并且天然气对外依存度越高，地下储气库工作气量占消费量比例越大，部分对外依存度超过 50%的国家工作气量占消费量比例达到 15%以上，如独联体国家乌克兰、哈萨克斯坦等。全球不同地区储气库工作气量分布统计见表 1-2-1，全球储气库工作气量分布与储气库类型如图 1-2-1 所示。

表 1-2-1 全球不同地区储气库工作气量分布统计

地　　区	工作气量/10^8m^3	占全球工作气量比例/%
北美洲	1620	38.92
独联体	1150	27.63
欧洲	1100	26.43
亚洲	140	3.36
中东	90	2.16
亚太	60	1.44
拉丁美洲	2	0.05

图 1-2-1 全球储气库工作气量分布与储气库类型图

2. 各类储气库的工作气量及采气能力

4 种类型地下储气库中，气藏型地下储气库工作气量最大，约占总工作气量的 74%，含水层型地下储气库占 11%，盐穴型地下储气库占 9%，油藏型地下储气库占 6%。虽然气藏型储气库的工作气量占比最高(74%)，但高峰采气速度却只占 56%，盐穴储气库工作气量占比仅为 9%，但高峰采气速度却为 27%。不同类型的储气库具有不同的自然特征，气藏型储气库具有较大工作气量，但盐穴储气库在较小的溶腔内却有较高的供气能力。

各类型储气库工作气量占比如图 1-2-2 所示，各类型储气库高峰采气速度的占比如图 1-2-3 所示。

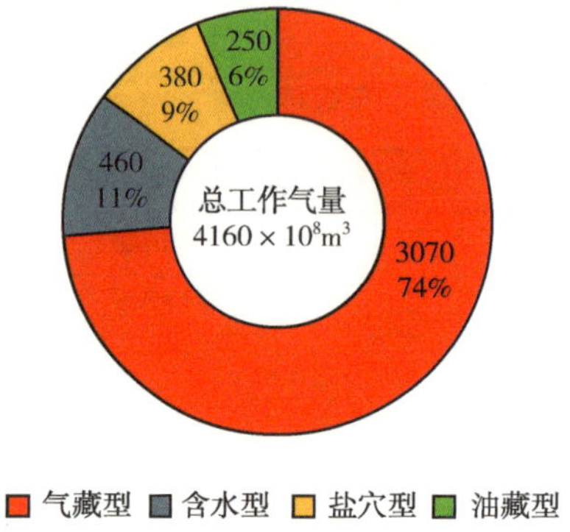

图 1-2-2 各类型储气库工作气量占比

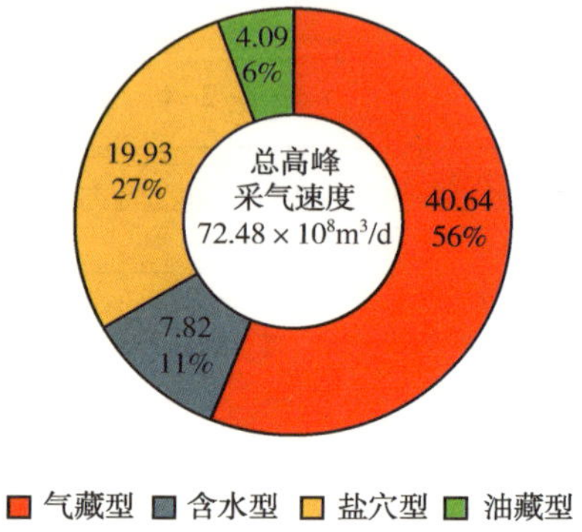

图 1-2-3 各类型储气库高峰采气速度的占比

3. 各国地下储气库建设情况

美国、俄罗斯、乌克兰、德国、意大利、加拿大、荷兰和法国是传统的储气大国，其中工作气量占全球地下储气库工作气量的 80%。美国和加拿大是世界上天然气市场最发达的地区，地下储气库已有百年历史，发展成熟。欧洲是仅次于北美和独联体的世界第三大储气库市场，其地下储气库工作气量占到了天然气消费量的 26. 43%。近年来，中国储气库建设方面取得了飞跃式的发展，储气库工作气量总量位居世界第七。各国的储气库数量、工作气量及高峰采气速度详见表 1-2-2。

表 1-2-2 各国储气库建设情况统计表

序号	国家	储气库数量/座	工作气量/10^8m^3	高峰采气速度/(10^8m^3/d)
1	美国	402	1349. 9	33. 23
2	俄罗斯	24	689. 9	9. 34
3	乌克兰	13	321. 8	2. 64
4	加拿大	66	269. 5	2. 67
5	德国	45	231. 9	6. 82
6	意大利	13	172. 8	2. 45
7	中国	25	139. 1	1. 86
8	荷兰	5	135. 4	2. 83
9	法国	14	121. 8	2. 27

续表

序号	国家	储气库数量/座	工作气量/10^8m^3	高峰采气速度/(10^8m^3/d)
10	奥地利	9	90.1	0.96
11	匈牙利	5	61	0.72
12	澳大利亚	7	60.3	0.11
13	伊朗	2	60	0.29
14	阿塞拜疆	3	47	0.14
15	乌兹别克斯坦	2	40	0.47
16	土耳其	2	36.9	0.45
17	捷克共和国	9	36.8	0.76
18	哈萨克斯坦共和国	3	36.5	0.27
19	波兰	9	34	0.5
20	西班牙	4	33.7	0.31
21	斯洛伐克	3	33.6	0.44
22	阿拉伯联合酋长国	1	33	0.04
23	罗马尼亚	7	31.3	0.32
24	拉脱维亚	1	23	0.3
25	英国	8	17.4	1.19
26	白俄罗斯	3	10.9	0.35
27	丹麦	2	9.5	0.25
28	比利时	1	8.5	0.15
29	克罗地亚	1	5.6	0.06
30	保加利亚	1	5.5	0.04
31	塞尔维亚	1	4.5	0.05
32	新西兰	1	2.7	0.02
33	葡萄牙	1	2.4	0.07
34	亚美尼亚	1	1.6	0.06
35	阿根廷	1	1.5	0.02
36	日本	2	1.3	0.02
37	瑞典	1	0.1	0.01
总计		698	4160.8	72.48

三、国外地下储气库固井技术

国外气藏型储气库较早时期多为直井和定向井，近年来，美国、土耳其和法国等在储气库建库时开始推广应用丛式井、水平井和多分支井。储气库井多选用 ϕ177.8mm 油管和 ϕ244.5mm 油管，实现了储气库大吞大吐的功能，部分井注采能力达 800×10^4 ~

$1000\times10^4m^3/d$，油管及生产套管均采用气密封螺纹连接。储气库井筒水泥环在交变应力条件下，很容易产生微裂缝、微环空，产生气窜和套管带压风险。为了提高固井质量，主要采取以下措施：

① 储气库注采井设计上要控制单层套管下入深度；

② 重视每一层套管的固井质量，水泥返至地面；

③ 采用韧性膨胀水泥，减少应力交变对水泥环的影响；

④ 采用自愈合水泥技术，填充后期产生的微裂缝；

⑤ 固井质量检测要求高，国外普遍采用超声波成像测井方法（如 IBC）。

通过运用上述措施，道达尔、壳牌等石油化工公司在建井质量控制上取得了很好的效果，法国 TIGF 储气库目前仅 1 口井有异常套压，荷兰 Norg 储气库 6 口生产井生产 14 年没有异常套压。

四、国外地下储气库发展趋势

从国外储气库建设和发展趋势来看，未来各国仍将继续加强储气库建设。例如，美国有 80 余座储气库已运营超过 60 年，将逐步废弃，同时美国的天然气产量和需求急剧增长，但储气库库容增长缓慢，需要建设新的储气库。国外储气库技术主要有以下发展方向：

（1）大力发展盐穴储气库，包括向百万立方米以上大型化溶腔方向发展、从厚盐层（500m 以上）建库向 200m 以下的薄盐层方向发展。

（2）提高储气库的利用效率，包括加大气库运行压力范围、优化井网与注采量减少水侵对气库运行影响、提高最大注采速度、加快气库周转和新型压缩机、脱水方式等。

（3）提高储气库的协调能力，包括地面地下一体化模拟技术、气库与管网的一体化管理和智能化监控、运行技术。

（4）探索新的建库领域，包括储气库建设与提高原油采收率协同技术、减少垫气量的垫气混相技术及低幅度水平层建库技术等。

第三节　国内储气库概况

1999 年，中国第一座商业储气库——大港大张坨储气库开始投入全面建设，拉开了中国地下储气库建设的序幕，标志着中国地下储气库进入了一个新的发展阶段。经过 20 多年努力，中国地下储气库实现了从无到有、从小到大、从简单到复杂、从小规模应用到形成大规模产业，开拓了中国复杂地质条件下储气库建设的创新之路，奠定了中国天然气战略储备格局的基础。

一、国内地下储气库发展历程

1. 探索阶段

20 世纪 60 年代末，大庆油田首次开展储气实验，1975 年探索并建成投产了中国首座气藏型地下储气库——喇嘛甸地下储气库。1999 年建成第一座商业地下储气库——大张坨地下储气库，承担京津冀地区天然气“错峰填谷”任务和北京地区冬季调峰保供，取得了储气库建设的经验和初步成熟的运行体系。

2. 发展阶段

2005 年开始建设的江苏金坛地下储气库，是中国同时也是亚洲第一座盐穴型储气库，填补了中国利用盐穴改建储气库的历史空白，对长三角地区调峰保供起到重要作用，自此储气库进入了发展并逐步提速阶段。2010 年以来，中国相继建成新疆呼图壁、西南相国寺等一批气藏型储气库，取得了复杂储气库重大关键技术突破，培养了专业化科研队伍和技术人才。

3. 成熟阶段

目前，中国在油气藏型、盐穴型储气库建库理论和技术方面基本成熟，创造了世界储气库建设的多项第一，创新成果整体达到国际先进水平。2021 年 10 月，冀东油田南堡储气库增注项目顺利投产，标志着中国储气库建设完成了从陆路到海上、从油气藏型到油藏型的成功转型，拓宽了中国储气库建库思路，为今后油藏改建储气库奠定了理论基础，具有重要的借鉴和指导意义。储气库建设整体处于成熟并向全国范围内辐射阶段，将在中国的油气消费、油气安全领域发挥更加重要的作用，建库目标将从调峰型向战略储备型延伸与发展，建库技术水平也将在实践中不断得到提高。

二、国内地下储气库建设现状

进入 21 世纪，中国天然气产业发展迅猛，建成四大通道，天然气骨干管道总长已达 7.6×10^4km，全国天然气消费量以年均 10%的涨幅，从 2000 年的 $265\times10^8\text{m}^3$ 快速上升到 2023 年的 $3915.5\times10^8\text{m}^3$。其中 2021 年天然气进口比例高达 43.83%，天然气需求急剧增长。

欧美经验表明，保障天然气安全平稳供给最经济最有效的手段——建设地下储气库。截至 2023 年底，中国共计建成 46 座储气库并投入调峰运行，累计工作气量 $321.31\times10^8\text{m}^3$，为城镇燃气调峰发挥了主体作用。如首都北京冬季安全供气主要依赖地下储气库，冬季 40%~50%的用气量来自地下储气库，为京津冀地区雾霾治理、安全供气做出了重大贡献。20 年来，中国地下储气库累计调峰采气约 $500\times10^8\text{m}^3$，惠及 10 余省市的 2×10^8 人口，替代标煤 5000×10^4t，综合减排 10000×10^4t。中国已建储气库设计参数见表 1-3-1。

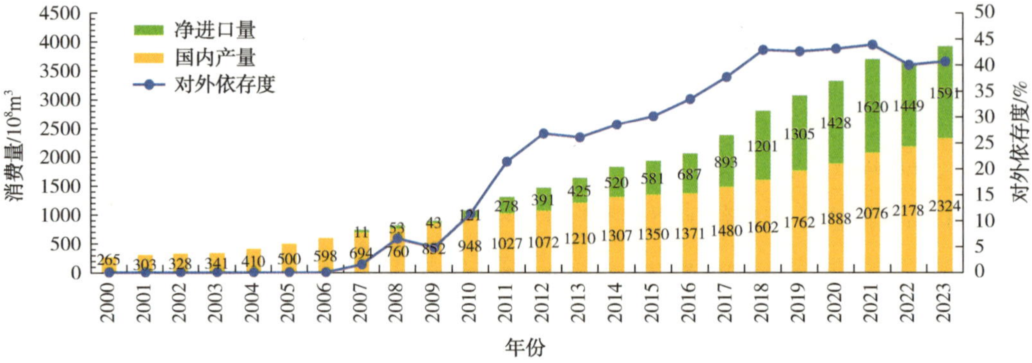

图 1-3-1　2000~2023 年中国天然气消费量情况(据国家统计局、海关总署数据整理)

表 1-3-1　中国已建储气库设计参数(2023.12)

序号	省份	地级市	储气库	工作气量/(10^8m^3)	公司
1	黑龙江	大庆	喇嘛甸	15	大庆油田有限责任公司天然气分公司
2	黑龙江	绥化	四站	1.35	大庆油田有限责任公司天然气分公司
3	黑龙江	绥化	朝 51	1.38	大庆油田有限责任公司天然气分公司
4	吉林	松原	长岭双坨子	5.12	吉林油田分公司
5	吉林	四平	孤西	0.3	东北油气分公司
6	辽宁	盘锦	双 6	16	辽河油田(盘锦)储气库有限公司
7	辽宁	盘锦	双 31	4.49	辽河油田(盘锦)储气库有限公司
8	辽宁	盘锦	双 51	17.01	辽河油田(盘锦)储气库有限公司
9	辽宁	盘锦	雷 61	2.1	辽河油田(盘锦)储气库有限公司
10	新疆	昌吉州	呼图壁	45.1	新疆油田储气库项目部
11	内蒙古	鄂尔多斯	苏东 39-61	10.8	长庆油田分公司第五采气厂
12	陕西	榆林	陕 224	5	长庆油田分公司储气库管理处
13	河北	廊坊	京 58	3.9	华北油田分公司储气库管理处
14	河北	廊坊	京 51	0.6	华北油田分公司储气库管理处
15	河北	廊坊	永 22	3	华北油田分公司储气库管理处
16	河北	廊坊	苏 1 南	2	华北油田分公司储气库管理处
17	河北	廊坊	苏 20	0.72	华北油田分公司储气库管理处
18	河北	廊坊	苏 4	12.1	华北油田分公司储气库管理处
19	河北	廊坊	苏 49	4.5	华北油田分公司储气库管理处
20	河北	廊坊	顾辛庄	4	华北油田分公司储气库管理处
21	河北	廊坊	文 23	5.16	华北油田分公司储气库管理处
22	河北	唐山	南堡 1-29	10.52	冀东油田分公司
23	天津	—	大张坨	6	大港油田分公司
24	天津	—	板 876	1.89	大港油田分公司

续表

序号	省份	地级市	储气库	工作气量/(10^8m^3)	公司
25	天津	—	板中北	10.97	大港油田分公司
26	天津	—	板中南	4.7	大港油田分公司
27	天津	—	板 808	4.17	大港油田分公司
28	天津	—	板 828	2.57	大港油田分公司
29	天津	—	白 6	1.94	大港油田分公司
30	天津	—	白 8	0.35	大港油田分公司
31	天津	—	板 G1	1.8	大港油田分公司
32	天津	—	白 15	1.3	大港油田分公司
33	天津	—	驴驹河	3	大港油田分公司
34	山东	东营	永 21	2.38	胜利油田分公司天然气销售有限公司
35	山东	菏泽	白 9	1.54	中原油田分公司濮东采油厂
36	山东	菏泽	白庙浅层气	3.43	中原油田分公司濮东采油厂
37	河南	濮阳	文 96	2.95	中石化天然气分公司
38	河南	濮阳	文 23	44.68	国家管网集团中原储气库有限责任公司
39	河南	濮阳	卫 11	5.08	中原油田分公司储气库管理中心
40	河南	濮阳	文 13	3.32	中原油田分公司储气库管理中心
41	河南	濮阳	文 24	2.56	中原油田分公司储气库管理中心
42	重庆	—	相国寺	22	西南油气田分公司
43	四川	达州	清溪	1.94	中原油田普光分公司
44	江苏	淮安	刘庄	2.45	华北油田分公司储气库管理处
45	江苏	常州	国家管网金坛盐穴	17.14	国家管网集团西气东输分公司
46	江苏	常州	港华金坛盐穴	3	江苏省港华储气库有限公司

三、国内地下储气库固井技术

1. 枯竭气藏储气库固井技术

针对交变载荷条件下常规固井水泥环脆性大、易破碎的问题，形成了深井、大井眼、低压地层等条件下以韧性水泥浆体系为核心的井筒长效密封固井技术，包括以承压堵漏为主的井眼综合准备技术、提高顶替效率技术、套管串优化设计技术、套管密封完整性检测技术、韧性水泥浆性能优化技术、常规 CBL+VDL 结合 IBC 固井质量评价技术等。研制了储气库井固井新材料和专用装备，例如中低高温 DRE 韧性水泥浆体系、DRY 冲洗隔离液、套管螺纹连接气密封检测装备等。韧性水泥石抗压强度超过 50MPa，弹性模量相比常规水泥石降低 30%~50%，抗高温 200℃、最大适应固井温差 100℃。该固井配套技术在苏桥、相国寺等储气库推广应用 27 口井，苏桥储气库固井井深达 5399m，固井质量合格率达到 100%。

2. 盐穴储气库井固井技术

针对低温条件下盐水水泥浆固井质量差的难题，研发了 DRB-3S+JSS 低温抗盐水泥浆体系，并制定了复杂井眼提高顶替效率的技术措施、上部地层综合防漏措施，形成了大尺寸复杂井眼条件下盐穴储气库井水泥浆体系及固井配套技术，并在金坛盐穴储气库、平顶山储气库、云应盐穴储气库、楚州盐穴储气库成功应用。

针对井底与大溶腔连通的采卤井，全井套铣后生产套管固井难度大的问题，通过向井筒中投入铅球，在盐腔脖颈处制造人工井底的方法，形成了已有采卤井无井底固井技术。该技术在金坛盐穴已有采卤井改造为储气库井中成功运用。

四、国内地下储气库发展趋势

中国石油规划总院根据中国不同地区天然气消费冬夏峰谷差，计算得到相应的调峰系数，结合各地区的用气量，可计算中国 2030 年储气调峰需求。根据调峰系数分析预测，当消费量达到 $5500\times10^8m^3$时，储气库调峰需求量则为 $563\times10^8m^3$，约占天然气消费量的 10.2%。如果 2035 年天然气消费量达到 $6000\times10^8m^3$，则相应的天然气储气库需求量将达到 $615\times10^8m^3$。在天然气发展的背景下，根据国家对储气能力建设的要求，为了保证我国能源安全，必须加强储气能力的建设。中国 2030 年不同地区天然气消费量及调峰需求预测见表 1-3-2。

表 1-3-2　中国 2030 年不同地区天然气消费量及调峰需求预测

地　区	天然气用量/10^8m^3	用气不均匀系数	调峰需求量/10^8m^3
长三角地区	945	1.17	32
环渤海地区	1095	1.59	214
东南地区	825	1.16	46
中南地区	700	1.2	47
西南地区	635	1.13	27
西北地区	350	1.58	67
中西部地区	550	1.5	90
东北地区	400	1.3	40

1. 有序推进储气库建设，工作气量逐步达到年消费量的 10%以上

根据国外储气库的建设经验，地下储气库调峰与应急是天然气供应链中的重要组成部分，也是世界发达国家天然气利用的普遍选择。地下储气库工作气量占年消费量 10%以上方能保证供气安全，所以我国还需要建设一大批地下储气库，应继续加大地下储气库库址

筛选和前期评价的力度，按照“筛选一批、评价一批、规划一批、建设一批”的原则，有序地加大地下储气库建设投入，使调峰规模逐步赶上天然气消费高速增长的需求。

2. 全国整体规划，合理安排储气库建设布局

根据建库资源的分布情况，国家管网公司应从国家层面协调企业、地方统筹布局全国地下储气库规划，按照保重点及需求程度，分步实施储气库建设。从建库类型看，中国24个省、自治区、直辖市和海域发现了可利用的含石油和天然气的构造，这些含油气构造为改建地下储气库提供了一定的地质基础。因此，中国地下储气库建设应以最为经济的油气藏储气库为主，而在缺少油气藏构造的地区，选择适合建库的水层构造及盐层，建设水层及盐穴储气库。从地域上看，中国气层气储量主要分布在西北、中西部和西南地区，气顶气和油田伴生气主要分布在东北松辽盆地、环渤海盆地以及中南地区。因此，这些地区应以气藏储气库为主。而长江三角洲及东南沿海地区缺少适合建库的气藏构造，应把寻找盐穴或水层构造作为储气库的重点研究方向。从作用上看，上游主要气区，如西北、西南、中西部和东北地区以大中型气藏储气库为主，以解决需求淡季天然气存储、冬季调峰和应急储备问题；东部消费市场地区以建设中小型气藏、盐穴储气库群为主，以解决本地区调峰问题。此外，还应在渤海湾盆地、松辽盆地以及南方盆地积极开展水层建库目标的研究与勘探，寻找水层建库有利目标，建设多元化类型地下储气库，满足不同调峰需求。

针对中国建库地质资源的不均衡性，地下储气库建设要逐渐摆脱单纯为某个干线配备储气库的模式，而应通过各干线之间的联络线将调峰能力较强的地区剩余工作气调配到调峰能力较弱的地区。特别是联络线附近的储气库，可根据不同地区的调峰需求，在各干线之间进行调配，进而确保重点地区、重点城市的调峰需求。在没有建设大型储气库的地质条件下，应考虑将多个距离较近的小型气库组成储气库群，统一规划、统一建设、统一调配，这样既可以扩大调峰规模、降低投资成本，又能更加灵活有效地发挥储气库的应急调节作用。

3. 加强技术攻关，降低建库成本，提高运行效率，建设有效益的储气库

在选址方面，不仅要考虑地质条件的可能性，还需充分考虑周边天然气用户市场调峰需求程度、经济可承受能力等方面的情况，并结合增产措施、技术现状，优选有效益的储气库。在建库理念方面，加深储气库地质体理论认识与注采机理研究，通过优化运行压力加快气藏储气库达容达产，增加工作气量设计的同时，考虑油藏、气田开发与储气库协同建设。盐穴水平井造腔新工艺使薄盐层、油藏、在产气田成为新的建库目标，在拓展储气库库址类型的同时，使油气田开发与储气库建设综合效益最大化。在提高单井注气能力方面，攻关中低渗储层改造增产关键技术与装备，开展储气库水平井、多分支井技术研究。在盐穴储气库方面，针对造腔速度慢、注气排卤效率低等问题，开展大井眼、双井造腔等多种工艺技术和注气排卤管柱一体化及多井同步注气排卤技术研究，缩短造腔建库周期，提供腔体利用率，降低建设投资。在地面工程方面，通过注气压缩机节能降耗、采气装置优化运行、传统工艺装置大型化等研究，降低投资，实现储气库工程项目的降本增效。

4. 建立数字化储气库，实现地下–井筒–地面全生命周期一体化运行管理

地下储气库是强注强采、交变载荷、多周期的注采过程，全生命使用周期达 30~50 年或更长，其注采气速度是气藏开发的 20~30 倍。储气库构造断层圈闭的密封性，在多周期交变载荷工况条件下，受储层非均质性、气体高速流等影响极大。同时活跃的边底水使储气库运行特征更加复杂，这些特点决定了地下储气库在地质风险评估、注采气井钻采工艺及地面集输工艺等方面有着与气田开发显著的差异。中国储气库建设受地质条件复杂性等因素影响，在储气库设计、建设、运行管理等方面与发达国家存在差距。因此在学习和借鉴国外储气库先进技术和经验的同时，加强中国地质特点储气库核心技术研究，攻关建立以储层渗流为核心、井筒–地面为约束条件、集地下地面于一体的三维仿真数值模拟技术，建立数字化储气库，实现储气库地下–井筒–地面一体化设计、一体化运行管理，提高储气库运行效率，科学指导储气库扩容达产，防范并预警地下储气库建设运行过程中面临的安全风险。

第二章

地质情况

东濮凹陷地处华北天然气调峰中心，东接济青线、山东南干线输气管道，西接榆济输气管道，南接潜江-中原输气管网，北接鄂安沧输气管网，是多条输气管网交汇点，具有地理位置的优越性。而且中原储气库库址丰富，有文23块、文13块、文24块、文96块、卫11块等10个枯竭气藏，根据调研，东濮凹陷共有气藏26个，其中整装气藏2个、凝析气藏8个、复杂断块气藏11个及气顶5个，可建库资源324.21×10^8m^3。东濮凹陷盐岩及泥岩分布较广，盐层发育，厚度100~800m不等，以盐岩、泥岩为优质盖层可实现气藏有效圈闭，为中原储气库群建设提供了得天独厚的地质条件。

中原储气库群干线分布如图2-0-1所示。

图2-0-1 中原储气库群干线分布

东濮凹陷位于渤海湾裂谷盆地西南缘，属临清坳陷的一部分。其东侧以兰聊断裂与鲁西隆起为界，西侧超覆于内黄隆起上，南隔兰考凸起与开封坳陷相望，北以马陵断层与莘县凹陷相连。其是一个呈北北东向延伸、南宽(62km)北窄(16km)、具有多沉积韵律的新生代含盐盆地，总面积约5300km^2。其在构造演化及沉积相带上具有明显的"东西分带、南北分块"的特征。其主要受北北东向的兰聊断层带、黄河-文西-观城断层带和长垣-石家集-宋庙断层带3条大断层带的控制，形成了"两洼一隆一陡一斜坡"的构造格局，以及以海通集-桥口-白庙一线为界，北部盐岩沉积发育而南部不发育的沉积格局。中原储气库分布如图2-0-2所示。

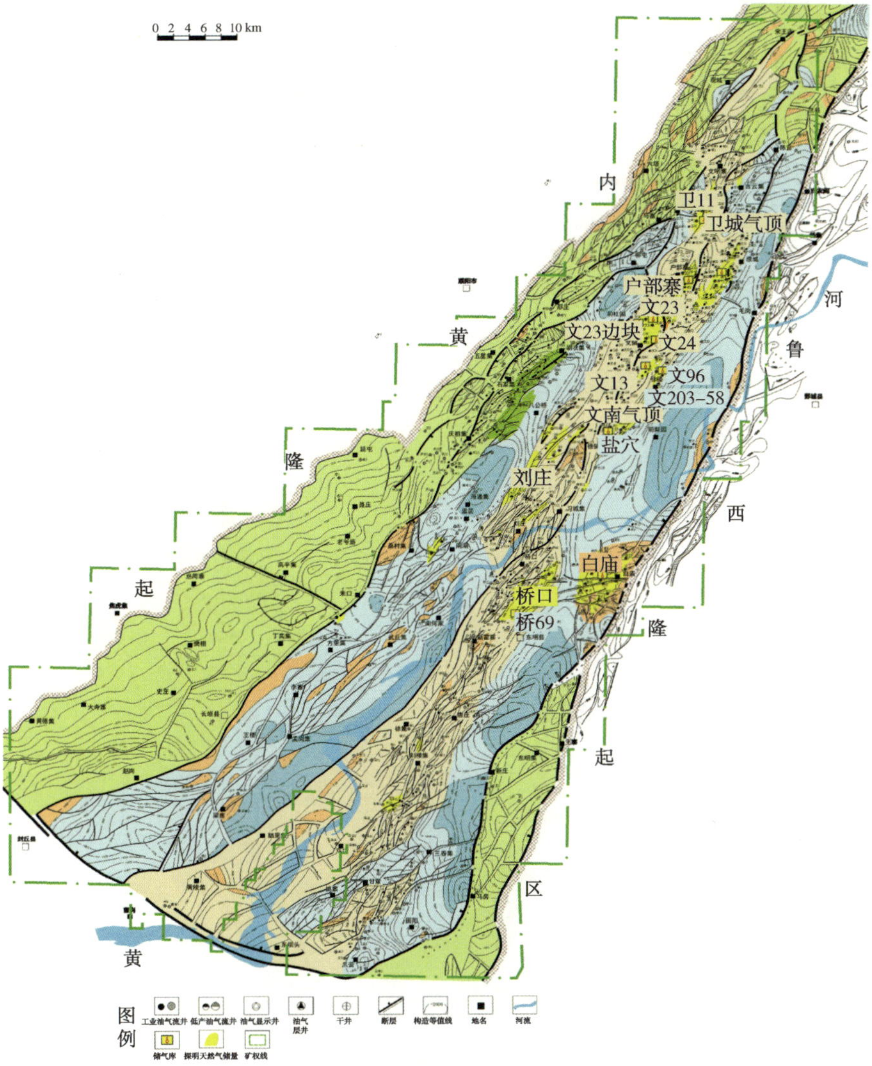

图 2-0-2 中原储气库分布

第一节 中原区域地质概述

一、区域构造特征

东濮凹陷是一个早期箕状东断西超、晚期双断式的凹陷，总体上受断裂构造控制，在构造演化及沉积相带上具有明显的“东西分带、南北分块”的特征，表现为“两洼一隆一陡一斜坡”的构造格局(图 2-1-1)。属于典型的断陷盆地，根据基底和盖层的断裂发育特征，结合构造的发展演化规律，可以将东濮凹陷划分为 5 个二级构造单元、13 个亚二级构造单元和 44 个三级(局部)构造单元(图 2-1-2、图 2-1-3)。

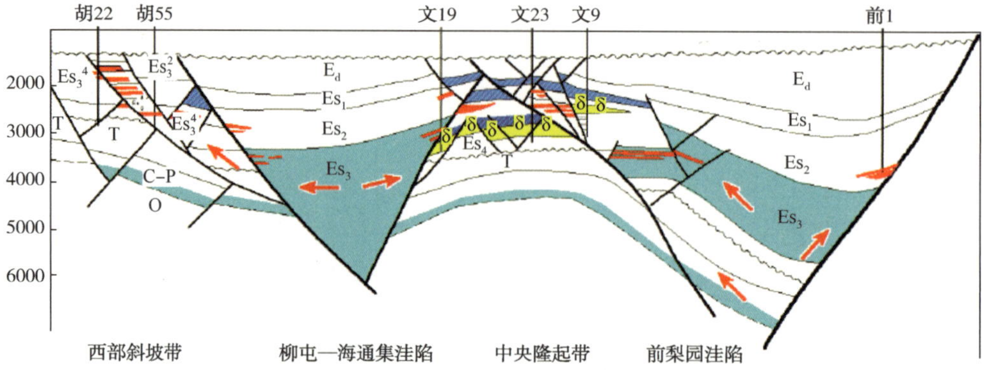

图 2-1-1　东濮凹陷典型地质剖面

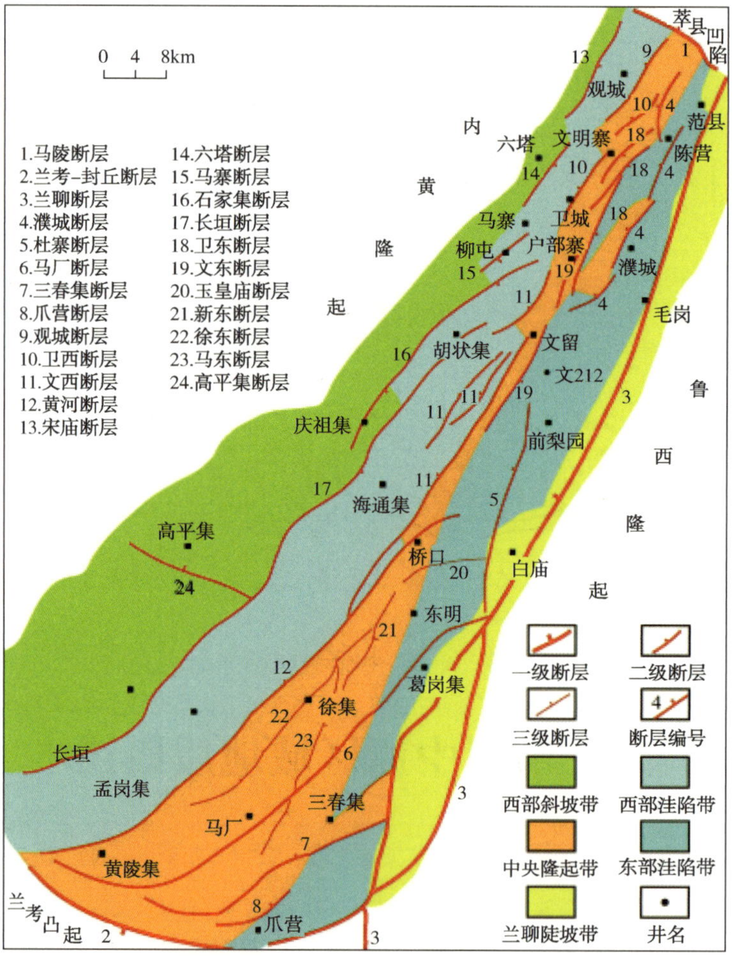

图 2-1-2　东濮凹陷构造分区

相对于渤海湾盆地的其他凹陷，东濮凹陷在形成时间上相对要晚，在早第三纪始新世中期才开始形成。在太平洋板块与亚欧板块区域应力场作用下东濮凹陷此时构造应力场也呈右旋扭动状态，兰聊断裂形成并长期活动。东濮凹陷就是在这种应力场作用下经历了从初步形成、强烈断陷、逐步萎缩到最终消亡的演化过程，而且南部和北部表现出不同的应力特征，北部以压扭性应力作用为主，南部以张扭性应力作用为主(图 2-1-3)。同时，本区域具有北北东向、南北向、东西向和北西向构造，其中南北向及东西向构造为盆地褶皱基底构造，北西向和北北东向构造为后期浅层构造。对新生代盆地的形成、发展、沉积充填以及油气生成、运聚起着主要的控制作用的是东西向和北北东向两组断裂构造系。受中部滑县-濮城断裂和孟居-刁城断裂两条东西向基底断裂的影响，东濮凹陷深层发育着两条东西向隐伏构造，控制着南北两个油气富集块，因此在这两组构造的共同作用下导致东濮凹陷形成了这种“南北分块、东西分带”的构造展布格局，同时也导致东濮凹陷油气呈条带状分布，形成了 2 条东西向油气富集带(马寨-卫城-濮城-毛岗、孟居-刘庄-桥口-白庙)，3 条南北向油气富集带(柳屯-胡状-庆祖集、文明寨-文留-刁城-徐集-马厂、白衣阁-毛岗-前梨园-白庙-新庄)。

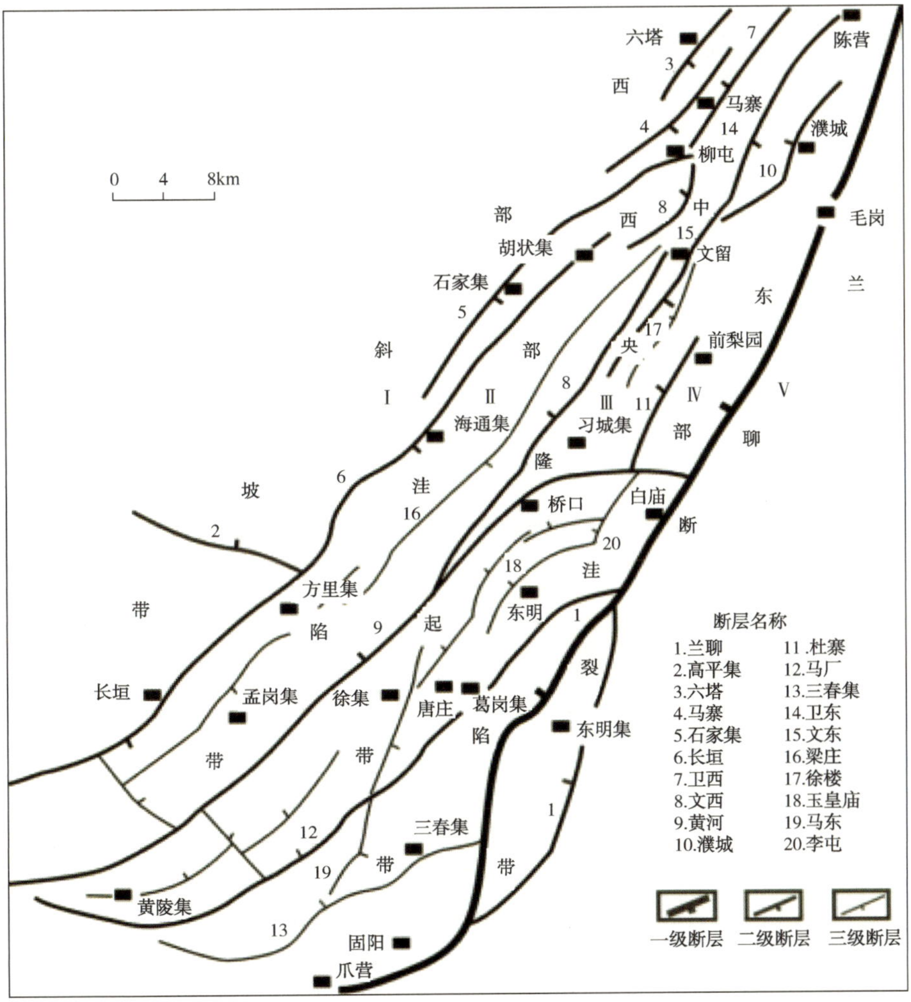

图 2-1-3　东濮凹陷构造分区略图

二、区域地层特征

东濮凹陷是一个呈北北东向延伸的、南宽北窄的、多沉积韵律的新生代含盐盆地。东濮凹陷以中、古生界地层为基底，新生界地层为盖层，其中下第三系沙河街组是本区的主要生储油岩系，厚度约5000m。所揭示地层层序自下而上为：中生界(Mz)、新生界古近系沙河街组(ES)、东营组(Ed)、新生界新近系馆陶组(Ng)、明化镇组(Nm)及第四系平原组。沙河街组作为重要油气产层，是中原储气库的主要研究对象。沙河街组自下而上分为4个段，分别为沙四段(Es^4)、沙三段(Es^3)、沙二段(Es^2)和沙一段(Es^1)，其亚段划分及岩性特征见表2-1-1。

表2-1-1　东濮凹陷亚段划分及岩性特征

地层层序							厚度/m	岩性描述
界	系	统	组	段	亚段	地质年龄		
新生界	第四系		平原			2	230~320	浅棕色、黄色黏土、粉砂、砂砾层
	新近系	上新统	明化镇			12	890~1060	棕色沙土岩与灰白色粉砂岩、细砂岩含砾砂岩略显等厚互层
		中新统	馆陶			17	210~260	浅灰色、杂色砂砾岩夹棕红色、灰色泥岩
	古近系	渐新统	东营			间断期(27) 33	剥蚀(1600) 600~750	紫红色、灰绿色泥岩与紫红色、灰绿色砂岩呈不等厚互层
			沙河街	沙一		35	300~400	灰色泥岩夹粉砂岩，下段南部为白色岩盐
				沙二	上	38	320~400	紫红色泥岩、粉砂岩互层，南部为泥膏岩红色泥岩和灰白色砂岩互层
					下		230~350	
		始新统		沙三	上	39.7	350~450	上部为灰色、深灰色泥岩夹薄层粉砂岩，下部为灰色、深灰色泥岩、油页岩、夹薄层粉砂岩、深灰色泥岩与粉砂岩互层，南部为白色盐膏层
					中	44	500~750	以白色盐膏层为主，东北部为砂泥岩互层深灰色泥岩与粉砂岩互层，东南部以白色盐膏层为主，东北部为深灰色泥岩夹粉砂岩
					下	45	300~550	灰色、深灰色泥岩、灰质泥岩夹粉砂岩
				沙四	上	50.5	250~500	灰色、棕灰色泥岩与粉砂岩不等厚互层，由南往北厚层减薄，逐渐缺少下部地层
					下		0~400	紫红色泥岩与砂岩互层
中生界	三叠系						700~870	紫红色泥岩夹棕色砂岩

第二节 中原储气库盖层地质概况

东濮凹陷地层中沉积了巨厚的盐膏层，盐膏岩厚度大、分布广，封堵能力强，且在多次构造运动中，由于盐膏岩塑性强，即使断层发育时期其连续性也不易遭受破坏，对油气的聚集和保存起了重要的控制作用且具有良好的低渗透性、蠕变性和自修复能力，是天然的优良盖层。基于盐岩良好的圈闭密封条件，中原储气库大部分选用盐膏岩作为盖层，先后选址卫城、文 13、文 23 作为储气库基址。此外东濮凹陷沙河街组内部还发育泥岩段，泥岩是除盐岩外作为储气库的良好盖层之一，中原区域的文 96、文 24 与白庙储气库为膏泥岩盖层储气库。

一、地层与构造特征

东濮凹陷盐膏岩横向上具有不同的分布范围，在地层中主要以纯岩盐层、石膏-泥岩薄互层、盐岩充填裂缝表现形式存在。可划分为 4 个大套盐、8 个小套盐岩回旋，共包括 122 个盐岩准层序。每个盐韵律都有一个完整的沉积序列，每一个序列由盐岩、膏岩、碳酸盐岩三部分组成，它们在垂向上依次沉积。

东濮凹陷盐膏层主要分布区域，沙三 4 盐主要集中在湖盆中央杜寨-前梨园-文留-胡状集-柳屯一带，钻揭最大厚度约 600m。沙三 3 盐主要分布在凹陷北部柳屯-户部寨-濮城-文明寨-卫城-马寨一带，垂向上可以分为 7 个盐韵律，钻揭最大厚度 260m 以上。沙三 2 盐主要分布在柳屯-户部寨-胡状集长垣断层下降盘，文东以及前梨园洼陷亦有分布。因中央隆起带的分割，分布表现为东西两套，且沙三 2 盐整体分布范围也比沙三 3 盐大，西洼最大钻揭厚度 500m 以上，东洼的最大钻揭厚度约 200m。东濮凹陷沙一段盐岩的分布范围较其他深部层位的盐岩广阔一些，是分布范围最广的一套盐膏地层，但整体沉积厚度小，沙一盐岩南到刘庄地区的刘 16 井附近，北到古云集地区云 9 井附近，西边到胡状集地区，整个西洼都发育有盐岩，在前梨园洼陷、柳屯-海通集洼陷和濮卫次洼沉积厚度比较大，发育最厚的地区在户部寨，各小层累计厚度达到 190m 以上(图 2-2-1)。

研究表明，油气通过 1m 厚的黏土层所需压力为 12MPa，建议气层封闭泥岩盖层在 5m 以上。埋深对盖层的封闭性起着重要作用。泥岩盖层会随着埋深的增加，其压实程度增高，孔隙度渗透率随之减小，排驱压力增大，其封闭性不断提高。

1. 卫 11 储气库

卫 11 块区域构造位置在东濮凹陷中央隆起带北部卫城构造，主要含气层系为沙三下$^{1-3}$砂组，自上而下分为 10 个砂层组，沙三下$^{1-3}$砂组为含气层系，沙三下$^{4-8}$砂层组为含

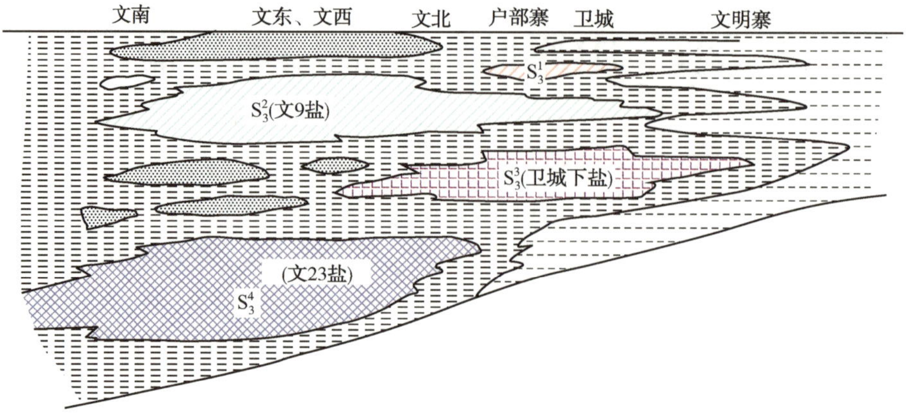

图 2-2-1　东濮凹陷黄河北地区盐层分布

油层系，沙三下$^{9-10}$砂层组为含水层系。气藏埋深2500~2895m，为中孔、中渗储层，构造含气面积大，与相邻断块的分界断层封闭性好，储层发育且平面连通性好，南部低部位油环、边水小，气藏类型为断块型砂岩油气藏，具有典型的断层圈闭气藏特征。

2. 文 13 储气库

文13块位于东濮凹陷中央隆起带文留构造东翼，文13背斜西翼。含气层系为沙河街组沙三中亚段。沙三中$^{1-3}$砂层组为一套盐、泥岩组成的韵律层(即文9盐下段)，中、下段为一套深灰色泥岩夹稳定油页岩与砂岩-粉砂岩组成的砂泥岩段。气藏埋深3040~3221m。构造平面上呈北北东向展布，地层西北倾，由北向南地层倾角逐渐变大，倾角5°~14°。构造格局具有北部简单，南部(文13-93断层以南)复杂的特点，断块内南部发育数条10~70m断层，走向以北北东向为主，这些断层不仅把断块切割得很小，而且对油气分布有一定的控制作用。

3. 文 23 储气库

文23气田位于东濮凹陷中央隆起带北部文留构造的北端，东西两侧分别为文东、文西断层。构造形态为在基岩隆起背景上继承性发育起来的背斜，后期构造进一步上隆并被内部断层复杂化，形成目前的复杂断块构造形态。气田中部和西部地层西倾，东部地层东倾，南部地层南倾。断层作用使气田中部形成2个构造高点：北高点在新文103井附近，沙四^{6}顶面埋深2870m左右；南高点在文侧105井一带，沙四^{6}顶面埋深2880m左右，文22井与文23井间地层略低。文23气田整体为断层复杂化的背斜，含气层系为下第三系沙河街组沙四段，埋藏深度2760~3120m；储层发育，砂层厚，平面比较稳定，内部连通性好，物性以低孔低渗为主，气藏类型为具有块状特征的层状砂岩干气藏。

4. 文 96 储气库

文96气藏受区域沉积相控制，沙三上主要发育扇三角洲前缘沉积，气藏高部位发育辫状水下分流河道，中低部位发育河口砂坝，低部位发育面积较大的远砂坝微相。沙二下主要发育漫湖沉积相。构造位置属于东濮凹陷中央隆起带文留构造东翼，为受走向北东，倾向北西的徐楼断层与东倾的地层控制的反向屋脊式构造，东倾地层倾角一般在 100°左右。内部构造简单，仅有一条断距为 8~12m 的小断层。气藏类型为弱边水、低含凝析油的凝析气藏，含气层位为下第三系沙河街组沙二下亚段$^{1-8}$和沙三上亚段$^{1-3}$砂组。气藏埋深 2330~2670m，沙二下顶部构造图圈闭面积 1. 78km^2，闭合高度为 277m，沙三上顶部构造图圈闭面积 2. 60km^2，闭合高度为 330m。

5. 文 24 储气库

文 24 气藏位于东濮凹陷中央隆起带文留构造的中部，处于文东大断层的下降盘。受文东、徐楼和文 56、文 13-50 四条主要边界断层夹持，北以文东断层为界，西以文 56 断层为界与文 25 断块相邻，东以徐楼断层为界与文 92 断块相邻，南部则以文 13-50 断层为界。区内构造较为复杂，发育 10 条小断层，把文 24 气藏切割为相互独立的 5 个小断块。地层整体上西高东低，倾向东南，构造高部位是油气富集区，东、南低部位有边水。主要含气层位为沙二下$^{1-3}$砂层组，气藏埋藏深度 2180~2350m。沙二下上部泥岩质纯，具高视电导率特征，以具有一定的厚度分布范围，岩性、物性和储气性基本一致的沉积时间单元为小层，结合砂层纵、横向展布规律以及砂、泥岩在测井曲线上的显示特征，以及开发单元划分的需求，将沙二下$^{1-3}$砂层组划分为 12 个小层。

6. 白庙储气库

白庙气田构造位于东濮凹陷中央隆起带中南部兰聊断层下降盘，是一在基岩隆起背景上继承性发育并受兰聊断层所控制的逆牵引滚动半背斜构造，兰聊断层下降盘发育多条顺向断层将背斜复杂化，顺向断层平面呈羽状与兰聊断层相交。含气层位为沙二下和沙三上亚段。沙二下储层为紫红色、褐色泥岩与红色、褐色、灰白色粉砂岩呈不等厚互层，沙三上储层为灰绿色、深灰色泥岩与灰白色粉砂岩呈不等厚互层，中下部含灰质粉砂岩。中原储气库地层与构造特征见表 2-2-1。

表 2-2-1　中原储气库地层与构造特征

储气库区块	位　置	主要含气层	气藏埋深/m	构造特征
卫 11	东濮凹陷中央隆起带北端卫城构造轴部	沙三下$^{1-3}$砂组	2500~2895	含气面积大，与相邻断块的分界断层封闭性好、储层发育且平面连通性好，南部低部位油环、边水小
文 13	东濮凹陷中央隆起带文留构造东翼，文 13 背斜西翼	沙三中$^{4-5}$砂组	3040~3221	北部简单，南部（文 13-93 断层以南）复杂，断块内南部发育数条 10~70m 断层，走向以北北东向为主

续表

储气库区块	位　置	主要含气层	气藏埋深/m	构造特征
文 23	东濮凹陷中央隆起带北部文留构造的北端	沙四段	2760~3120	在基岩隆起背景上继承性发育起来的背斜，后期构造进一步上隆并被内部断层复杂化，形成目前的复杂断块构造形态。气田中部和西部地层西倾，东部地层东倾，南部地层南倾。断层作用使气田中部具两个构造高点
文 96	东濮凹陷中央隆起带文留构造的东翼	沙二下$^{1-8}$和沙三上$^{1-3}$砂组	2330~2670	受走向北东，倾向北西的徐楼断层与东倾的地层控制的反向屋脊式构造影响，东倾地层倾角一般在100°左右。内部构造简单，仅有一条断距为 8~12m 的小断层
文 24	东濮凹陷中央隆起带文留构造的中部	沙二下$^{1-3}$砂层组	2180~2350	处于文东大断层的下降盘，受文东、徐楼和文56、文 13-50 四条主要边界断层夹持区内构造较为复杂，发育 10 条小断层，把文 24 气藏切割为相互独立的 5 个小断块。地层整体上西高东低，倾向东南，构造高部位是油气富集区，东、南低部位有边水
白庙	东濮凹陷中央隆起带中南部兰聊断层下降盘	沙二下和沙三上亚段	2576~3469	在基岩隆起背景上继承性发育并受兰聊断层所控制的逆牵引滚动半背斜构造，在构造高部位储层以含气为主，在构造低部位有少量边水

二、密封条件

1. 盖层密封性

卫 11 气田卫城沙三中盐膏岩层厚度一般在 100~500m 之间，西至马寨断层，东至濮城断层，南与文留厚层盐膏岩相接，分布范围非常广泛，卫城沙三中盐分布范围广、厚度大、密封性强，对卫 11 油气藏的富集成藏起着重要作用。

文 13 气田沙三中$^{1-3}$(文 9 盐)为盐膏夹泥岩层，盐层厚度 3~310m，平面展布稳定，封闭性强；沙三中^{4} 砂组泥岩厚度 18~55m，平面展布稳定，封闭性强，具有很好的气密性，可作为储气库良好的盖层。

文 23 气田顶部主要为沙三下亚段沉积的灰白色盐岩、盐膏层夹灰、深灰色泥岩、含膏泥岩(即文 23 盐)。在气田北部，由于受到文西断层的切割，钻遇盐层的厚度较小，在50~100m 不等；西部平均盐层厚度 500m，东部平均盐层厚度 250m；气田主块中部盐层厚度为 250~300m。二期工程范围处于文 23 气田西南部，其中文 106-文 23 井区盐层厚度为

50~200m，南部厚度为350~600m。文23盐膏岩厚度大、分布广、封堵性强(盐膏岩塑性强，即使断层发育时期其连续性也不易遭到破坏)。因此，在该地区断层十分发育的情况下，大面积分布的上百米盐膏岩是文23气田沙四段天然气良好的区域盖层，具有很好的气密性，对文23气田的富集成藏起着重要作用，也为储气库的建设提供了得天独厚的封闭条件。

文96气藏盖层为沙二上亚段和沙一段。沙二上亚段中下部为紫红色泥岩夹含膏泥岩或与含膏泥岩互层，上部为含膏泥岩段，地层厚300~400m；沙一段下部是第二次盐湖沉积物，为盐岩、石膏夹灰色泥岩及薄层碳酸盐岩和油页岩组合，上部为灰色泥岩夹薄层碳酸盐岩和油页岩组合，地层总厚200~250m。盖层厚度大，岩性纯，密封性好。

文24气田的主要盖层为沙二上亚段。沙二上亚段中下部为紫红色泥岩夹含膏泥岩或与含膏泥岩互层，上部为含膏泥岩段，地层厚310~370m；沙二上地层在该地区广泛发育，分布范围大、密封性强，虽因断层导致部分地层缺失，但研究区内大部分断余厚度仍高于200m，具有良好的封闭条件。

白庙气田盖层厚度因岩性不同、形成地质背景不同而有所不同，由前人研究成果可以看出，直接泥岩厚度大于20m，即可作为较好的盖层。统计白庙浅层储气库64口气井，钻遇沙二上地层厚度为120~320m，平均厚度为222.4m，岩性为泥岩夹灰白色石膏层；构造东部泥岩厚度较西北部泥岩厚度薄，中部白1井和白43井区泥岩厚度最大，大于300m。白庙地区沙二上棕红、紫红、棕褐色泥岩夹灰白色石膏层，分布稳定，地层厚度大，封闭能力强，具有良好的封闭条件。

2. 断层密封性

卫11油气藏为受断层控制的断块，呈现出复杂断块油气藏的特征，发育8条断层，依据断层发育的规模及对构造形成的控制作用，将断层分为3类，包括Ⅲ级边界断层、Ⅳ级分块断层和Ⅴ级断块内部小断层，其中卫11气藏边界断层(卫32、卫34)及分区带断层(新卫127断层、卫120断层和卫211断层)具有较好的封闭性，内部小断层(卫10-4、卫205和卫11-32断层)对气不具封闭性，整体连通较好，为储气库提供了良好的储气空间。

文13气藏北部断块构造相对简单，共发育大小断层12条，其中边界断层3条，分别是：文东Ⅰ号，文13和文13-93断层，内部断层9条，分别为：文13-54、文270、文13-84、文13-60、文13-80、文13-70、文13-81、文13-184和文13-47断层。通过静态分析证实文13气藏文东Ⅰ号断层、文13、文13-93断层，是气藏的边界断层，控制天然气分布。纵向上，沙三中^{5}砂组的储层与文9盐及沙三中^{4}砂组的泥接触，呈气砂-盐、气砂-泥接触关系，因此边界断层封闭性较好，断层具有较强的封闭性。通过定量计算断层泥比率(SGR)证实文13气藏西南边界各小层均存在岩性封闭，断层封闭主要在57-9小层(断层南部)和52、513-14小层(断层北部和南部)。

文23气田主要发育文西、文68、文104、文105等4条主要断层，将气田划分为主块、东块、西块、南块4个断块区。其中，文西、文68、文104、文105等4条断层围成的断块区为主块。主块内部发育北东向和近南北向2组断层，其中断距20~130m的北东向东掉断层包括文23-32断层、文106断层、文31断层、文22断层，自西向东呈阶梯状分布，断层延伸距离较长，使断块呈北北东向的条带状展布，对主块气水界面起控制作用；通过分块断层密闭性评价分析文西断层是文23气田北部的边界断层，落差达1500m，是一条延伸至基底的Ⅱ级大断层。文23气田主块沙四地层与断层上盘的盐层对接，具有较强的封闭性。文68、文105、文104等三条Ⅲ级断层，断距较大(40~300m)，是构造内部的分块断层，控制天然气分布，均具有良好的封闭性。根据各断层的封闭性评价结果，结合地层压力、试井测试结果、气水关系、储采关系等资料综合分析，可将文23储气库划分为2个封闭断块和5个弱封闭断块。各断块之间存在明显的压力与气水界面差异，属于相对独立的压力系统。

文96气藏内部构造较简单，仅有一条北北东走向的小断层，断距一般为8~12m，对油气分布控制作用小。地层向南东方向倾没，东倾地层倾角一般在100°左右。文96气藏边界断层有4个，分别是徐楼断层、文110断层、文115断层、文92-43断层。气藏西边界徐楼断层在本区断距大于200m，上升盘为文96气藏沙二下$^{1-8}$和沙三上$^{1-3}$，是文96气藏砂体发育区，与下降盘沙二上的不渗透的泥岩和沙一的膏岩和泥岩相接触，侧向不连通，封闭性很强。气藏东边界文110断层断距在30~100m之间，靠岩性和侧向不连通形成遮挡封闭。上升盘地层，即文96储层低部位，有效砂层变薄变差，下降盘砂层也不发育，仅有几个砂层与另一盘的泥岩相接触，岩性和侧向不连通共同作用形成封闭。气藏南边界文115断层和北边界文92-43断层，文115断层上升盘和文92-43断层下降盘砂层不发育，储层物性差，其储层相对文96气藏物性更差，井间连通性也差，为岩性遮挡封闭。气藏内部文92-47断层尽管断距小，但从生产动态资料反映该断层也具有封闭性。

文24气田通过应用动态资料、断层两盘岩性接触关系、流体性质，对4条边界断层(文东断层、徐楼断层、文56断层、文13-50断层)以及内部分块断层6条(文24断层、文56-22断层、文10-62断层、文56-9东断层、文10-7断层、文10-52断层)进行断层密闭性评价，文24气田4条边界断层皆存在侧向封堵性，将文24气田与其他区块分隔。文24气田由于砂层沉积薄、泥岩隔层相对稳定，使得内部分块断层上下盘地层接触关系以气砂-泥为主，断层封堵性良好。部分断层存在气砂-气砂地层接触关系，但由于涂抹作用、碎裂作用和成岩胶结作用，塑性的泥质物或其他非渗透性岩层被拖拽进断层带敷在断层面上，降低了断层带的渗透性，也使断层具有了封闭性，气田内部分块断层侧向封堵性良好。

白庙气藏构造相对复杂，一、二级断层有 2 条，分别为：兰聊断层和杜寨断层；分块断层有 5 条，分别为：白 34 断层、白 37 断层、白 32 断层、白 30 断层、白 29 断层。东部边界兰聊断层延伸距离长，断距 3500~7500m，平面延伸 30km，封闭性好。北部分块断层白 34 断层断距约 50m，SGR 值为 0. 55，断层两侧气水界面不一致，断层上升盘发育气层，下降盘均为水层，密封性好。南部分块断层白 29 断层断距 100m 左右，SGR 为 0. 45，断层上升盘无有效储层，密封性好。西部虽没有明显的断层边界，通过分析沙二下和沙三上各个小层的岩性配置关系，认为气藏的含气边界主要为岩性边界，部分小层低部位有气水界面，但水体范围较小，岩性边界为该圈闭的主要边界，岩性边界与断层边界共同作用，确保了储气圈闭具有较好的封闭性。

第三节　中原储气库储层特征

储层物性是储层研究的重要内容之一，通常用孔隙度、渗透率等储层参数来表征储层物性。定量研究储层物性、研究其平面及垂向的变化规律，对于研究储层的沉积相、储层非均质性、储量计算及储层综合评价等有着重要意义。

一、卫 11 储气库

卫 11 气田沙三下储层岩性以岩屑质石英粉砂岩为主。储层展布及连通性研究分析认为卫 11 块砂岩整体发育较好，主力层系具层状特征，各砂组之间泥岩隔层稳定。沙三下$^{1-3}$砂组储层孔隙度在 16. 0%~20. 0%，平均为 17. 4%，其中 2 砂组储层物性好，1、3 砂组稍差。渗透率主要分布在 10. 0~60. 0mD 之间，平均 20. 0mD，为中孔、中渗储层，原始地层压力为 26. 0~27. 5MPa，原始地层温度为 95. 0~109. 7℃，气藏类型为断块型砂岩油气藏，具有典型的断层圈闭气藏特征。

二、文 13 储气库

文 13 油气藏沙三中亚段储层岩性以粉砂和粉细砂为主，颗粒成分以石英为主。油藏沙三中$^{4-10}$砂体发育，纵向上发育 68 个小层，主力油层 18 个，单井平均钻遇油层厚度为 55m，砂体成组性好，单层厚度为 1~6m，主力油层厚度为 3~6m；各砂层组之间有相对稳定分布的泥岩隔层，厚度一般为 10~35m，砂体连通性较好。整体上文 13 属于中孔中渗储层，储集层孔隙度多在 10.8%～25.3%之间，平均孔隙度 18.4%，渗透率在 0.26～466.8mD 之间，平均渗透率 48.4mD。文 13 地层温度为 120～140℃，地温梯度为 3.96℃/hm，原始地层压力系数为 1.72～1.76。文 13 块油气藏属于异常高温、高压、低渗透盐间特殊类型油气藏。

三、文 23 储气库

文 23 气田沙四段储层岩性以细粉砂岩–粗粉砂岩为主，部分井段偶见细砂岩。储层展布及连通性研究认为文 23 主块储层厚度大、主力层系具块状特征。储层孔隙度为 8.86%～13.86%，渗透率为 0.27～17.12mD，甲烷含量为 92.59%～97.13%，凝析油含量为 10～20g/m^3，原始地层压力为 38.62～38.87MPa，原始地层温度为 113～120℃，气藏类型为具有块状特征的层状砂岩干气藏。

四、文 96 储气库

文 96 气藏储层岩性以长石石英粉砂岩为主。纵向上沙二下$^{3、6、7}$和沙三上$^{1-3}$砂组砂体最发育、连通性也较好，单砂层厚度变化范围 2.0～10.7m。储层物性为中高孔隙度、中高渗储层，沙二下平均孔隙度为 16.2%，平均渗透率为 15.97mD。沙三上$^{1-3}$平均孔隙度为 22.3%，平均渗透率为 59.34mD。沙二下$^{2-4}$、沙三上$^{1-3}$砂组为层状边水气藏，沙二下$^{5-7}$砂组为带小油环的气顶气藏。气藏地层原始压力为 25.60～27.14MPa，地层压力系数为 1.02～1.11，为正常压力系统；地层温度在 93～98℃之间，为正常温度梯度；凝析油含量为 97.94g/m^3，为低含凝析油的凝析气藏。

五、文 24 储气库

文 24 气田储层以中孔、中渗为主，平均孔隙度为 21%，渗透率为 53mD。平面上由西北至东南逐渐变差，物性较好区域主要在西部及北部。沙二下 22、32、33 小层砂体储层物性较好。储层有效孔隙度为 8.86%～29.0%，平均为 20.8%，渗透率为 0.2～452.6mD，平均为 53.7mD。甲烷含量为 80.31%～88.81%，凝析油含量为 97.7g/m^3。原始地层压力为 23.6MPa，原始地层温度为 90～120℃，气藏类型为常温常压具有边水的层状砂岩凝析气藏。

六、白庙储气库

白庙地区岩石薄片分析资料表明，储层岩性主要为长石砂岩和长石石英砂岩，储层以中孔、中–低渗为主，储层孔隙度为 2.8%～19.9%，渗透率为 0.22～71.1mD。原始地层压力为 25. 7～43. 5MPa，沙二下沙三上砂组压力系数为 1. 06～1. 28，原始地层温度为 92～109℃。平面上由东北至南西逐渐变差，物性较好区域主要在东部及北部，中部多以透镜状分布。白庙区块为常温常压具有边水的层状砂岩凝析气藏，油水系统呈明显层状油气藏特点。中原储气库储层特征见表 2-3-1。

表 2-3-1 中原盐岩储气库储层特征

储气库区块	储层岩性	储层物性		储层类型	原始地层压力/MPa	油气层地层温度/℃	地层压力系数	气藏类型
		储层孔隙度/%	渗透率/mD					
卫 11	石英粉砂岩和长石石英粉砂岩	16. 0～20. 0 平均 17. 4	10. 0～60. 0 平均 20. 0	中孔、中渗储层	26. 0 ～ 27. 5（目前气田平均地层压力 4. 6）	95～109. 7，平均为 101	0. 18	层状复杂断块型砂岩气藏
文 13	以粉砂和粉细砂为主，颗粒成分以石英为主	10. 8～25. 3 平均 18. 4	0. 26～466. 8 平均 48. 4	中孔、中渗储层	53. 25～54. 44（目前地层压力为 6. 98）	120 ～ 140，最高温度可达 140	1. 72～1. 76 平均 1. 74	异常高温、高压、低渗透盐间特殊类型油气藏
文 23	以细粉砂岩－粗粉砂岩为主，部分井段偶见细砂岩	8. 86～13. 86	0. 27～17. 12	低孔低渗	38. 62～38. 87（至 2011 年平均地层压力降至 4. 44）	113～120	0. 15	具有边水块状特征的层状砂岩干气藏
文 96	以长石石英粉砂岩为主	沙二下平均孔隙度为 16. 2，沙三上$^{1-3}$砂组平均孔隙度为 22. 3	15. 97～59. 34	中高孔、中高渗	25. 6 ～ 27. 14（目前降至 6. 85）	93～98	1. 02～1. 11	常温常压低含凝析油的凝析气藏
文 24	无取芯井	8. 86～29. 0 平均 20. 8	0. 2～452. 6 平均 53. 7	中孔、中渗	23. 6	90～120	0. 98～1. 15	具有边水的层状砂岩凝析气藏
白庙	以长石砂岩和长石石英砂岩为主	2. 8～19. 9 平均 12. 1	0. 22～71. 1 平均 5. 0	中孔、中－低渗	25. 7 ～ 43. 5（目前平均地层压力 11. 87）	92～109	1. 06～1. 28	常温常压具有边水的层状砂岩凝析气藏

东濮凹陷天然气平面分布如图 2-3-1 所示。

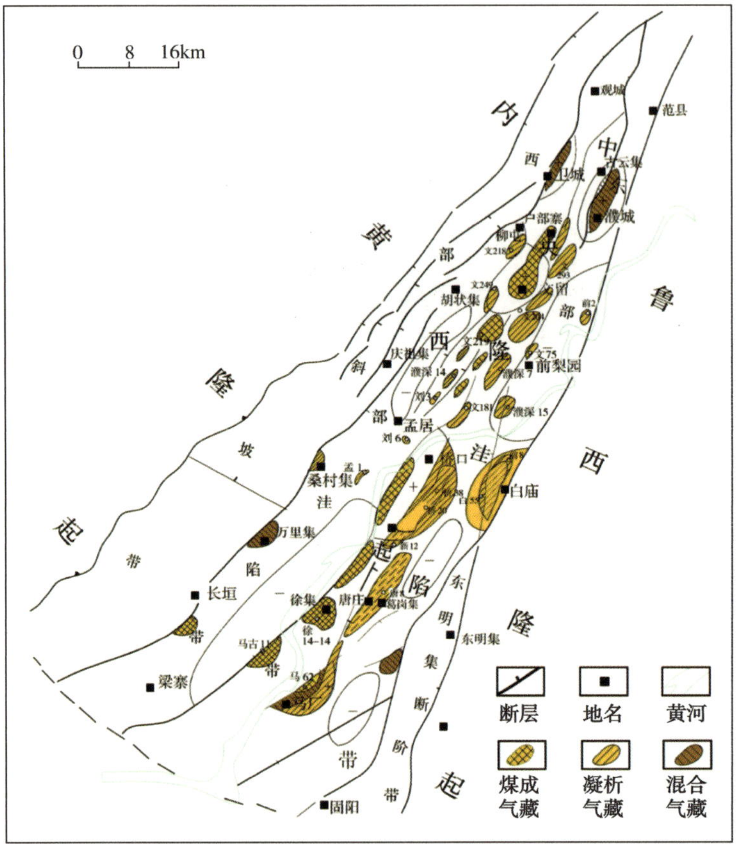

图 2-3-1 东濮凹陷天然气平面分布

第三章

钻井设计

第一节 方案总体设计

中原储气库方案设计应满足以下主要原则：①遵守国家及当地政府有关法律、法规和要求，按照安全、快速、优质和高效的原则进行编制；②符合质量、健康、安全与环保体系要求，突出安全第一的原则；③避免井下复杂情况发生，有利于钻井、完井施工；④有利于保护气层，有利于储气库井的强注强采。

一、完井方式

储气库气井完井方式的选择取决于气层的地质情况、钻井技术水平和采气工程技术的需要。中原储气库井型分为直井、定向井和水平井，多为定向井，井斜在 2.71°~92.64°。完井方式选择主要考虑以下因素：①防止产层垮塌；②能满足长井段分层生产的需要；③满足强注强采条件下的长期安全、稳定生产。

常见完井方式与其地质适用条件对应关系见表 3-1-1。

表 3-1-1 各种完井方式适用的地质条件

完井方式	适用的地质条件
射孔完井	(1) 有气顶或有底水或有含水夹层、易塌夹层等复杂地质条件，要求实施分隔层段的储层； (2) 各分层之间存在压力、岩性等差异，要求实施分层测试、分层采油、分层注水、分层处理的储层； (3) 要求实施大规模水力压裂作业的低渗透储层； (4) 砂岩储层、碳酸盐岩裂缝性储层
裸眼完井	(1) 岩性坚硬致密，井壁稳定不坍塌的碳酸盐岩储层； (2) 无气顶、无底水、无含水夹层及易塌夹层的储层； (3) 单一厚储层，或压力、岩性基本一致的多层储层； (4) 不准备实施分隔层段，选择性处理的储层
割缝衬管完井	(1) 无气顶、无底水、无含水夹层及易塌夹层的储层； (2) 单一厚储层，或压力、岩性基本一致的多层储层； (3) 不准备实施分隔层段，选择性处理的储层； (4) 岩性较为疏松的中、粗砂粒储层
裸眼砾石充填	(1) 无气顶、无底水、无含水夹层及易塌夹层的储层； (2) 单一厚储层，或压力、岩性基本一致的多层储层； (3) 不准备实施分隔层段，选择性处理的储层； (4) 岩性疏松出砂严重的中、粗、细砂粒储层

续表

完井方式	适用的地质条件
套管砾石充填	(1) 有气顶或有底水或有含水夹层、易塌夹层等复杂地质条件，要求实施分隔层段的储层； (2) 各分层之间存在压力、岩性等差异，要求实施选择性处理的储层； (3) 岩性疏松出砂严重的中、粗、细砂粒储层

通过调研中原东濮凹陷各区块地质分层特性、岩心实测气田孔隙度、平均渗透率、储层情况、砂体沉积特征及变化趋势，根据完井方式选择标准，对比国内外枯竭型气藏储气库完井方式，中原储气库均选择下套管射孔的完井方式，见表3-1-2。

表3-1-2 中原储气库完井方式

区块	孔隙度范围/%	平均渗透率/mD	储层条件	完井方式
文96	16.2~22.3	15.97~59.34	中高孔、中高渗	下套管射孔
卫11	16.0~20.0	20.0	中孔、中渗	下套管射孔
文13	10.8~25.3	48.4	中孔、中渗	下套管射孔
文23	8.86~13.86	0.27~17.12	低孔、低渗	下套管射孔
文24	8.86~29.0	53.7	中孔、中渗	下套管射孔
白庙	2.8~19.9	5.0	中孔、中低渗	下套管射孔

二、井身质量要求

1. 井身质量要求

① 靶区半径：满足地质要求。

② 井径扩大率：目的层≤10%，非目的层≤15%。

③ 测斜要求：测斜间距，稳斜段测斜，两个测点的距离不大于50m；斜井段两个测点的井段长度不大于30m。

④ 最大全角变化率：最大井眼曲率单点不超过7°/30m。

⑤ 完井数据以多点测斜数据为准，方位角均按N4.5°W进行校正。

2. 固井质量要求

固井质量测定：封固盖层的技术套管和生产套管固井质量采用SBT测定。

储气库运行时间长，井筒完整性要求高，对各级套管封固质量要求：

执行行业标准《油气藏型地下储气库安全技术规程》(SY/T 6805)和《枯竭型气藏储气库钻井技术规范》(SY/T 7451)。固井质量评价按《固井质量评价方法》(SY/T 6592)、《地下储气库设计规范》(SY/T 6848)执行。

第二节　井身结构设计

储气库钻井井身结构设计要实现科学、优质、经济、安全地钻井作业，取得预期的钻探目的和经济效益，最重要的前提就是要有合理的井身结构。在对储气库井身结构设计时，按照储层地质要求，根据中原东濮凹陷的地层孔隙压力、地层破裂压力、地层坍塌压力 3 条曲线，综合钻井设备现状、钻井工艺技术水平及施工能力等，确定中原储气库均采用“盖层专封，储层专打”的井身结构设计，满足地质、钻井及注采气等方面的要求。

一、井身结构设计原则

1. 满足注采管柱要求

储气库注采井需要考虑注采管柱及井下安全阀的下入要求。采用 ϕ73mm 油管的注采井，生产套管采用 ϕ139.7mm 套管或筛管，如文 96、卫 11 等储气库均采用 ϕ139.7mm 套管完井；采用 ϕ114.3mm 油管的注采井，生产套管采用 ϕ177.8mm 套管或筛管，如文 23 储气库采用 ϕ177.8mm 套管完井。

2. 满足长期强注强采要求

储气库运行周期长，一般为 30~50 年，注采井要求强注强采，并且周期循环，因此包括井内管柱、井口装置和固井质量等井筒质量必须能承受强注强采交变应力的影响。

3. 保障安全钻完井要求

经过长期开发储气库注采井将会面临储层亏空的问题，钻井、固井过程中易发生井漏，造成储层污染、水泥浆返高不够等问题，从而影响建库质量。技术套管下深应封隔复杂层位，以保障储层安全钻井；生产套管宜采用悬挂回接方式，以保障固井质量。

二、井身结构设计

通过对国内外储气库井身结构的调研以及中原储气库已钻井施工情况的统计分析，结合地层条件，针对其他储气库工程井身结构进行优化设计，并推荐了一套适合中原储气库的井身结构设计方案。

1. 必封点的选择

中原储气库储层地层压力系数低，地层压力整体呈现出“高(盖层)-低(气层)”或者“低(气层)-高(泥岩、盖层)-低(气层)”压力特征，普遍存在井漏情况，储层保护要求高。如卫 11 区块目的层平均地层压力系数仅为 0.18，盖层为沙三中地层沉积巨厚卫城盐层，盐层蠕变性较强，平衡地层所需钻井液密度高达 1.30g/cm^3，若盖层与储层同时揭开，极易发生漏失，故选择必封点为沙三中卫城盐；文 23 区块目的层地层压力系数为 0.10～0.30，盐盖层为沙三下地层沉积巨厚文 23 盐层，盐层蠕变性较强，平衡地层所需钻井液密度最高可达 1.65g/cm^3，若盖层与储层同时揭开，极易发生漏失，故选择必封点为沙三下文 23 盐。中原储气库必封点选择，见表 3-2-1。

表 3-2-1 中原储气库必封点选择

储气库	盖层描述	必封点选择
文 96	文 96 气藏盖层为沙二上亚段和沙一段。沙二上亚段中下部为紫红色泥岩夹含膏泥岩或与含膏泥岩互层，上部为含膏泥岩段，地层厚 300～400m；沙一段下部是第二次盐湖沉积物，为盐岩、石膏夹灰色泥岩及薄层碳酸盐岩和油页岩组合，上部为灰色泥岩夹薄层碳酸盐岩和油页岩组合，地层总厚 200～250m。盖层厚度大，岩性纯，密封性好	沙一盐
卫 11	卫 11 气田盖层为卫城盐。卫城盐在沙三中，其盐膏岩层厚度一般在 100～500m 之间，西至马寨断层，东至濮城断层，南与文留厚层盐膏岩相接，分布范围非常广泛，卫城沙三中盐分布范围广、厚度大、密封性强	卫城盐
文 13	文 13 气田盖层为文 9 盐。文 9 盐在沙三中盐膏夹泥岩层，盐层厚 30～310m，平面展布稳定，封闭性强，具有很好的气密性	文 9 盐
文 23	文 23 气田盖层为文 23 盐。文 23 盐在沙三下亚段，为沉积的灰白色盐岩、盐膏层夹灰、深灰色泥岩、含膏泥岩，大面积分布的上百米盐膏岩是文 23 气田沙四段天然气良好的区域盖层，具有很好的气密性	文 23 盐
文 24	文 24 气田的主要盖层为沙二上亚段。沙二上亚段中下部为紫红色泥岩夹含膏泥岩或与含膏泥岩互层，上部为含膏泥岩段，地层厚 310～370m；沙二上地层在该地区广泛发育，分布范围广、密封性强，虽因断层导致部分地层缺失，但研究区内大部分断余厚度仍高于 200m，具有良好的封闭条件	沙二上膏泥岩
白庙	白庙气田的主要盖层为沙二上。沙二上地层厚 120～320m，平均厚 222.4m，岩性为泥岩膏层，白庙地区沙二上棕红色、紫红色、棕褐色泥岩夹灰白色石膏层，分布稳定，地层厚度大，封闭能力强，具有良好的封闭条件	沙二上膏泥岩

2. 储气库井身结构设计

通过对国内外储气库井身结构的调研以及各区块已完钻井施工情况的统计分析，不断对储气库井身结构设计进行总结优化，中原储气库主要采用“盖层专封，储层专打”的井身结构设计。主要分为以下几种：

（1）卫 11 储气库井身结构设计

采用自下而上的井身结构设计方法。首先要验证二开有无卡钻风险和按溢流压井条件校核表层套管鞋处是否有压漏的风险，并形成“储层专打”的井身结构设计方案。文 24、文 96、白庙储气库均采用该类型井身结构。

1）为了在下套管过程中，不发生压差粘卡套管的事故，应该限制井内钻井液液柱压力与地层压力的压力差值，即规定最大允许压差。

2）最大允许压差的取值。

在正常压力地层：$\Delta P_N = 11 \sim 17$MPa。

在异常压力井段：$\Delta P_a = 14 \sim 22$MPa。

3）技术套管下入深度初选点的确定。技术套管初步选定在卫城盐盐下5m，即2730m。

根据最大地层孔隙压力当量密度，选择钻井液密度的确定方法并计算最大钻井液密度ρ_{mmax}。

为避免将井段内的地层压裂，应考虑最大井内压力，正常作业和井涌压井时井内压力有所不同，最大井内压力发生在下钻时，由于产生激动压力而使井内压力升高。

① 正常作业时井内最大压力当量密度：

$$\rho_{bnmax} = \rho_{mmax} + S_g$$

式中 ρ_{bnmax}——正常作业最大井内压力当量密度，g/cm³；

ρ_{mmax}——裸眼井段最大钻井液密度，g/cm³；

S_g——激动压力当量密度，g/cm³。

② 正常作业和井涌压井时井内最大压力当量密度：

$$\rho_{bamax} = \rho_{mmax} + \frac{D_m}{D_x} \times S_k$$

式中 ρ_{bamax}——在设计套管层所在的裸眼井段发生溢流时最大井内压力当量密度，g/cm³；

ρ_{mmax}——裸眼井段最大钻井液密度，g/cm³；

D_m——裸眼井段最大地层孔隙压力当量密度对应的顶部井深，m；

D_x——裸眼井段最浅井深，m；

S_k——溢流允许值，g/cm³。

③ 钻井作业过程，压差卡钻的约束条件为钻井液液柱压力与地层孔隙压力最大压差不大于ΔP_N或ΔP_a，即：

$$\Delta P = 0.00981(\rho_{mmax} - \rho_{mmin}) \times D_n \leqslant \Delta P_N(\Delta P_a)$$

式中 ΔP——钻井液柱压力与地层孔隙压力最大压差，MPa；

ρ_{mmax}——裸眼井段最大钻井液密度，g/cm³；

ρ_{mmin}——裸眼井段正常或最小地层孔隙压力当量密度，g/cm³；

D_n——最深正常地层孔隙压力当量密度或最深最小地层孔隙压力当量密度对应井深，m。

依照正常作业，ρ_{mmax}为1.40g/cm³，ρ_{mmin}为1.05g/cm³，D_n为2300m，经过计算ΔP为7.89MPa，$\Delta P<\Delta P_N$，发生压差卡钻的风险较小，因此初选的技术套管下深2730m即为技术套管下入复选深度，需进行溢流条件校核。

4）溢流条件校核。按溢流压井条件校核计算套管下入复选深度是否有压漏的风险，即根据最大地层孔隙压力当量密度ρ_{bamax}对应的井深D_m，计算技术套管所在位置最大井内压力当量密度ρ_{bamax}并与地层安全破裂压力当量密度ρ_{ff}进行对比。

安全地层破裂压力当量密度：

$$\rho_{ff}=\rho_f-S_f$$

式中 ρ_{ff}——安全地层破裂压力当量密度，g/cm³；

ρ_f——地层破裂压力当量密度，g/cm³；

S_f——地层破裂压力当量密度安全允许值，一般取值0.024~0.048g/cm³。

结合卫11储气库邻井实钻情况，预测卫11储气库ρ_f为2.00~2.10g/cm³，S_f取0.03g/cm³，经过计算安全地层破裂压力当量密度ρ_{ff}为1.97~2.07g/cm³。2730m处最大井内压力当量密度ρ_{bamax}为1.86g/cm³，小于且接近安全地层破裂压力当量密度ρ_{ff}，因此技术套管下入深度2730m满足溢流压井要求，最终选定技术套管下入深度为2730m，即卫城盐盐下5m。

卫11储气库井身结构（图3-2-1）：一开采用ϕ444.5mm钻头钻至井深300m，下入ϕ339.7mm表层套管封隔上部松软地层；二开采用ϕ311.2mm钻头钻至盐底界以下垂深5m中完，下入ϕ244.5mm普通套管和ϕ250.8mm厚壁套管封隔盐及以上易漏地层，为三开亏空目的层的安全钻进和储层保护创造条件；三开采用ϕ215.9mm钻头钻至沙三下3底界完钻，加强地层对比至少保留5m泥岩隔层，下入ϕ139.7mm套管。采用尾管悬挂+回接的固井工艺，悬挂点位置为盐顶以上100m，且与上层套管的重叠段不少于300m。文96、文24、白庙均采用该井身结构。

（2）文13储气库井身结构设计

文13储气库因文9盐压力系数高，钻井液密度达1.74~1.85g/cm³，结合前期储气库井身结构设计经验，对文13储气库工程井身结构进行优化设计，形成了文9盐专打专封有针对性的井身结构。

一开采用ϕ558.8mm钻头钻至井深300m，下入ϕ473.08mm表层套管封隔上部松散、易垮塌地层，缩短二开裸眼段长度，保证二开井眼安全、快速钻进。二开采用ϕ431.8mm钻头钻至文9盐顶，下入ϕ339.7mm套管封文9盐以上低压易漏、易垮地层。为三开盐层段安全、快速钻进创造条件。三开采用ϕ311.2mm钻头钻至文9盐底界以下垂深30m中完，下入 ϕ244.5mm 套管和 ϕ250.8mm 厚壁套管，封隔文 9 盐及以上复杂地层，为四开亏空目的层的安全钻进和储层保护创造条件。四开采用 ϕ215.9mm 钻头钻至完钻井深，下入 ϕ139.7mm 生产套管，采用尾管悬挂+回接的固井工艺，悬挂点为文 9 盐盐顶以上 100m，且与上层套管的重叠段不少于 300m。文 13 储气库井身结构示意图如图 3-2-2 所示。

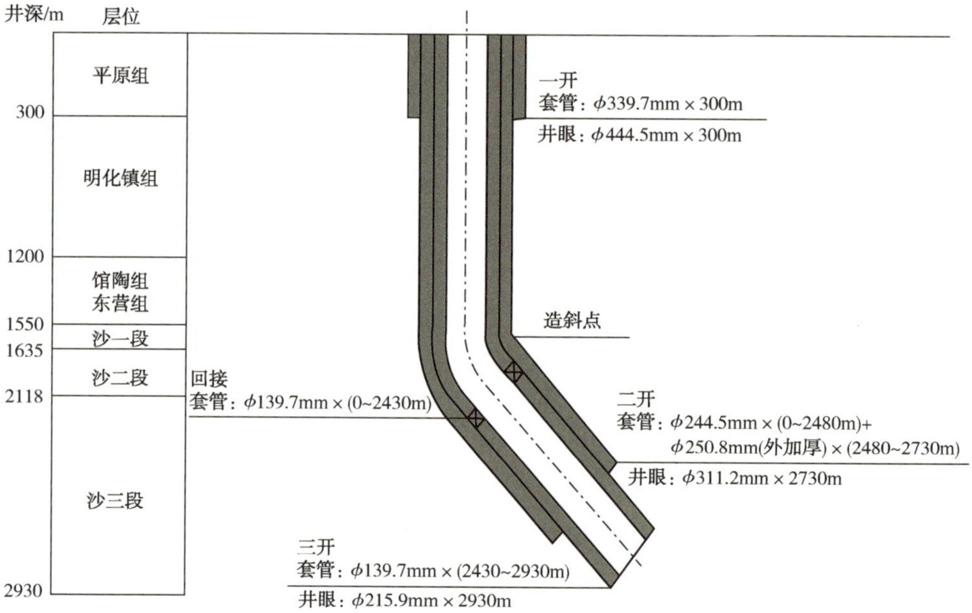

图 3-2-1 卫 11 储气库井身结构示意图

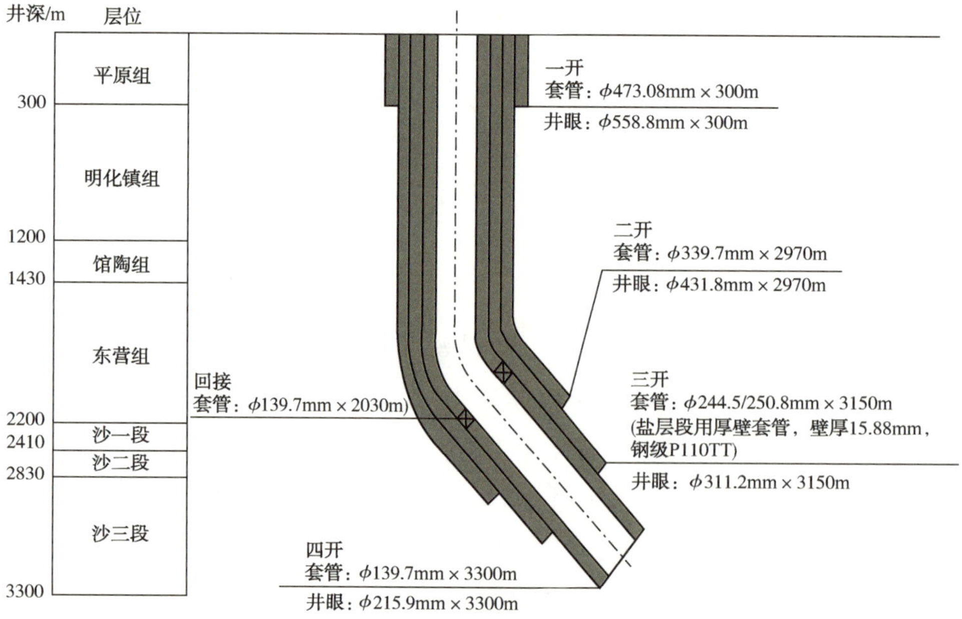

图 3-2-2 文 13 储气库井身结构示意图

（3）文 23 储气库井身结构设计

文 23 储气库立足储层专打、保护储层、保障井筒密封完整性的井身结构设计原则，结合注采气量，完井采用 ϕ177.8mm 套管，采用定向井和水平井井身结构方案。

文 23 储气库二期工程定向井一开采用 ϕ508mm 钻头钻至井深 500m，下入 ϕ406.4mm 表层套管封隔上部松散、易垮塌地层，为二开安全、快速钻进创造条件。二开采用 ϕ330.2mm 钻头钻至文 23 盐底界以下垂深不超过 30m（以不钻开低压储层为原则），下入 ϕ273.1mm 普通套管和内加厚套管封隔文 23 盐及以上易漏地层，为三开亏空目的层的安全钻进和储层保护创造条件。三开采用 ϕ235mm 钻头钻至完钻井深，下入 ϕ177.8mm 套管。采用尾管悬挂+回接的固井工艺，悬挂点位置为文 23 盐盐顶以上 100m，且与上层套管的重叠段不少于 300m。文 23 储气库定向井井身结构示意图如图 3-2-3 所示。

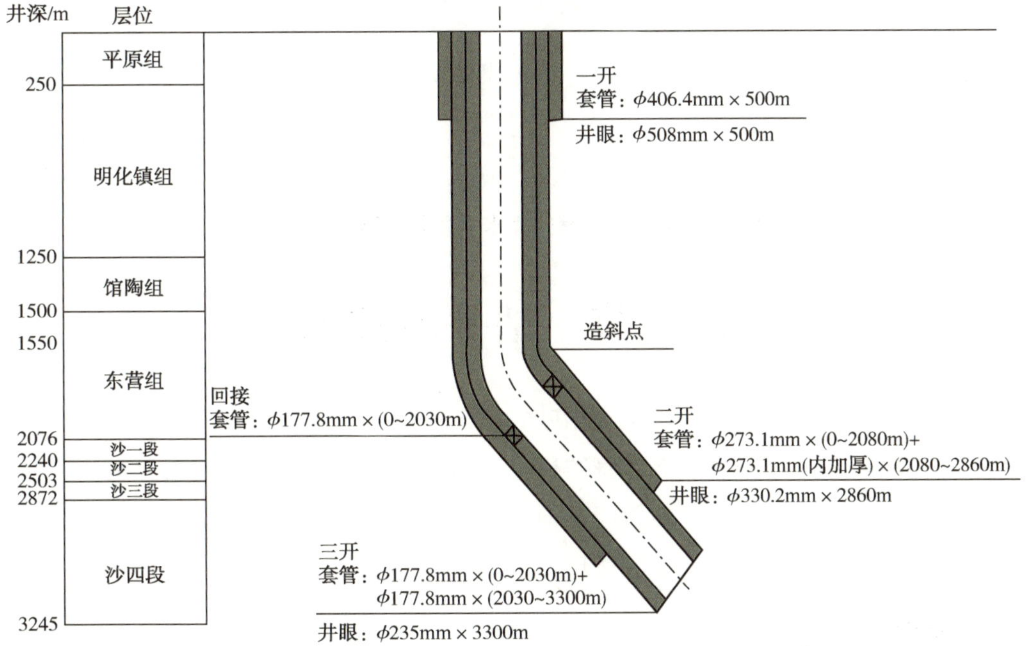

图 3-2-3 文 23 储气库定向井井身结构示意图

文 23 储气库水平井导管采用 ϕ660.4mm 钻头钻至井深 50m，下入 ϕ609.6mm 导管，封地表不稳定地层，建立钻井液循环。一开采用 ϕ508mm 钻头钻至井深 1550m，下入 ϕ406.4mm 表层套管封隔馆陶组及以上松散、易垮塌、易漏地层，为二开盐膏地层的安全、快速钻进创造条件。二开采用 ϕ330.2mm 钻头钻至文 23 盐底界以下垂深不超过 30m（以不钻开低压储层为原则），下入 ϕ273.1mm 普通套管和内加厚套管封隔文 23 盐及以上易漏地层，为三开亏空目的层的安全钻进和储层保护创造条件。三开采用 ϕ235mm 钻头钻至完钻井深，下入 ϕ177.8mm 套管。采用尾管悬挂+回接的固井工艺，悬挂点位置为文 23

盐盐顶以上 100m，且与上层套管的重叠段不少于 300m。文 23 储气库水平井井身结构示意图如图 3-2-4 所示。

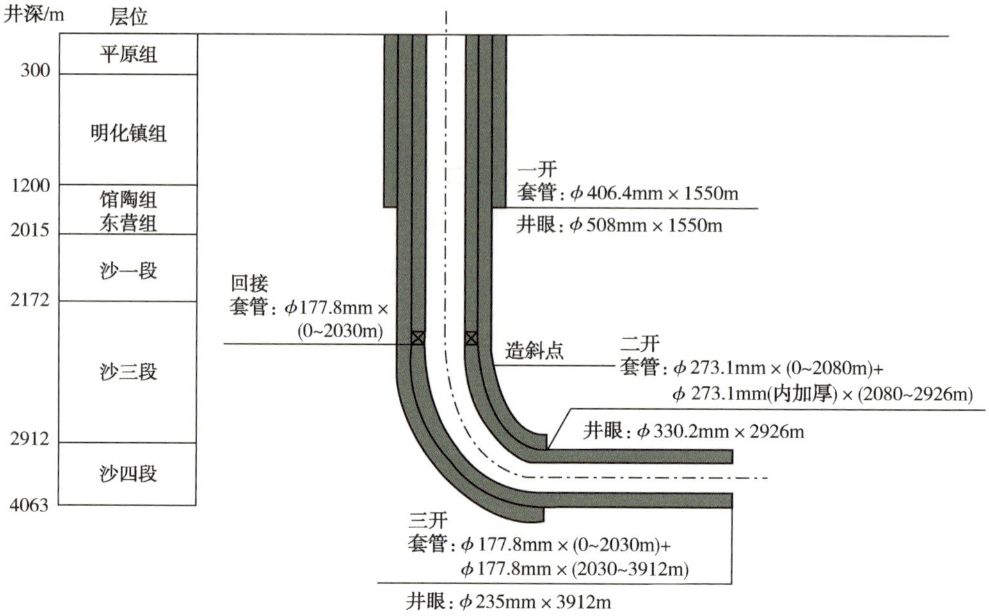

图 3-2-4　文 23 储气库水平井井身结构示意图

第三节　钻井液技术

中原区块涉及的储气库均属于枯竭型砂岩气田，经过多年勘探开发，在钻井液技术方面积累了丰富的经验。中原储气库井身结构设计不同、储层气藏保护要求严苛，在钻井液技术方面，开发应用了针对储气库盖层的饱和盐水钻井液体系和针对储层气藏保护的微泡钻井液体系，现场应用取得了较好的效果。

一、钻井液体系

1. 盖层钻井液体系

中原储气库常规井身结构(除文 13 储气库)二开钻穿盖层底，钻进过程中钻遇明化镇、馆陶组、东营组、沙一段、沙二段等地层，其中明化镇、馆陶组、东营组地层松软、可钻性好、地层易吸水膨胀，造成地层缩径，要做好固相控制、防塌、防缩径；沙一段、沙二段、沙三中段，沉积灰白色盐岩，盐膏层夹灰色、深灰色泥岩，含膏泥岩等，该套盐膏岩厚度大，在钻遇盐层前应做好体系转换、维护处理工作。

关键技术措施：

① 东营组及其以上井段，控制地层造浆，保持较低钻井液黏度、切力。

② 充分利用固控设备，严格控制有害固相含量。

③ 钻井速度快，钻井液易发生固相侵污，使用好固控设备是该井段钻井液性能维护的关键。

④ 钻进过程中，持续不断地补充 0.2%~0.5%的聚合物胶液，聚合物胶液以大分子为主，维护调整性能，使之均匀稳定。

⑤ 盐层井段钻井液预处理和转化技术。

沙一段至沙三上，主要从盐膏层污染、泥岩坍塌、断层及交界面防塌、防漏等方面优化钻井液性能。中原储气库将文 23 盐、卫城盐等作为盖层，为保证固井质量，盐层段的井身质量要求高，要求控制井径、井眼规则，提高整体注替效率。因此，在钻进至盐层前，要优化钻井液性能，主要加入 LV-CMC 和 COP-HFL/LFL 等中分子抗盐聚合物降滤失剂，加盐至 Cl^- 含量不低于 17×10^4mg/L，调整为饱和盐水钻井液，防止文 23 盐等盐膏层段盐溶形成“大肚子”井眼。在转化钻井液的同时，要做好防漏工作，补加部分随钻堵漏剂、封堵剂(超细目碳酸钙、磺化沥青粉、石墨粉、高强封固剂、微裂缝随钻堵漏剂等)，同时加入 3%~5%复合堵漏剂，振动筛布更换 10 目筛布，随着堵漏剂的筛除及时补充，保证堵漏剂含量，预防失返性井漏的发生。

2. 储层钻井液体系

中原储气库储层均是枯竭砂岩地层，其地质特性为地层压力系数低，渗透性好，稳定性差，井壁易掉块。储气库储层段地层渗透性好、亏空严重，同时多为造斜井段，钻井液性能要求做好防漏、防卡、携砂工作，同时做好储层保护工作。

结合储气库储层低压产层的特点，通过表面活性剂等关键处理剂的开发，增黏剂、降滤失剂等配伍处理剂选择，研发了微泡钻井液体系，性能见表 3-3-1。微泡钻井液密度低，对微裂缝具有较强的封堵性能，在 40~60 目砂床封堵强度达 15MPa 以上，可满足储气库低压易漏地层钻井施工需求。

表 3-3-1 微泡钻井液性能

ρ/(g/cm^3)	FL/mL	AV/(mPa·s)	PV/(mPa·s)	YP/Pa
0.85	5.0	57.5	32.5	25

微泡钻井液的防漏作用并不完全在于其密度低，钻井液中的微泡在钻遇漏层时，可以相互聚集成为一个复杂的聚集体，由于微泡之间拉普拉斯压力的作用，使这种聚集体获得极大的能量，从而逐渐与漏层达到压力平衡并阻止液相流体进入孔隙；并且微泡钻井液具有高触变性，进入漏层的钻井液随着流速下降表现出高黏滞力，也会减缓液相流体进入孔隙。因此，现场施工过程中在保证泥浆泵最低泵效前提下，适当提高钻井液密度对微泡钻井液防漏性能影响不大。微泡结构示意图及微观结构如图 3-3-1 所示。

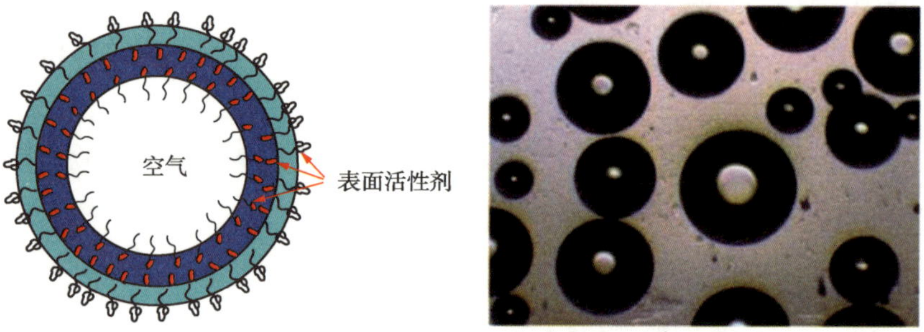

图 3-3-1 微泡结构示意图及微观结构

微泡钻井液体系密度 0.85～1.30g/cm^3、抗温 135℃，该体系在中原储气库应用良好，较好地解决了低压储层钻进漏失问题。

二、气藏保护技术

枯竭型气藏储气库对储层保护要求高，要保证气“注得进，采得出”。中原东濮凹陷区块属于断块型砂岩油气藏，油水系统呈明显层状油气藏特点。以卫 11 块为例，含油气层系为古近系沙河街组沙三下段，埋藏深度为 2500～2895m。储层孔隙度为 16%～20%，渗透率为 10～60mD。原始地层压力为 26.0～27.5MPa，原始地层温度为 95～105℃，气藏类型为层状复杂断块型砂岩油气藏。地层水矿化度为 27×10^4 mg/L 左右，Cl^- 含量约为 17×10^{4}mg/L，水型均为 $CaCl_2$型。卫城地区沙三中地层中沉积了巨厚的盐膏层，厚度一般在 100～500m 之间，对该区油气的聚集和保存起了重要的控制作用。

1. 气藏伤害因素分析

① 气层压力系数低，钻井液作用于井底的压差较大，加剧了钻井液固相和液相侵入气层的深度和伤害程度。一旦伤害无法解除，将造成后期注气困难，注气压力升高，注气量降低等问题。

② 卫 11 气田属中孔中渗储层，污染以钻井液固相侵入堵塞和滤液引起的液相伤害为主。储层长时间接触钻井液，滤液可侵入地层深度约 1m，容易引起较为严重的固相污染和液相水锁。

③ 沙三下储层以粗-细粉砂岩为主，含有伊利石及伊-蒙混层等敏感性矿物，钻井液滤液与地层矿物及高矿化度地层水不配伍将导致气层敏感性伤害。

2. 气藏保护技术方案

① 针对卫 11 气田岩性特征和渗流通道的孔径分布状况，合理设计储层封堵保护剂的类型、粒径匹配比例及分布范围，对井壁实施致密封堵，尽量减少钻井液和钻屑等的侵入深度和对气层的损害，封堵层较薄且可用射孔方式解除。

② 优化油气层架桥暂堵剂的材料构成，合理匹配纤维状封堵材料、硬性架桥粒子及充填封堵粒子的用量，实施整个三开段的储层保护作业。油气层可变形封堵剂可通过变形挤入孔隙，其中所含的暂堵剂微观形态为球形粒子，并具有软硬核结合结构，粒径分布较宽，粒径在0.1～10μm之间，与低渗储层的孔径分布相匹配，形成致密封堵层，可有效延缓压力传递和滤液侵入。架桥暂堵剂具有极细的纤维材料，可以在孔洞或微裂缝中缠绕和堆积，封堵微裂缝及高渗流的孔道，减少钻井液固相和液相对储层的伤害深度。

③ 优选自降解储层保护材料，其具有以下优点：a. 致密封堵能力强封堵层强度可达到10～20MPa，减少钻井液固相和液相侵入储层的深度。b. 可完全降解。其在合成时引入自降解单体，具有解堵特性，可在10～20天完全降解，储层渗透率恢复值达到80%，恢复储层孔道渗流能力。c. 兼具防漏能力。能够有效封堵微裂缝及孔喉发育的储层，减轻钻井液渗漏量。

④ 针对中高渗储层，建议采用自降解储层保护技术方案：钻井液+2%刚性架桥堵漏剂+1%～2%钻井液用油气层封堵保护剂+2%～3%自降解储层保护剂。

三、堵漏与承压堵漏

中原东濮凹陷区块涉及的储气库均属于枯竭型砂岩气田，经过多年勘探开发，地层压力系数极低，钻井和固井过程中井漏风险大。主要井漏问题表现在：

① 平衡盐层蠕变钻井液密度高，影响钻井安全及提质增效；

② 储层段亏空严重，压力系数紊乱。

针对中原枯竭型砂岩气田地质特征及储气库钻完井工程技术要求，采取适宜的堵漏材料及工艺，减少井漏复杂带来的经济损失和安全风险，同时为固井创造良好的井眼条件，其主要内容在本书第六章详细阐述，主要要求为：

① 储气库盖层钻遇多套压力系统，为保障易漏失井段及盐层段上下的固井质量，固井前需采用承压堵漏措施提高固井时井筒承压能力。

② 储气库储层压力系数低，固井液设计密度高，井漏风险大，固井前需采用承压堵漏措施提高固井时井筒承压能力，防止固井液压漏储层引起水泥浆污染储层。

第四节 套管设计

一、套管柱技术要求

储气库套管柱强度设计应考虑储气库长期交变应力的影响，采用等安全系数法进行设计和三轴应力校核，抗内压载荷按照储气库最高运行压力取值，抗外挤载荷取原始地层压力与最高钻井液密度当量压力的高值，按照全掏空进行抗外挤设计。

安全系数的确定标准：抗挤安全系数不低于 1.125；抗内压安全系数不低于 1.10；抗拉安全系数不低于 1.8。储气库注采井的套管强度设计安全系数要求要高于 SY/T 5724《套管柱结构与强度设计》中常规油气井的要求。储气库套管强度系数要求对比见表 3-4-1。

表 3-4-1　储气库套管强度系数要求对比

项　目	抗挤安全系数	抗内压安全系数	抗拉安全系数
储气库井	≥1.125	≥1.10	≥1.80
常规油气井	1.00~1.125	1.05~1.15	1.60~2.00

二、套管螺纹的选择

在常规井的设计时，一般只进行强度校核设计，而不考虑螺纹的密封问题。储气库注采井套管柱是利用螺纹把单根套管连接成几千米，成为能承受几百甚至几千大气压的高压容器，螺纹连接不稳是薄弱环节。根据报道，套管柱 86% 的失效事故发生在螺纹连接处，这与我国的统计也是相符的，因此储气库注采井应该使用特殊螺纹的套管，提高套管柱的气密封能力。在进行下套管作业时，对套管螺纹连接处进行气密封检测作业，以保证套管整体的密封性。

1. 常规螺纹

以常见的长圆螺纹为例，其参数要求不低于《螺纹加工测量和检验规范》(API Spec STD 5B)的相关规定，并按照《油套管螺纹连接性能评价方法》(API RP5C5)相关试验方法进行抗粘扣实验。套管长圆螺纹尺寸见表 3-4-2。

表 3-4-2　套管长圆螺纹尺寸(除注明者外，其余尺寸均以 in 为单位)

1	2	3	4	5	6	7	8	9	10	11	12	13
规格 D	大端直径 D_4	每英寸螺纹牙数	断面至手紧面长度 L_1	有效螺纹长度 L_3	管断至消失点总长度 L_4	手紧面处中径 E_1	机紧后管端至接箍中心 J	接箍端面至手紧面长度 M	接箍镗孔直径 Q	接箍镗孔深度 q	手紧紧密距牙数 A	从管端起全顶螺纹最小长度 L_c
$4\frac{1}{2}$	4.500	8	1.921	2.715	3.000	4.4033	0.500	0.704	$4\frac{19}{32}$	0.500	3	1.875
5	5.000	8	2.296	3.090	3.375	4.9033	0.500	0.704	$5\frac{3}{32}$	0.500	3	2.250
$5\frac{1}{2}$	5.500	8	2.421	3.215	3.500	5.4033	0.500	0.704	$5\frac{19}{32}$	0.500	3	2.375
$6\frac{5}{8}$	6.625	8	2.796	3.590	3.875	6.5283	0.500	0.704	$6\frac{25}{32}$	0.500	3	2.750

续表

1	2	3	4	5	6	7	8	9	10	11	12	13
规格 D	大端直径 D_4	每英寸螺纹牙数	断面至手紧面长度 L_1	有效螺纹长度 L_3	管断至消失点总长度 L_4	手紧面处中径 E_1	机紧后管端至接箍中心 J	接箍端面至手紧面长度 M	接箍镗孔直径 Q	接箍镗孔深度 q	手紧紧密距牙数 A	从管端起全顶螺纹最小长度 L_c
7	7.000	8	2.921	3.715	4.000	6.9033	0.500	0.704	7 3/32	0.500	3	2.875
7 5/8	7.625	8	2.979	3.840	4.125	7.5241	0.500	0.709	7 25/32	0.433	3 1/2	3.000
8 5/8	8.625	8	3.354	4.215	4.500	8.5241	0.500	0.709	8 25/32	0.433	3 1/2	3.375
9 5/8	9.625	8	3.604	4.465	4.750	9.5241	0.500	0.709	9 25/32	0.433	3 1/2	3.625
9 5/8	9.625	8	3.537	4.465	4.750	9.5199	0.500	0.713	9 25/32	0.433	4	3.625
20	20.000	8	4.104	4.965	5.250	19.899	0.500	0.709	20 7/32	0.366	3 1/2	4.125
20	20.000	8	4.037	4.965	5.250	19.894	0.500	0.713	20 7/32	0.366	4	4.125

2. 特殊螺纹

应保证螺纹连接在套管最小屈服值的95%相当内压的条件下不发生泄漏，特殊螺纹在反复上、卸扣5次后不发生粘扣，生产厂家必须提供最佳上扣扭矩值及上扣扭矩范围。

特殊螺纹密封有以下特点：

（1）特殊螺纹的结构

对API螺纹来说，增大上扣扭矩可提高螺纹的接触压力，提高其密封性能，但是扭矩再高也不能完全消除泄漏通道。特殊螺纹突破了API螺纹的设计框架，密封作用不再仅仅由螺纹承担，而是设计了专门的金属-金属密封结构。一般来说，特殊螺纹都具有多重密封，包括主密封(主要由金属-金属径向密封结构来实现)和辅助密封(一般由扭矩台肩来实现)。另外，螺纹虽然不再起主要密封作用，但仍然起一定的辅助密封作用。这些结构设计使特殊螺纹具有良好的密封性能。

（2）特殊螺纹的密封性

API螺纹啮合后存在一条螺旋状泄漏通道，是API螺纹设计的固有缺陷，限制了API螺纹的密封能力。特殊螺纹为此设计了专门的金属-金属密封结构，将API螺纹的非接触式密封改为接触式密封，使螺纹连接的密封能力显著增强。

三、套管设计

1. 套管柱设计原则

根据储气库的工作特性，在整个使用期间，必须保证注采井作用在套管柱上的最大应力在允许的安全范围内。

套管柱设计一般遵循三个原则：

① 满足钻井、注气和采气等作业工艺要求。

② 载荷及安全储备。储气库注采井主要承受轴向力、内压力、外压力等。套管柱的安全储备是指抗拉、抗挤、抗内压的安全系数大小。

③ 经济性。套管柱设计的主要内容是根据套管柱在井内所受的外载，正确选择套管的钢级、壁厚和螺纹类型，使之既要有足够的强度，以保证下入井内的套管不断、不裂、不变形、不泄漏，又要符合节约钢材、降低成本的要求。

2. 套管的设计

储气库运行周期长，一般为30~50年，注采井要求强注强采，并且周期循环，因此生产套管必须能承受强注强采交变应力的影响。虽然按照常规油田生产井设计的套管即可满足要求，但是在注采生产中，生产套管完全处于全掏空状态，应将抗挤安全系数提高到1.125，提高套管在掏空状态下的安全性。

（1）盖层套管选择

结合中原储气库以盐膏层为盖层，盐膏层具有蠕变、腐蚀等特点，要避免或减少复合盐膏层段的套损，除工艺措施、生产管理外，主要是研究盐膏层段的套管选材、套管串组合及其强度的设计。针对中原东濮凹陷区块盐膏层特性和埋深情况，认为目前解决盐膏层套损比较有效的办法是使用高强度套管、厚壁套管。盖层套管性能见表3-4-3。

表3-4-3　盖层套管性能

储气库	套管程序	套管尺寸/mm	钢级	壁厚/mm	扣型	最大抗外挤压力/MPa	最大内压/MPa	最大抗拉强度/kN
文23	盖层段	273.1	155V	15.11	金属气密封	78	103.5	13082
	盖层段	282.58	125V	17.32		85.4	92.4	8833
卫11、文96、文13	盖层段	250.8	P110TT	15.88		88	65.1	6640
文24、白庙	盖层段	244.5	P110	11.99		36.5	65.1	6640

（2）生产套管选择

生产套管选用气密封扣套管，考虑气源的组分和地层流体性质，按照一类气标准设计，材质依据防腐技术研究中心提供实验数据，悬挂器至井底选用钢级P110-13Cr抗腐蚀套管，以上选用钢级P110的套管。生产套管性能见表3-4-4。

（3）套管强度校核

套管柱采用等安全系数法进行设计，套管强度计算采用《套管柱结构与强度设计》

(SY/T 5724),经计算均满足强度要求(表 3-4-5)。其中抗内压校核:以卫 11 储气库为例,套管强度校核数据见表 3-4-6。盖层技术套管按 50%井涌校核,储层生产套管按储气库运行上限压力的 1.1 倍校核。

表 3-4-4　生产套管性能

储气库	套管程序	套管尺寸/mm	钢级	壁厚/mm	扣型	最大抗外挤压力/MPa	最大内压/MPa	最大抗拉强度/kN
文 23	回接段	177.8	P110	10.36	金属气密封	58.8	65.6	3546
	尾管段	177.8	P110-13Cr	10.36		58.8	65.6	3546
卫 11、文 96、文 13、文 24、白庙	回接段	139.7	P110	9.17		76.5	87.1	2851
	尾管段	139.7	P110-13Cr	9.17		76.5	87.1	2851

表 3-4-5　套管性能数据

套管程序	外径/mm	钢级	壁厚/mm	扣型	每米重量/(kg/m)	内径尺寸/mm	通径尺寸/mm	接箍外径/mm	抗挤强度/MPa	抗内压强度/MPa	抗拉强度/kN
表层套管	339.7	J55	9.65	STC	81.11	320.42	316.45	365.13	7.8	18.8	2286
技术套管	244.5	N80Q	10.03	金属气密封扣	59.53	224.41	220.44	269.90	21.2	39.6	4075
	250.8	P110TT	15.88		93.46	219.04	215.90	269.88	88	65.1	6640
生产套管	139.7	P110	9.17		30.05	121.36	118.19	154.25	76.5	87.1	2851
		P110-13Cr	9.17		30.05	121.36	118.19	154.25	76.5	87.1	2851

表 3-4-6　套管强度校核数据

外径/mm	井段/m	段长/m	钢级	壁厚/mm	每米重量/(kg/m)	段重/t	累计重量/t	安全系数			钻井液密度/(g/cm^3)
								抗挤	抗内压	抗拉	
339.7	0~300	300	J55	9.65	81.1	24.33	24.33	—	—	—	1.03~1.08
244.5/250.8	0~2367	2367	N80Q	10.03	59.53	140.91	167.45	1.25	1.69	2.43	1.25~1.30
	2367~2652	285	P110TT	15.88	93.46	26.54	26.54	1.84	2.78	25.02	
139.7	0~2317	2317	P110	9.17	30.05	69.63	69.63	3.43	2.93	4.09	0.90~0.98
	2317~2912	595	P110-13Cr	9.17	30.05	17.88	17.88	2.73	2.93	15.95	

第四章

储气库井筒密封完整性

第一节　套管串长期密封完整性

储气库技术套管封固盖层的盐膏层及上部地层，选择外(内)加厚高强度技术套管解决了盐层蠕变对井筒防挤毁方面的影响问题。储层套管悬挂器至井底部分选用钢级 P110-13Cr 抗腐蚀套管，螺纹采用特殊气密封螺纹，保障套管串的长期密封性，其选择依据：①储气库气源中含有 CO_2、H_2气体，储气库地层水矿化度高，Cl^-浓度含量达到 18×10^4mg/L，易引起套管腐蚀，需要优选适用于储气库使用条件的套管材质。②储气库长周期服役，循环反复强注强采产生的交变应力容易造成套管螺纹密封失效，引起井口带压等问题，需要优选满足储气库工况要求的套管气密封螺纹。优选抗腐蚀套管材质和气密封性优良的套管螺纹，来保证套管柱完整性，为储气库安全平稳运行提供保障。

一、储气库套管防腐蚀评价

1. 套管腐蚀机理分析

东濮凹陷气田属于基本不含 H_2S 的非硫气田，导致油层套管产生腐蚀的主要原因是储气库气源中的 CO_2含量、地层水中高含量的 Cl^-及流体冲刷形成的强腐蚀环境。已有的研究证明，干燥的 CO_2气体环境中，对金属材料基本不产生腐蚀影响，但是 CO_2溶于水中对金属材料，尤其是钢铁材料有极强的腐蚀性。在同样的 pH 值情况下，如果 CO_2水溶液浓度不断升高，那么溶液环境中的钢铁材料腐蚀程度会愈发严重。通过腐蚀因素及腐蚀机理的分析，可以验证套管的防腐蚀性能，确保套管串的长期密封性。

（1）腐蚀因素分析

影响套管腐蚀的因素很多，主要分为环境因素、材料因素、力学因素三大类，第一类是环境因素，包括 CO_2分压、温度、矿化度、pH 值、Cl^-含量、流速及流动状态等；第二类是材料性质因素，如果材料中含有各种合金元素，那么会对材料的耐腐蚀性能产生很大影响；第三类是井筒管柱的实际力学状态，如应力腐蚀、腐蚀疲劳等。重要的腐蚀因素主要包括以下六类。

① 水含量。许多实验表明，CO_2腐蚀金属材料的条件与水溶液有很大关系，如果 CO_2溶解在水溶液中，套管会比干燥环境下更容易发生腐蚀。因此，水溶液环境是产生 CO_2腐蚀的一个决定性因素。

② CO_2分压。各种研究普遍认为，CO_2分压起着重要作用。目前石油工程行业也是根据 CO_2分压来作为 CO_2的腐蚀严重程度的重要依据。很多研究表明，在腐蚀产生的过程中，当 CO_2分压小于 0.05MPa 时，不会对金属材料造成任何损伤。而当 CO_2分压逐渐升高时，

金属材料腐蚀程度不断加速。

③ 温度。环境温度是造成CO_2腐蚀的另一个重要因素。温度的作用机理一般是通过改变化学反应速度来直接影响金属材料腐蚀速度的。大量研究得出的结论为，在环境温度超过60℃以后，CO_2腐蚀程度将发生巨大的变化。

④ 矿化度。Cl^-等矿化度的作用可导致金属材料产生局部腐蚀，也是损坏金属材料的重要因素。Cl^-对于金属材料的腐蚀作用不可忽视，是影响腐蚀过程的关键因素。

⑤ 介质流速。介质流速对金属材料的CO_2腐蚀有着重要影响。流速越高，越容易阻碍腐蚀产物膜的形成，这就不利于金属材料得到保护，从而导致腐蚀加剧。当介质呈多相流动的情况时，金属材料表面的冲刷腐蚀就变得更为显著。

⑥ 材质。大多数情况下，油田使用碳钢或低合金钢等成本较低的套管材质较多。但是，材质中的合金元素含量对抵抗CO_2腐蚀具有重要的作用，合金元素含量越高，抵抗CO_2腐蚀的能力越强。其中，Cr元素是各种合金材料中抗CO_2腐蚀性能最强的一种元素，金属材料中Cr元素含量越高，越容易在金属材料表面形成保护膜，从而保护金属材料不受腐蚀，提高金属材料的抗腐蚀性能。国内各套管厂家在开发耐腐蚀套管材质中，也是通过提高Cr元素的含量，来提高套管材质的抗CO_2腐蚀能力。

（2）套管的CO_2腐蚀机理

套管的CO_2腐蚀主要是CO_2气体溶于水之后，生成碳酸，碳酸有极强的腐蚀性，通过发生电化学腐蚀过程，导致套管发生腐蚀。

1）CO_2腐蚀。根据CO_2腐蚀的不同形态，提出不同的腐蚀机理，如CO_2对碳钢和含铬钢的腐蚀中，有全面腐蚀，也有局部腐蚀。

① CO_2全面腐蚀机理。Fe在CO_2水溶液中的化学反应为Fe的阳极氧化过程，其反应过程为：

$Fe+OH^- \longrightarrow FeOH+e$；$FeOH \longrightarrow FeOH^+ +e$；$FeOH^+ \longrightarrow Fe^{2+}+OH^-$

在腐蚀阴极主要有以下两种反应，其中，下标ad表示吸附在金属材料上的物质，下标sol表示在水溶液中物质。

一种是，氢离子阴极发生的化学反应为还原反应，具体过程如下：

当pH<4时：$H_3O^+ +e \longrightarrow H_{ad}+H_2O$

$H_2CO_3 \longrightarrow H^+ +HCO_3^-$

$HCO_3^- \longrightarrow H^+ +CO_3^{2-}$

当4<pH<6时：$H_2CO_3+e \longrightarrow H_{ad}+HCO_3^-$

当pH>6时：$2HCO_3^-+2e \longrightarrow H_2+2CO_3^{2-}$

另一种是，表面吸附 $CO_{2,ad}$ 的氢离子催化还原反应：

$$CO_{2,sol} \longrightarrow CO_{2,ad}$$

$$CO_{2,ad}+H_2O \longrightarrow H_2CO_{3,ad}$$

$$H_2CO_{3,ad}+e \longrightarrow H_{ad}+HCO_{3,ad}^-$$

$$H_3O_{ad}^+ +e \longrightarrow H_{ad}+H_2O$$

$$HCO_{3,ad}^- +H_3O^+ \longrightarrow H_2CO_{3,ad}+H_2O$$

两种反应的产生都是由于 CO_2 溶于水以后形成的 HCO_3^- 电离出 H^+ 的还原过程，所以，整个腐蚀反应过程为：$CO_2+H_2O+Fe \longrightarrow FeCO_3+H_2$。

根据以上反应过程分析可知，金属材料在 CO_2 水溶液中容易被腐蚀，并且由于发生了离子的还原，所以是一种电化学腐蚀类型。

② CO_2 局部腐蚀机理。CO_2 的局部腐蚀情况主要有台地侵蚀、点蚀等。在含有 CO_2 的水溶液中，腐蚀产物膜在金属材料表面不同区域覆盖的程度不同，进而导致 CO_2 局部腐蚀的产生。CO_2 的局部腐蚀是一种腐蚀电偶作用的结果。

通常情况下，在含 CO_2 的溶液环境中，金属材料表面在腐蚀初期为裸露表面，随着腐蚀的发生，金属材料表面逐渐被腐蚀产物膜所覆盖。所以，CO_2 水溶液对金属材料的腐蚀过程，除了受化学反应速度的控制，还与腐蚀产物是否在金属材料表面成膜，以及成膜后膜的结构与稳定性有关。

2）Cl^- 电化学腐蚀机理。在溶有 CO_2 的水溶液中，Cl^- 电化学腐蚀机理对于碳钢的影响可分为阳极反应和阴极反应两种。

其中，阳极反应可表示为：

$$Fe+Cl^-+H_2O = [FeCl(OH)]_{ad}^- +H^+ +e$$

$$[FeCl(OH)]_{ad}^- \longrightarrow FeClOH+e$$

$$FeClOH+H^+ = Fe^{2+}+Cl^-+H_2O$$

阴极反应可表示为：

$$CO_2+H_2O = H_2CO_3$$

$$H_2CO_3+e \longrightarrow H_{ad}+HCO_3^-$$

$$HCO_3^-+H^+ = H_2CO_3$$

$H_{ad}+H_{ad} \longrightarrow H_2$；$H_{ad}$ 为吸附氢。

所以，通过反应过程可以发现，只有当 Cl^- 含量达到一定浓度，点蚀才有可能发生，而这个临界浓度与金属材料有本质的关联。

2. 套管服役环境

中原储气库的气源含有一定量的 CO_2、H_2，地层最高温度 120℃，地层水 Cl^- 含量主要分布在三个区间：(17~18)×10^4mg/L、(9~11)×10^4mg/L、(4~6)×10^4mg/L。

CO_2会使管材产生点蚀、坑蚀等电化学腐蚀，通常采用套管腐蚀速率实验来评价 CO_2 对管材的腐蚀程度。H_2会使管材产生氢脆、断裂等力学破坏，通常采用慢应变速率拉伸实验(SSRT)来评价 H_2对管材力学性能的影响。所以，需要通过开展套管腐蚀速率实验和套管慢拉伸实验等套管选材实验，优选满足储气库服役环境的套管材质。

3. 套管防腐蚀评价

储气库储层套管悬挂器至井底选用钢级 P110-13Cr 抗腐蚀套管，以上选用钢级 P110 的套管。采用腐蚀称重法开展气液两相动态腐蚀实验，得到在不同温度区间、不同矿化度条件下的套管腐蚀规律。选取文 23 储气库 ϕ177.8mm 套管开展实验。

腐蚀称重法计算套管腐蚀速率的公式如下：

$$v_t = \frac{365 \times 24(W_0 - W_1)}{10^3 \rho \cdot S \cdot t} \tag{4-1-1}$$

式中 v_t——腐蚀速率，mm/a；

ρ——试件材料的密度，g/cm；

W_0——腐蚀前试件的重量，g；

W_1——腐蚀实验后并去除腐蚀产物后试件的重量，g；

S——试件表面积，m^2；

t——腐蚀实验时间，h。

套管腐蚀实验计算结果见表 4-1-1。

表 4-1-1 套管腐蚀实验结果

材质	氯离子含量/(mg/L)	腐蚀速率/(mm/a)				
		45℃	60℃	75℃	90℃	120℃
13Cr、超级 13Cr	5×10^4	0.025	0.004	0.012	0.023	0.015
	10×10^4	0.009	0.005	0.008	0.016	0.014
	18×10^4	0.004	0.012	0.003	0.012	0.018

依据 NACE Standard RP0775—2005，平均腐蚀速率小于 0.025mm/a 为轻微腐蚀，0.025~0.12mm/a 为中度腐蚀，0.13~0.25mm/a 为高度腐蚀，大于 0.25mm/a 为严重腐蚀。在以点蚀为主的环境下，腐蚀速率小于 0.13mm/a 为轻微腐蚀，0.13~0.20mm/a 为中度腐蚀，0.21~0.38mm/a 为高度腐蚀，大于 0.38mm/a 为严重腐蚀。

按照超级 13Cr 材质最大腐蚀速率 0.025mm/a 计算套管剩余强度，计算公式为：

$$p_P = Y_P \left[\frac{3.181}{D/t} - 0.0819 \right] - 2852 \tag{4-1-2}$$

式中 p_P——剩余强度，MPa；

Y_P——套管最小屈服强度，MPa；

D——套管外径，mm；

t——套管壁厚，mm。

根据式(4-1-2)分别计算套管服役5年、10年、15年、20年、25年及30年后的套管剩余强度，计算结果见表4-1-2。

表4-1-2 套管剩余强度计算结果

服役周期/a	套管外径/mm	壁厚/mm	腐蚀速率/(mm/a)	剩余壁厚/mm	剩余抗挤强度/MPa
5	177.8	10.36	0.025	10.235	57.13
10	177.8	10.36	0.025	10.11	55.43
15	177.8	10.36	0.025	9.985	53.73
20	177.8	10.36	0.025	9.86	52.04
25	177.8	10.36	0.025	9.735	50.34
30	177.8	10.36	0.025	9.61	48.64

按套管内100%掏空计算，套管入井后实际挤毁压力为30.01MPa，得出套管服役30年以后，抗挤安全系数为1.62，仍然大于行业标准SY/T 5724《套管柱结构与强度设计》中抗挤安全系数1.125，表明套管服役30周年以后剩余强度仍然可以满足强度要求。

二、套管循环载荷下疲劳损伤评价

1. 管材循环载荷作用下疲劳破坏情况

按照表4-1-3试验方案，依据图4-1-1载荷加载路径，对P110 Cr13S棒状试样在120℃下分别进行5周次、10周次、20周次、30周次拉压交变载荷下强度循环试验，如图4-1-2~图4-1-5所示的5周次、10周次、20周次、30周次拉压交变循环载荷过程，循环后进行拉断试验(图4-1-6~图4-1-9)。

表4-1-3 高温拉压试验要求

<table>
<tr><th>温度</th><th>交变周次</th><th>试验要求</th></tr>
<tr><td rowspan="4">120℃</td><td>5</td><td rowspan="4">1）保持加载温度，波动±3℃；
2）施加85%屈服强度的拉伸载荷(保载4h以上，观察应变变化)，卸载，反向施加压缩载荷60%屈服强度(若失稳降低压缩载荷试验)(同样保载4h以上，观察应变变化)，如此反复相应交变次数后，最后拉伸至断裂。
3）全程记录应力-应变-时间三者关系曲线，获取最后的屈服强度、抗拉强度、伸长率等值</td></tr>
<tr><td>10</td></tr>
<tr><td>20</td></tr>
<tr><td>30</td></tr>
</table>

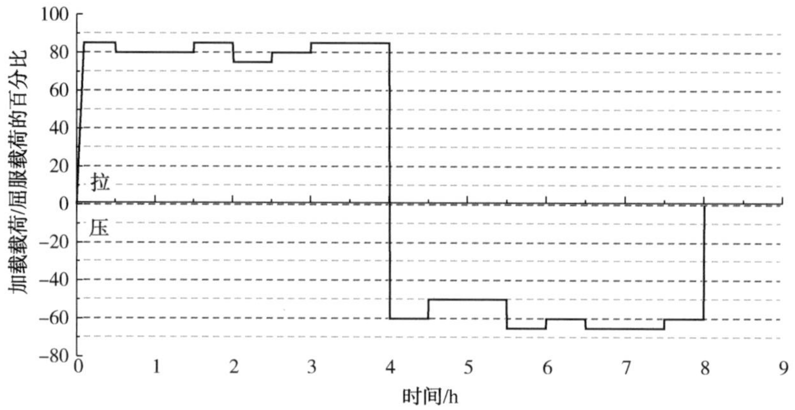

图 4-1-1　载荷随时间加载路径

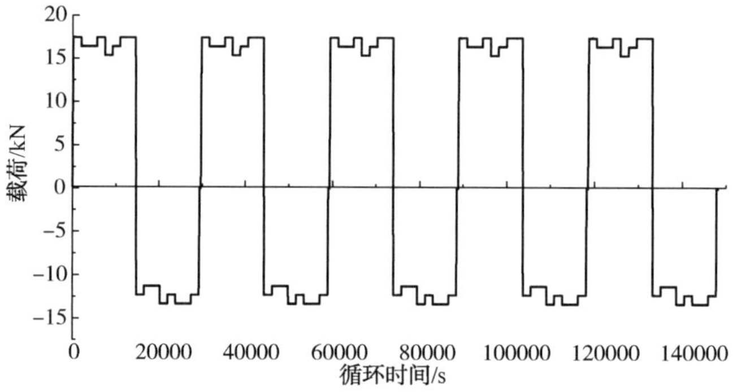

图 4-1-2　5 周次拉压交变循环数据

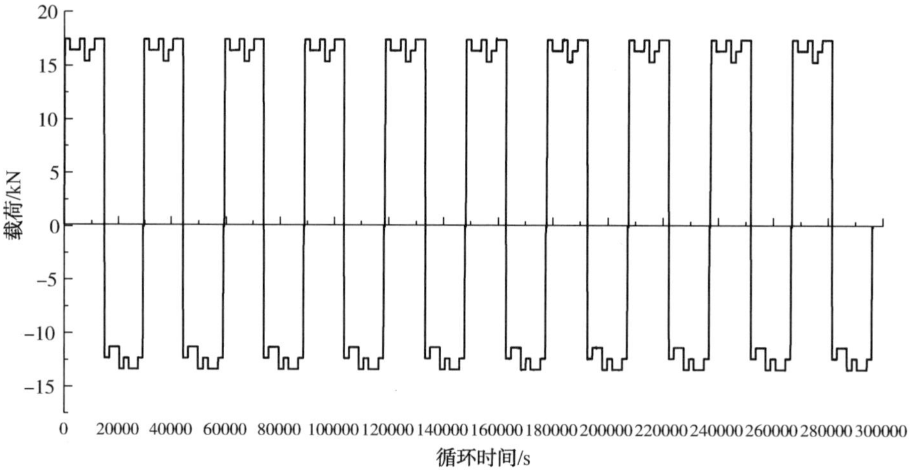

图 4-1-3　10 周次拉压交变循环数据

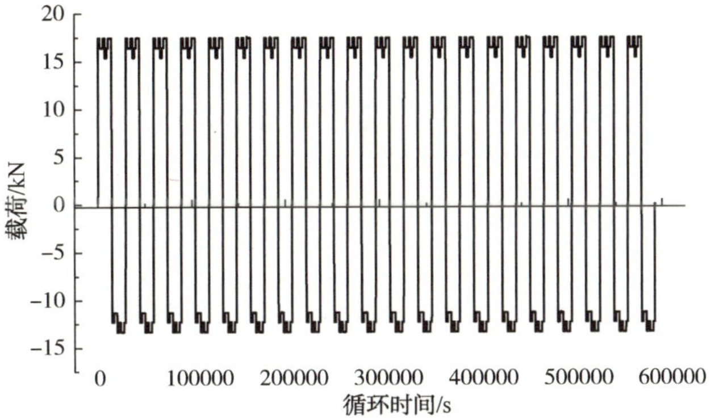

图 4-1-4 20 周次拉压交变循环数据

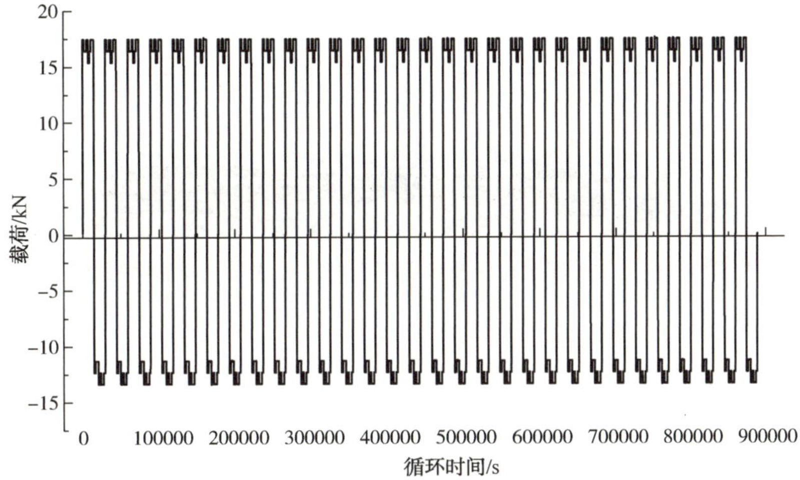

图 4-1-5 30 周次拉压交变循环数据

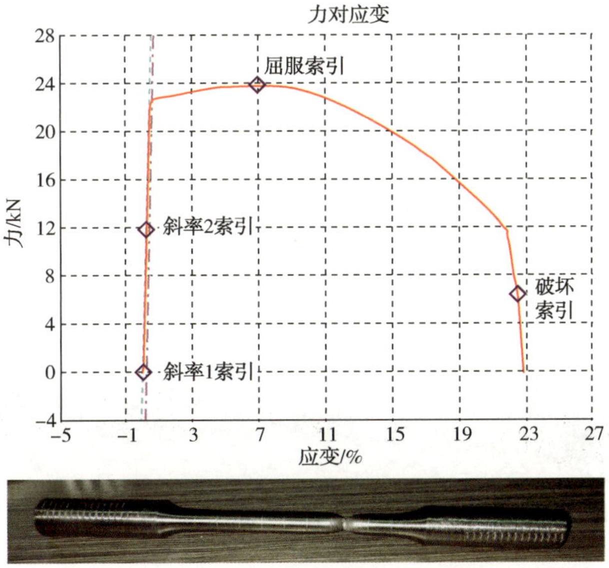

图 4-1-6 5 周次拉压交变循环后拉断曲线与试样断裂形貌

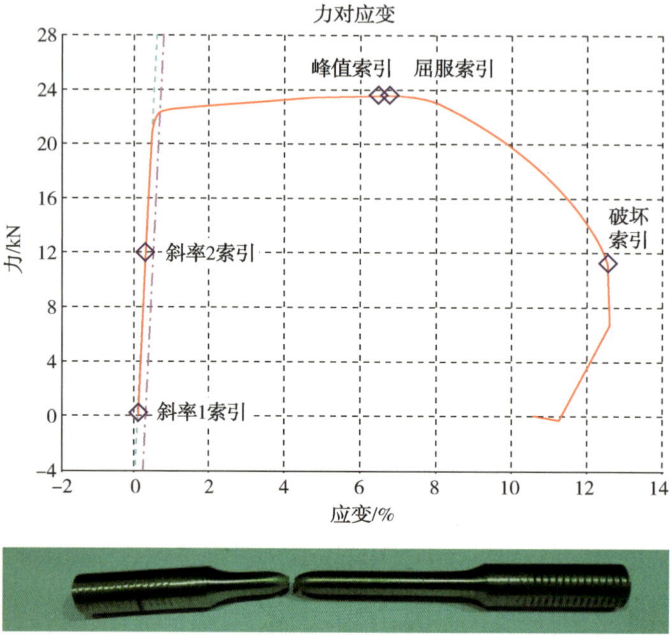

图 4-1-7　10 周次拉压交变循环后拉断曲线与试样断裂形貌

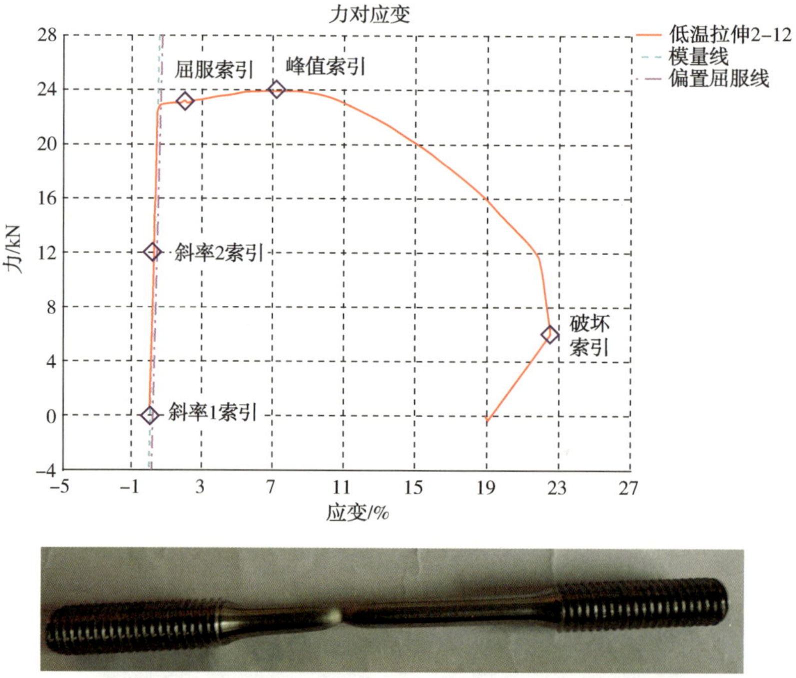

图 4-1-8　20 周次拉压交变循环后拉断曲线与试样断裂形貌

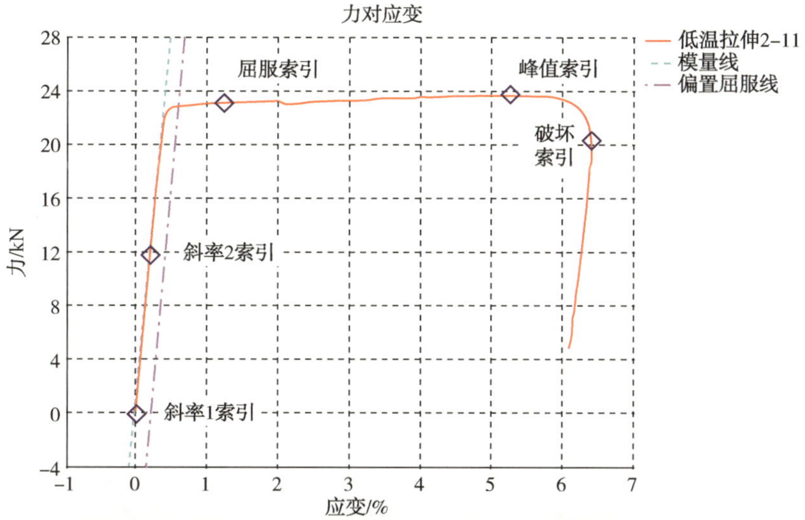

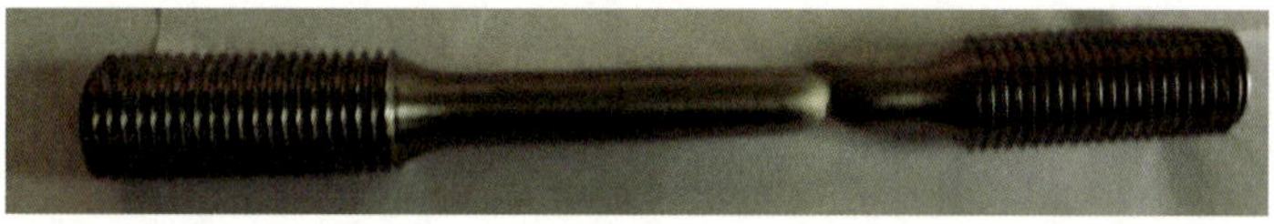

图 4-1-9 30 周次拉压交变循环后拉断曲线与试样断裂形貌

2. 管柱强度变化规律

同比材料实际屈服强度的下降，按照标准屈服强度降低比率计算其管柱承载能力。即与标准屈服强度相比，5 周次后屈服强度降低 1.2%，10 周次后屈服强度降低 5.5%，20 周次后屈服强度降低 6.2%，30 周次后屈服强度降低 9.2%。据此计算 ϕ177.8mm×10.36mm P110/P110 Cr13S BGT2 生产套管柱在生产运行过程中实际服役性能结果见表 4-1-4，变化趋势见图 4-1-10。可知在储气库注采运行过程中，生产套管柱的抗拉强度、抗内压强度和抗挤强度均呈下降趋势。

表 4-1-4 不同生产时期 ϕ177.8mm×10.36mm P110/P110 Cr13S BGT2 套管剩余服役性能

类型	抗拉强度/kN	抗内压强度/MPa	抗挤强度/MPa
标准值	4130	77.38	58.83
5 周次	4081	76.36	58.37
10 周次	3904	73.04	56.93
20 周次	3875	72.50	56.59
30 周次	3750	70.18	55.62

与标准值相比，5 周次后抗拉强度降低 1.19%、抗内压强度降低 1.32%、抗挤强度降低 0.78%；10 周次后抗拉强度降低 5.47%、抗内压强度降低 5.61%、抗挤强度降低 3.23%；20 周次后抗拉强度降低 6.17%、抗内压强度降低 6.31%、抗挤强度降低 3.81%；

30 周次后抗拉强度降低 9.20%、抗内压强度降低 9.30%、抗挤强度降低 5.46%。

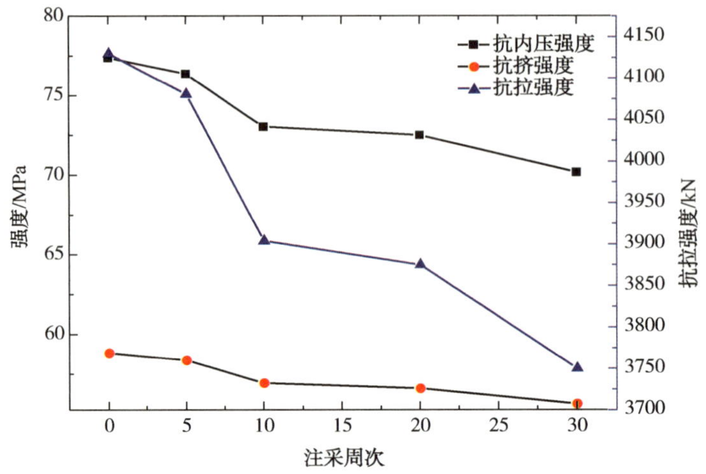

图 4-1-10　不同生产时期套管服役性能变化趋势

若按屈服强度最大下降 10%，发现注采运行压力（工作区）仍在 90%VME 应力椭圆内（图 4-1-11），但试验区的最大压缩载荷和运行压力点已经超出 90%VME 应力椭圆。因此，在正常注采作业工况下，管柱仍有足够的承载能力，但是在后期修井或增产作业中若要提高运行压力需要按照管柱剩余强度进行重新计算。

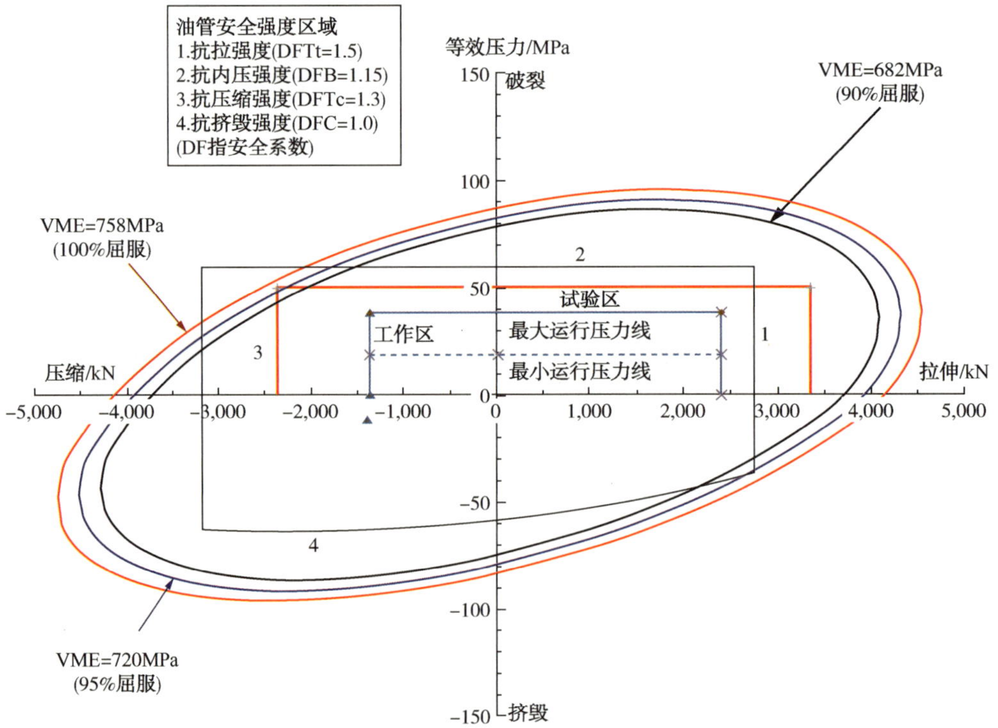

图 4-1-11　ϕ177.8mm×10.36mm P110/P110Cr13S BGT2 管柱后期安全作业范围 90%VME

考虑轴向载荷影响，生产套管柱不同位置处的实际抗内压强度和抗挤强度发生变化，结果见表 4-1-5，因封隔器坐封位置为 2850m，其环空保护液静液柱压力为 28.52MPa，取抗内压安全系数 1.10，则不同注采周次后井口生产套管承压(油套环空压力)最大值见表 4-1-6，发现随着储气库生产年限的增加，其油套管环空压力限值是变化的(图 4-1-12)，应根据不同时期制定环空压力控制依据。

表 4-1-5 轴向载荷影响下 ϕ177.8mm×10.36mm P110/P110 Cr13S BGT2 套管剩余服役性能

类型		抗内压强度/MPa	抗挤强度/MPa
0 周次	拉伸 max 2392kN	44.49	41.22
	拉伸(井口)max 2248.62kN	47.13	42.92
	拉伸(回接)max 2249.04kN	47.12	42.92
	拉伸(封隔器)max 2101.05kN	49.73	44.55
5 周次	拉伸 max 2392kN	43.42	40.51
	拉伸(井口)max 2248.62kN	46.07	42.25
	拉伸(回接)max 2249.04kN	46.07	42.24
	拉伸(封隔器)max 2101.05kN	48.70	43.91
10 周次	拉伸 max 2392kN	39.53	37.86
	拉伸(井口)max 2248.62kN	42.27	39.74
	拉伸(回接)max 2249.04kN	42.26	39.73
	拉伸(封隔器)max 2101.05kN	44.96	41.53
20 周次	拉伸 max 2392kN	38.89	37.42
	拉伸(井口)max 2248.62kN	41.64	39.31
	拉伸(回接)max 2249.04kN	41.63	39.31
	拉伸(封隔器)max 2101.05kN	44.35	41.13
30 周次	拉伸 max 2392kN	36.13	35.45
	拉伸(井口)max 2248.62kN	38.94	37.45
	拉伸(回接)max 2249.04kN	38.94	37.45
	拉伸(封隔器)max 2101.05kN	41.71	39.36

表 4-1-6 不同生产时期油套环空压力限值

注采周次	油套环空最大压力/MPa	注采周次	油套环空最大压力/MPa
0	16.69	20	11.80
5	15.76	30	9.40
10	12.36		

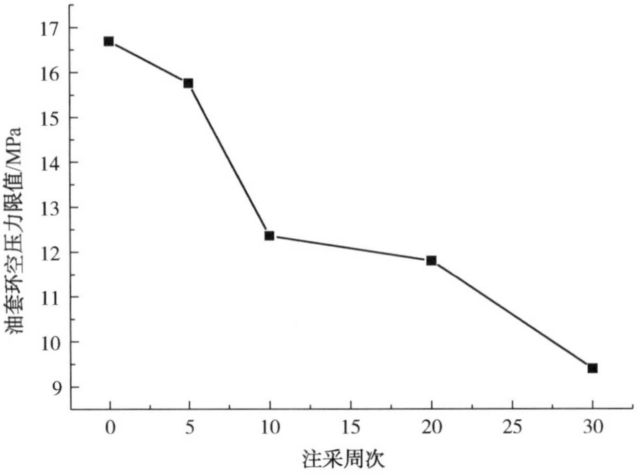

图 4-1-12　油套环空压力随生产时间的变化

交变载荷下套管材料强度循环试验结果再次证实，随着储气库生产年限增加，套管材料强度出现损失现象，与全尺寸实物气密封循环试验后套管材料强度试验结果相同。不同生产时期，套管材料强度损失量不同，10 周次前套管强度损失量较小，10 周次后套管强度损失量开始增大，大于 5%，30 周次时达到 9.2%，接近 10%。依据套管材料强度损失情况，分析了不同时期套管抗拉强度、抗内压强度、抗挤强度等实际服役性能的变化，均呈现出降低趋势，但仍满足设计生产要求。

三、套管连接螺纹评价

套管螺纹连接是套管柱强度的重要部分，套管螺纹的设计决定其气密封能力。储气库设计服役 30 周年以上，每年为一个注采周期，其中，190 天强注，150 天强采，其余 25 天为设备检修维护保养。储气库长周期强注强采引起套管柱产生交变应力，易造成套管螺纹疲劳，密封失效，导致管柱气窜，产生储气库井环空带压等问题，不仅影响储气库井后续作业施工和注采气产量，而且给储气库井生产带来了安全隐患，造成了不必要的人力、物力和财力损失。根据报道，套管柱 86%的失效事故发生在螺纹连接处，这也与我国的统计相符合，因此储气库注采井应使用特殊螺纹的套管，提高套管柱的气密封能力。

中原储气库主要用的特殊套管气密封螺纹为 BGT2、TP-G2，性能特点如下：

① 螺纹结构设计密封能力强。均采用锥面-锥面金属密封，且为负角度扭矩台肩的“楔形效果”，增强密封能力。

② 管体强度高。管体设计抗弯曲能力达 0.4°/m，压缩效率 100%，接头可承受的内压力与管体相当，减少应力集中，提高套管使用寿命。

TP-G2、BGT2 气密封螺纹结构参数见表 4-1-7、表 4-1-8。

表 4-1-7 TP-G2 结构参数表

螺纹参数	密封面参数	螺纹参数	密封面参数
导向面角：10°	锥度：30%	锥度：1∶16	
承载面角：-4°	扭矩台肩角：-20°		

表 4-1-8 BGT2 结构参数表

螺纹参数	密封面参数	螺纹参数	密封面参数
导向面角：25°	锥度：75%	锥度：1∶16	
承载面角：-5.71°	扭矩台肩角：-15°		

通过调研分析，选用 BGT2 和 TP-G2 等两种套管螺纹试样开展气密封试验，并从以下几个方面，计算模拟储气库的实际运行工况：

① 载荷。套管下井时，井口处套管承受的拉载最大，即全部套管重量，计算如下：

$$43.16\text{kg/m}\times3120\text{m}=134.7\text{t}=1320\text{kN}$$

因此，在井口处套管最大拉载为 1320kN。

② 弯曲应力。储气库注采井有直井和定向井两种井型，其中，定向井井眼轨道设计中井眼曲率最大处的狗腿度为 0.13°/m，计算弯曲应力，公式如下：

$$\sigma_b=\pm\frac{M(D/2-t)}{I}=\pm0.060156D_{leg}(D-2t) \tag{4-1-3}$$

式中 D_{leg}——狗腿度，°/m；

D——管体外径，mm；

t——壁厚，mm。

③ 内压。生产过程中井筒内压在 19～35MPa。按储气库通用规定，选取安全系数为 1.1，本试验中设定的最大内压为 38.5MPa。

④ 温度。储气库注采过程中的温度和压力变化情况：注气过程中，天然气吸热升温，从地层到井筒温度呈降低趋势；采气过程中，天然气放热降温，从地层到井筒温度呈升高趋势。

因此，确定试验要素如下：

a. 螺纹试样：BGT2、TP-G2。

b. 压力：最高 38.5MPa，最低 0MPa。

c. 温度：最高 120℃，最低室温。

d. 拉载：井口处最大 1320kN。

e. 弯曲：采用四点弯曲方法施加弯曲应力，使曲率达到最大狗腿度，即 0.13°/m。

每根套管试样由一根外螺纹短节和一根带接箍短节组成，如图 4-1-13、图 4-1-14 所示。

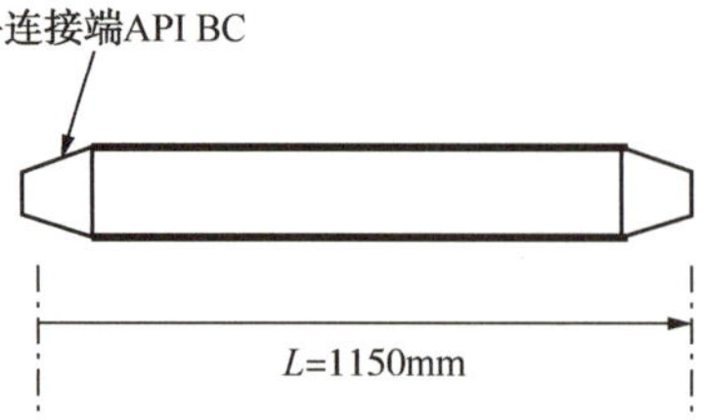

图 4-1-13　带公扣短节试样

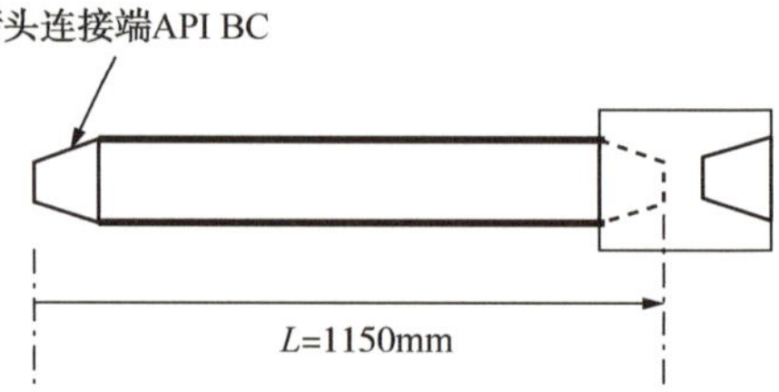

图 4-1-14　带接箍短节试样

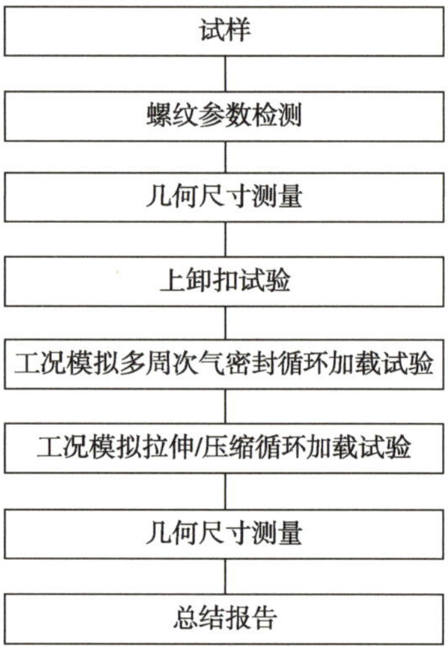

图 4-1-15　试验流程

对套管螺纹开展螺纹参数检测、几何尺寸测量、上卸扣试验、工况模拟多周次气密封循环加载试验和工况模拟拉伸/压缩循环加载试验。试验流程如图 4-1-15 所示。

1. 模拟多周次气密封循环加载试验

以文 23 储气库条件进行试验。文 23 气田属正常温度系统，地层最高温度为 120℃。注采过程中，强注时井筒降温升压，强采时井筒升温降压。因此，实验中采用升压过程降温，降压过程升温的方式反复循环 30 周次以上，来模拟储气库注气和采气的生产过程。

① 烘烤螺纹脂 120℃ 12h，消除螺纹脂对密封面的副作用。

② 施加拉载和弯曲应力，加内压从 0MPa 到 38.5MPa，保压 10min（模拟储气井强注工况）。

③ 内压从 38.5MPa 降到 0MPa，同时设定加热程序，温度从室温升至 120℃（模拟储气井强采工况）。

④ 保持温度 120℃、内压 0MPa，持续 10min（模拟储气井设备维护检修工况）。

⑤ 内压从 0MPa 升到 38.5MPa，同时降温，从 120℃降至室温（模拟储气井强注工况）。

⑥ 保持温度室温、内压 38.5MPa，持续 10min（模拟储气井设备维护检修工况）。

⑦ 重复③~⑥试验步骤，循环 40 周次，整个过程保持拉载和弯曲应力不变（模拟储气井服役 30 周年以上的工况）。

⑧ 泄内压，结束试验。

具体试验步骤如图 4-1-16 所示。

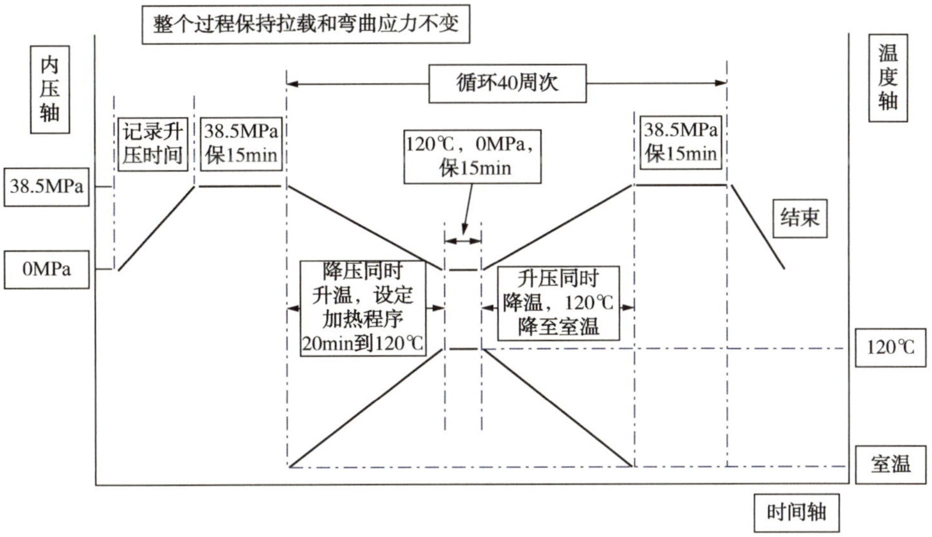

图 4-1-16　套管螺纹气密封实验

2. 模拟拉伸/压缩循环加载试验

工况模拟拉伸/压缩循环加载试验主要对试样施加固定的内压和温度载荷，然后对拉伸度和压缩载荷进行循环。试验主要参数及载荷见表 4-1-9。

表 4-1-9　试验主要参数及载荷

螺纹类型	试样编号	最大拉伸载荷/kN	最大压缩载荷/kN	曲率/[(°)/m]	最高压力/MPa	最高温度/℃	循环次数/次
TP-G2	2016006-1Z	1323	-1323	0. 13	38. 5	120	10
BGT2	2016005-1Z	1323	-1323	0. 13	38. 5	120	10

(1) 螺纹参数检测结果

两根试样的外螺纹和内螺纹参数试验前后检测结果见表 4-1-10 和表 4-1-11。

表 4-1-10　外螺纹参数检测结果

螺纹类型	试样编号	锥度/(mm/m)	螺距偏差/(mm/mm)	螺纹牙型高度偏差/mm	螺纹中径偏差/mm	密封直径偏差/mm
BGT2	2016005-1ZA(试验前)	62. 0	0. 025	0. 025	0. 019	0. 003
	2016005-1ZA(试验后)	62. 0	-0. 01	0	-0. 033	-0. 023
TP-G2	2016006-1ZA(试验前)	63. 0	-0. 006	0	-0. 005	-0. 003
	2016006-1ZA(试验后)	62. 0	-0. 013	0	-0. 019	0. 003
技术标准要求		60. 6~63. 8	±0. 051	±0. 025	±0. 050	±0. 050

表 4-1-11 内螺纹参数检测结果

螺纹类型	试样编号	锥度/(mm/m)	螺距偏差/(mm/mm)	螺纹牙型高度偏差/mm	螺纹中径偏差/mm	密封直接偏差/mm
BGT2	2016005-1ZA(试验前)	61.0	0.025	0	-0.019	0.013
	2016005-1ZA(试验后)	63.0	-0.010	-0.020	0.005	-0.020
	2016005-1ZB(试验前)	62.0	0.025	0	-0.025	0.006
	2016005-1ZB(试验后)	63.0	0	-0.020	-0.020	-0.020
TP-G2	2016006-1ZA(试验前)	60.0	0	0	-0.030	0.005
	2016006-1ZA(试验后)	62.0	0.013	0	0.019	0.005
	2016006-1ZB(试验前)	60.0	-0.006	0	-0.045	0.005
	2016006-1ZB(试验后)	61.0	0.013	0	-0.019	0
技术标准要求		60.0~63.8	±0.051	±0.025	±0.050	±0.050

通过试验前后的螺纹参数检测，可以确定，两根螺纹试样在试验后均可以满足技术标准要求。

（2）上卸扣试验结果

所有试样上扣均达到控制要求，上卸扣条件见表 4-1-12，进行 3 次上扣、2 次卸扣，卸扣后未出现粘扣现象，上卸扣试验结果见表 4-1-13。

表 4-1-12 上卸扣试验条件

扭矩控制/(N·m)			上扣速度/(r/min)	螺纹脂	
最大	最佳	最小	≤10	BESTOLIFE 2000	
18954	17232	15511		最大 60g	最小 40g

表 4-1-13 上卸扣试验结果

螺纹类型	试样编号	端面编号	上扣次数	最终上扣扭矩/(N·m)	台肩扭矩/(N·m)	最终上扣圈数/圈	卸扣扭矩/(N·m)	卸扣后螺纹接头检验结果
BGT2	2016005-1Z	A-A	1	16604	9429	3.496	—	—
		B-B	1	19444	8012	3.568	17051	未粘扣
		B-B	2	18672	7653	2.629	17480	未粘扣
		B-B	3	19882	6646	2.932	—	—
TP-G2	2016006-1Z	A-A	1	17402	3136	2.604	—	—
		B-B	1	21357	2985	2.561	21529	未粘扣
		B-B	2	21044	4323	2.232	19898	未粘扣
		B-B	3	21503	5947	1.920	—	—

（3）模拟 40 周次气密封循环加载试验结果

两种试样进行了工况模拟 40 周次气密封循环加载试验，试验过程中未发生结构失效和泄漏，载荷-时间和压力/温度-时间曲线如图 4-1-17 和图 4-1-18 所示。

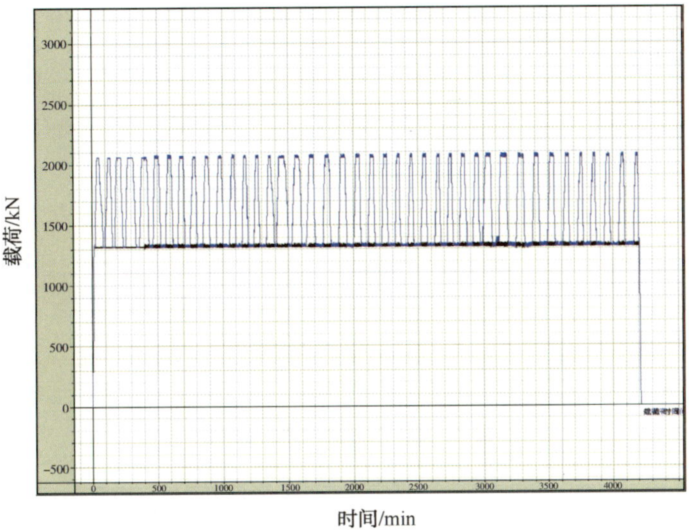

图 4-1-17　载荷-时间曲线

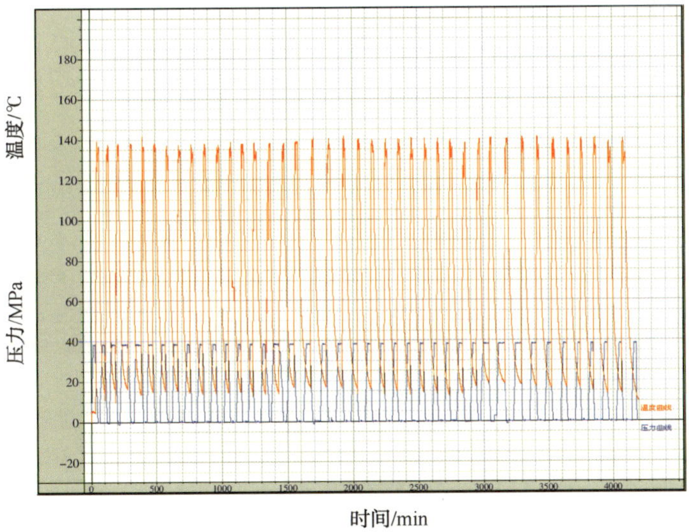

图 4-1-18　压力/温度-时间曲线

（4）模拟拉伸/压缩循环加载试验结果

在完成工况模拟 40 周次循环加载试验后进行工况模拟拉伸/压缩循环加载试验，试验过程中未发生结构失效和泄漏，载荷-时间和压力/温度-时间曲线如图 4-1-19 和图 4-1-20 所示。

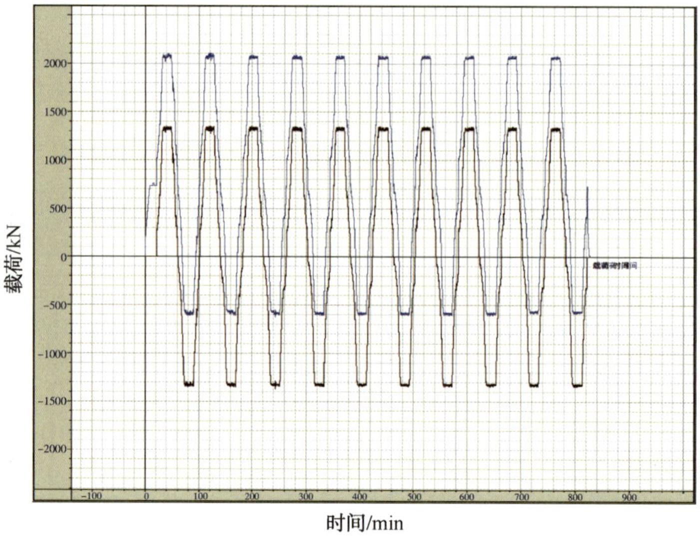

图 4-1-19　载荷-时间曲线

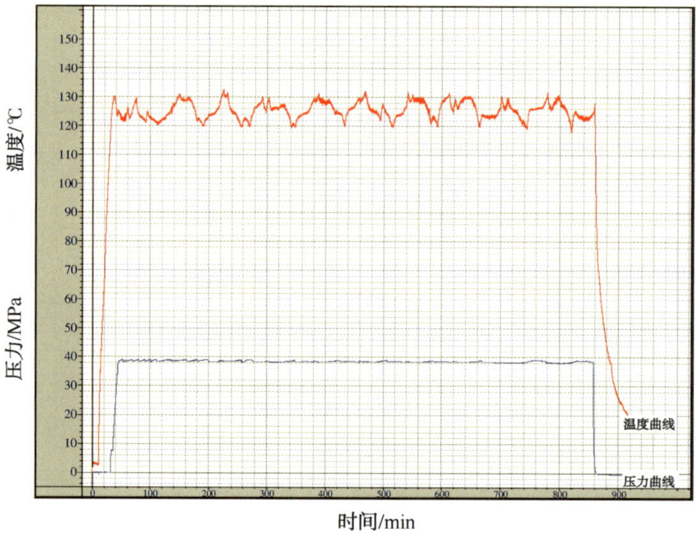

图 4-1-20　压力/温度-时间曲线

对以上各项试验结果进行分析，可以看出：

① 螺纹参数检测结果分析。两种试样外螺纹和内螺纹参数检测结果表明，试验前后螺纹变形较小，检测结果均满足技术标准要求。

② 循环加载试验结果分析。两种试样分别进行了工况模拟 40 周次气密封循环加载试验，试验过程中未发生结构失效和泄漏；其中压力介质为干燥氮气，载荷条件为：最大拉伸载荷 1323kN，弯曲曲率达到最大狗腿度 0.13°/m，最高压力 38.5MPa，最高温度 120℃，循环加载次数 40 周次，满足储气库气密封工况要求。

两种试样分别进行了工况模拟拉伸/压缩循环加载试验，试验过程中未发生结构失效和泄漏；其中压力介质为干燥氮气，载荷条件为：最大拉伸载荷 1323kN，最大压缩载荷-1323kN，弯曲曲率达到最大狗腿度 0.13°/m，最高压力 38.5MPa，最高温度 120℃，循环加载次数 10 周次，满足储气库工况要求。

③ 密封面微观形貌分析。试样上扣前、循环加载试验后密封面微观形貌如图 4-1-21 和图 4-1-22 所示，由图可知，循环试验后密封面微观下存在轻微周向划痕，这主要是由外螺纹和内螺纹密封面过盈配合，在上扣过程中内外螺纹旋合或者循环载荷作用造成的，但从试验结果上看，此类轻微损伤并不影响其密封性能。

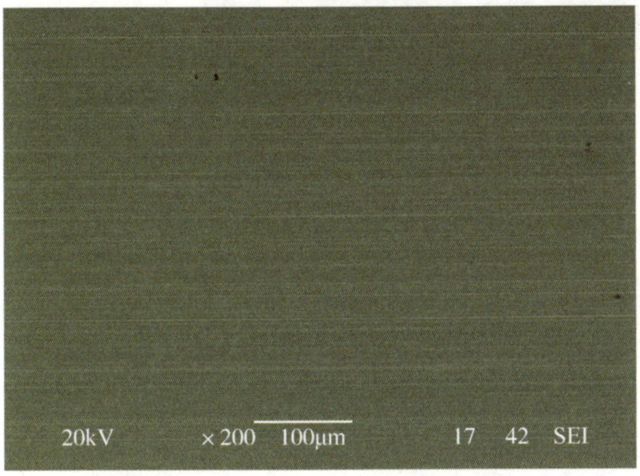

图 4-1-21 上扣前密封面微观形貌

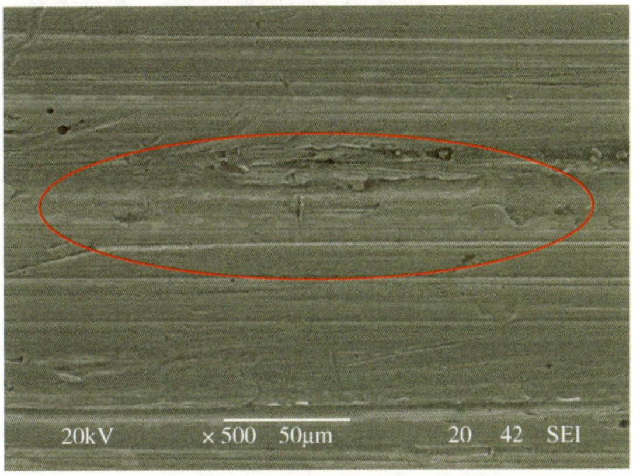

图 4-1-22 循环加载试验后密封面微观形貌

BGT2 和 TP-G2 两种套管螺纹在工况模拟 40 周次气密封循环加载试验和工况模拟拉伸/压缩循环加载试验时均未发生泄漏，各项螺纹参数均符合技术标准要求，密封效果良好，BGT2 和 TP-G2 两种规格套管螺纹能够满足储气库气密封工况要求。

第二节 水泥环长期密封完整性

随着储气库注采井的持续生产，储气库井的地下储层条件会变得越来越复杂，在天然气的注入和开采过程中，由于井筒密封性失效造成储气库注采井停产或报废发生的概率逐渐增加，会严重影响储气库的安全运行。在储气库运行过程中，由于工程、地质、生产工况变化等因素对水泥环产生的周期性载荷使得水泥环受力状态反复变化，可能会使水泥环产生微裂纹，破坏其密封完整性(图 4-2-1)。随着储气库注采井的持续生产，水泥环密封完整性失效会成为影响储气库安全运行的一个巨大问题，若是水泥环发生破坏，会给储气库的生产带来巨大的损失。

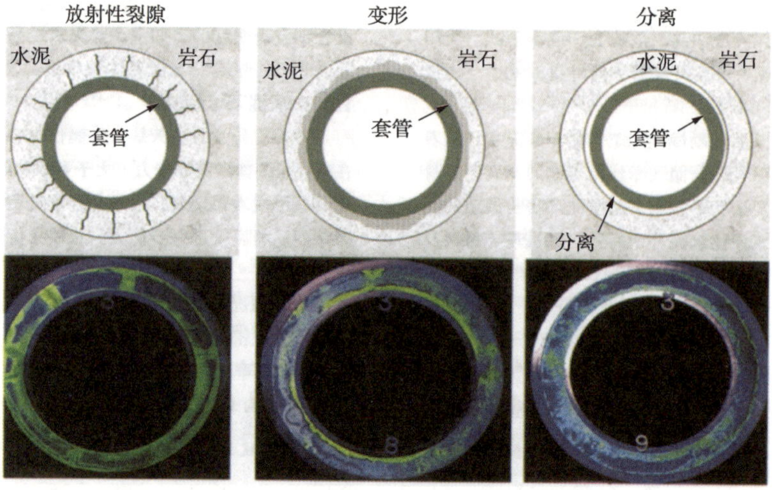

图 4-2-1　水泥环密封失效的形式

一、水泥环长期密封完整性影响因素

固井水泥环是保证油气井安全生产的重要屏障，由于大多数油气井所处的地下工况不同，使得不同工况下的固井水泥环所受应力不同，且固井完成后水泥环处于地下，很难直接对其进行监测，使得固井水泥环完整性的评价变得十分困难，因此梳理其影响因素，建立相应的力学模型十分必要。

1. 载荷影响

固井水泥环在井下所受应力条件复杂，不同工况下水泥环受到的应力不同。水泥环的重要作用之一是支撑套管，水泥环在井下会承受套管施加的应力，套管尺寸越大，传递到水泥环上的应力就越大。

油气井在进行套管试压时，随着套管内压力的变化，水泥环第一界面受力也在变化；在均匀的应力条件下油气井进行套管试压时，随着套管试压压力的增加，水泥环第一界面径向应力增加，周向应力有从压应力向拉应力转变的趋势；在非均匀地应力条件下，保持套管内压不变，随着地应力的增加，水泥环第二界面周向应力有从拉应力向压应力转变的趋势；水泥环即使在不同的受力情况下，其内径处均为受到较大应力的区域。

储气库水泥环在井下的受力更为复杂，不仅受到地应力的作用，所受的井筒内压还会随着时间的推移而反复周期性交替变化，同时温度对水泥环的密封完整性也有一定的影响。

2. 温度影响

随着井深的增加，井底的温度将逐渐增加，因此许多直井和水平井都将面临高温高压的井底环境。一方面，温度的变化将导致套管-水泥环-井壁围岩组合体承受温度载荷，产生附加的热应力；另一方面，井底的高温环境将进一步降低套管和水泥环的抗压、抗拉强度，降低其抵抗外载的能力。由于这两方面因素的共同作用，将加大套管、水泥环井底结构完整性破坏的风险。

（1）热应力的产生

当结构受热或变冷时，由于热胀冷缩产生变形，若变形受到限制，将在结构体产生热应力，其热应力产生示意如图 4-2-2 所示。除此之外，由于套管-水泥环-井壁组合体是由不同材料组合而成，不同的材料具有不同的热膨胀系数，当受热变化时，接触界面彼此的变形程度不一样，就会发生相互挤压，产生相应的热应力，其热应力产生示意如图 4-2-3 所示。

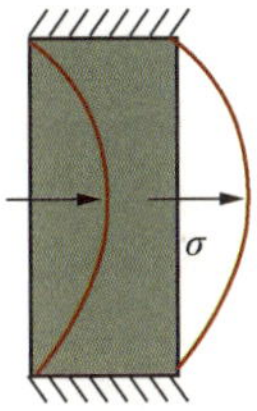

图 4-2-2　约束产生的热应力

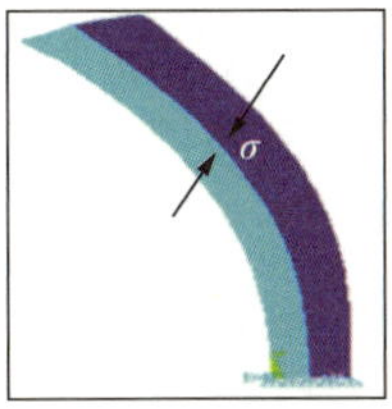

图 4-2-3　不同材料产生的热应力

（2）温度对水泥环力学性能的影响

材料发生屈服现象时的屈服极限，亦即抵抗微量塑性变形的应力称为材料的屈服强度，对于无明显屈服的材料，规定应变值为 0.2%所对应的应力值为其屈服极限，称为条件屈服极限或屈服强度。大于此极限的外力作用，将会使材料永久失效，无法恢复。屈服强度可以解释为材料中的位错（材料中的一种缺陷）克服周围柯氏气团（位错周围的一些点缺陷，因为在位错的周围聚集时使得系统的抗力降低，称为柯氏气团）钉扎的作用力。当温度升高后，柯氏气团对位错的钉扎作用力减弱，从而使位错滑移所需的作用力减小，在宏观上就表现为材料的屈服强度减小和材料的其他力学性能发生相应的改变，其示意如图 4-2-4、图 4-2-5 所示。

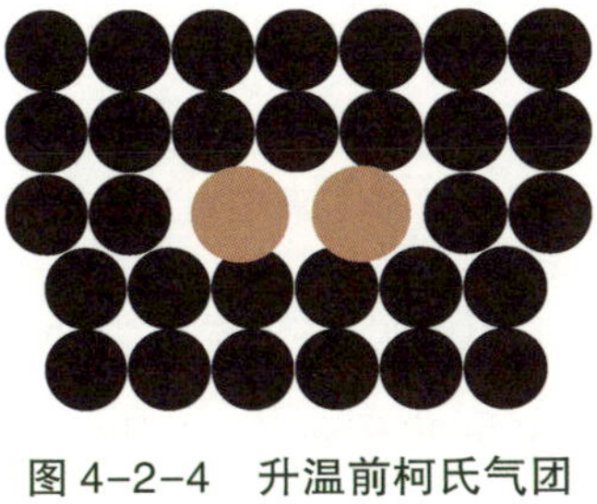

图 4-2-4　升温前柯氏气团

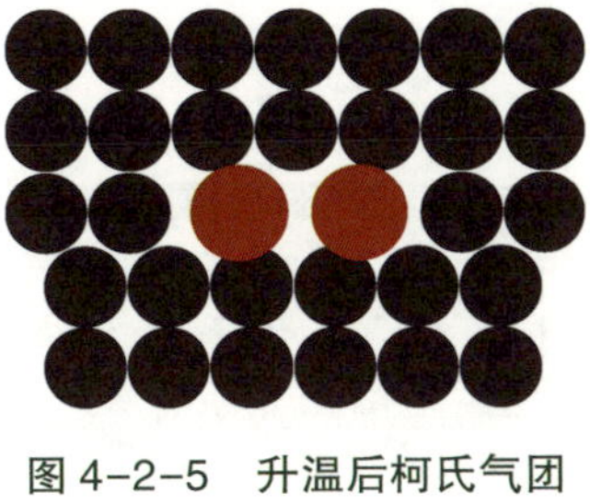

图 4-2-5　升温后柯氏气团

随着井深的增加和开采过程中一系列增产措施的实施，井筒内的温度环境将发生改变，对水泥环的力学性能产生一定的影响。因此，在进行水泥环长期密封评价时，有必要考察温度对水泥环力学性能的影响。

以某储气库在用水泥浆配方（100%G 级水泥+25%减轻剂+15%微硅+5%降失水剂+1%分散剂，密度为 1.38g/cm^3）养护水泥石。养护条件：30℃×常压×28d，60℃×常压×28d，90℃×常压×28d。养护结束后，采用三轴实验仪测试不同温度养护条件下的水泥石力学性能，实验条件为 10MPa 围压，其实验结果见表 4-2-1、图 4-2-6~图 4-2-9。

表 4-2-1 不同温度下水泥石力学性能测试

温度/℃	弹性模量/MPa	泊松比	抗压强度/MPa	抗拉强度/MPa
30	3948	0.18	50.6	2
60	5187	0.26	54.1	3
90	4399	0.19	52.4	2.7

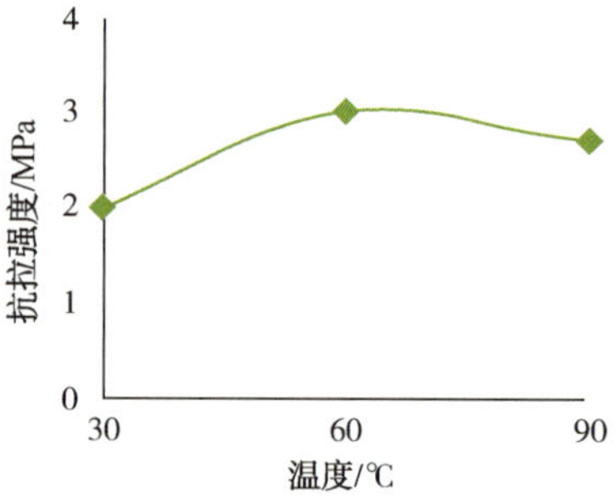

图 4-2-6 温度对抗拉强度的影响

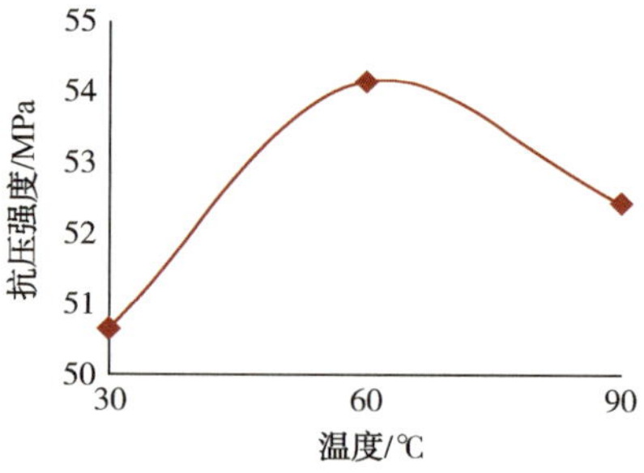

图 4-2-7 温度对抗压强度的影响

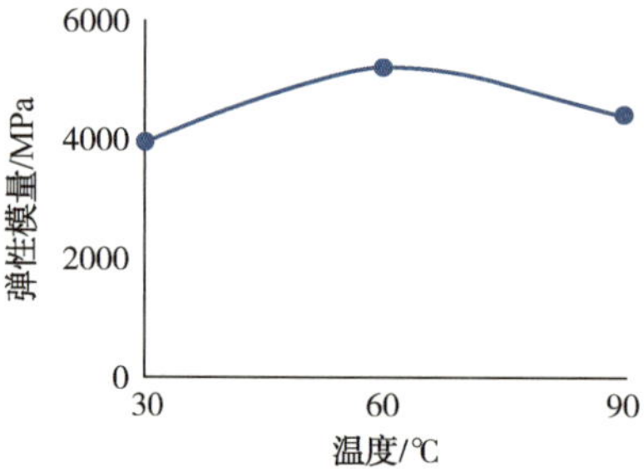

图 4-2-8 温度对弹性模量的影响

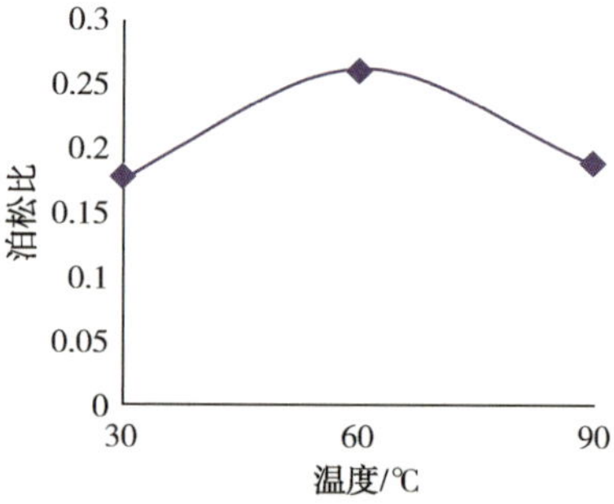

图 4-2-9 温度对泊松比的影响

可以发现，同一体系水泥石在不同温度条件下，力学性能具有一定的差异，从 30℃到 90℃，水泥石的抗拉强度变化率达到 50%，抗压强度变化率最大为 8%。作为组合体完整性评价重要基础参数的弹性模量和泊松比变化率分别达到 25%和 57%。因此在进行井下套管-水泥环-井壁力学组合体长期密封完整性评价时，如果有明显的温度变化，应考虑温度变化造成的热应力以及对水泥环力学参数的影响。

3. 套管力学性能影响

套管的力学性能是影响水泥环应力分布及其密封失效的因素之一。通常套管材质为钢材且韧性较好，故以韧性较好的典型低碳钢的三轴力学实验为例说明套管的力学特性，低碳钢三轴力学实验应力-应变曲线如图 4-2-10 所示。

由图 4-2-10 可知：在 *OA* 段，低碳钢的应力-应变曲线呈线型分布，低碳钢处于弹性变形阶段；随着应力的继续增加，低碳钢的应力-应变曲线呈现出不规则的曲线型形状，表明此时低碳钢正处于塑性变形阶段。若要保证水泥环长期密封完整性，套管需处于弹性变形阶段，才能够有效避免因井筒载荷影响发生的界面剥离、水泥环力学破坏等潜在失效风险。

4. 水泥环力学性能影响

水泥环力学性能也是影响其长期密封完整性的重要因素。以某储气库在用水泥石三轴力学应力-应变曲线(图 4-2-11)为例，当加载在水泥石上的应力较小时，水泥石的应力-应变曲线先经历一个直线变化，此时表面水泥石处于弹性变形阶段；随着加载压力的继续增大，应力-应变曲线呈曲线变化，水泥石的弹性模量和泊松比随之变化。曲线段实际上是水泥石的塑性变形阶段，它偏离了弹性变形段的线性变化，水泥石不再是简单的脆性材料，水泥石具有了延展性和塑性变形能力，不能再用简单线弹性模型来描述水泥石的材料模型。

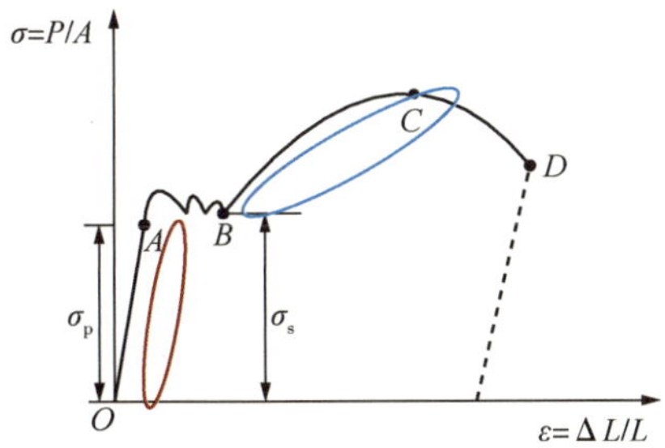

图 4-2-10 低碳钢三轴力学实验应力-应变曲线

σ_p—弹性极限强度，MPa；σ_s—屈服强度，MPa；ε—应变

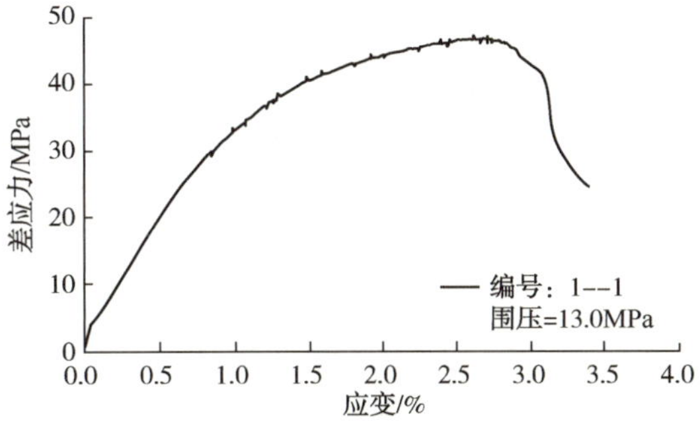

图 4-2-11 水泥石三轴应力-应变曲线

通常，若水泥石发生塑性变形，那么在套管内压卸载阶段将容易因套管-水泥环变形不协调而引发界面剥离，严重时还会产生微环隙；同时，若水泥石强度(差应力)较低，井筒水泥环还可能发生压缩或拉伸破坏，进而导致开裂等宏观失效。因此，行业内大多认为，储气库水泥石应当具有高强低弹的力学性能。

二、水泥环长期密封完整性评价

1. 水泥环长期密封完整性评价模型假设

固井后套管、水泥环、井壁围岩结为一体，水泥环支撑套管。在油气井中，考虑套管-水泥环-井壁围岩组合体的实际工况和几何形状，应用热力学理论和厚壁圆筒理论描述温度变化、压力变化导致套管和水泥环上应力应变分布。为了便于计算和分析，对该基本力学模型做以下基本假设：

a. 井眼为规则的圆形，井壁稳定，在短时间内不发生变形；

b. 套管理想居中，固井过程中环形空间完全充满水泥浆；

c. 套管、水泥环、地层为均匀、连续、各向同性的弹塑性材料；

d. 在产生微间隙前，水泥环在两个界面与井壁围岩和套管紧密接触，无滑动；

e. 影响水泥石应力变化的各因素之间相互独立。

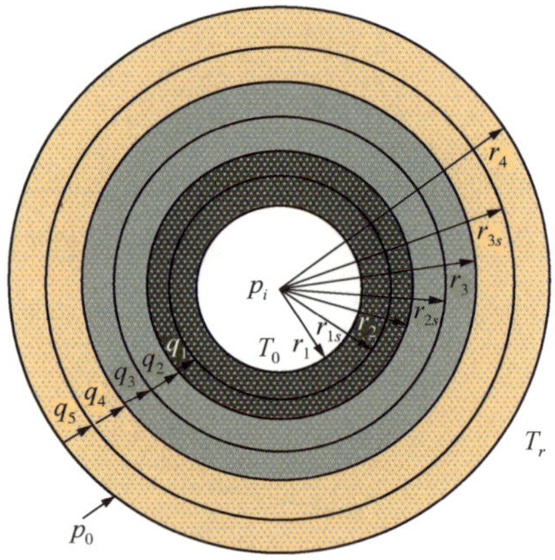

图 4-2-12 套管-水泥环-井壁围岩组合体模型

套管-水泥环-井壁围岩组合体模型如图 4-2-12 所示，套管内径为 r_1，水泥环内、外径分别为 r_2、r_3，井壁围岩外边界为 r_4；套管、水泥环和井壁围岩屈服半径分别为 r_{1s}、r_{2s}、r_{3s}；套管弹塑性界面接触压力为 q_1，套管与水泥环界面接触压力为 q_2，水泥环弹塑性界面接触压力为 q_3，水泥环与井壁围岩界面接触压力为 q_4，井壁围岩弹塑性界面接触压力为 q_5，p_i 为套管内压，p_0为地层孔隙压力，且 r_4大于井眼直径 10 倍。井下套管及水泥环应力分布状态可以看成由井内压力波动和温度变化共同作用产生，其关系如图 4-2-13 所示。

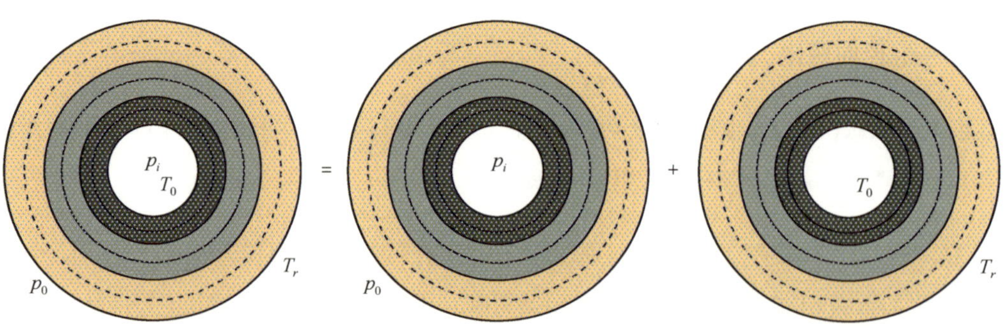

图 4-2-13 井下套管-水泥环-井壁组合体力学耦合模型叠加关系示意

2. 热应力分布模型

井底温度的变化将导致热应力的产生，进而导致井下水泥环和套管上载荷的增加或者减少。本节首先研究井下作业活动改变井筒内热，随着时间推移，沿着套管-水泥环-地层径向非稳态的温度变化，本书引用 Xiaohe Li 等人建立的井筒方向非稳态热传递方程[式(4-2-1)~式(4-2-5)]，再结合热力学基本方程对温度变化条件下，套管及水泥环上热应力状态方程进行推导。

(1) 沿井筒方向的温度分布

实际生产中，套管和井筒往往不居中，因此水泥环的厚度在不同的圆周上并不完全一样。基于套管、水泥环、井壁几何关系，采用圆柱坐标系描述该模型(图 4-2-14)，并作出以下假设：

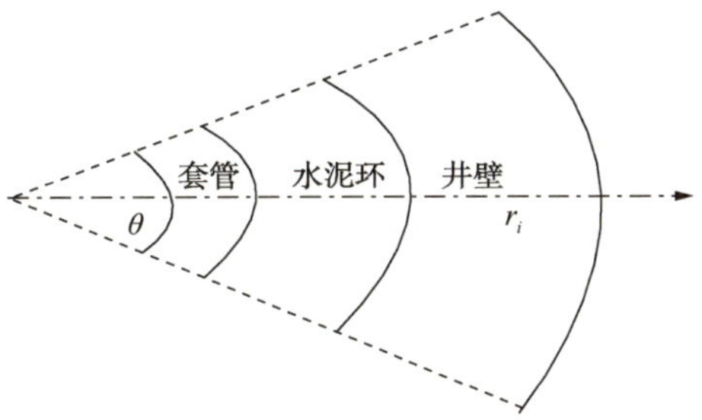

图 4-2-14 套管-水泥环-井壁柱坐标系

a. 套管、水泥环和井壁为热弹塑性材料；

b. 套管、水泥环和井壁材料为各向均匀同向，内部的物理性质均匀且为常数，且不受温度和压力的影响；

c. 套管-水泥环表面和水泥环-地层表面完全胶结，并且具有良好的热传递接触，因此热传递能连续，且在界面的温度是连续的；

d. 只有沿径向的平面应变，忽略轴向应变；

e. 套管、水泥环和井壁围岩内部不产生热；

f. 远地地层温度为不变的常数。

依据能量守恒定律，热传递方程在柱坐标系情况下为：

$$\frac{\partial T_i}{\partial t}=\alpha_i\left[\frac{1}{r}\frac{\partial}{\partial r}\left(r\frac{\partial T_i}{\partial r}+\frac{1}{r^2}\frac{\partial}{\partial \theta}\left(\frac{\partial T_i}{\partial \theta}\right)+\frac{\partial}{\partial z}\left(\frac{\partial T_i}{\partial z}\right)\right)\right](i=2、3、4) \tag{4-2-1}$$

式中 T_i——材料沿半径方向的温度,℃；

t——时间，s；

r——径向距离，m；

θ——周向距离，m；

Z——轴向距离，m；

α_i——材料的热扩散率，m^2/s。

式(4-2-1)中，i 取 2、3、4，分别代表套管、水泥环和地层。因为将该研究对象假设为处于轴对称的柱坐标系中，因此上面热传导方程应独立于 θ。与此同时，在 Z 轴方向上，因为套管、水泥环和地层的厚度远远小于井深，就某一小段研究对象而言，在 Z 轴方向的温度变化极小，可以忽略 Z 轴方向的热流动。

套管内边界条件为($r=r_1$)：

$$T(r_1,\ t)=T_1 \tag{4-2-2}$$

式中 r_1——套管内径，m；

T_1——套管内加热温度，℃。

二界面边界条件为($r=r_i$)：

$$T_2(r_3,\ t)=T_3(r_3,\ t) \tag{4-2-3}$$

$$T_3(r_5,\ t)=T_4(r_5,\ t) \tag{4-2-4}$$

式中 r_3——套管外径和水泥环内径，m；

r_5——水泥环外径和地层内径，m。

初始条件为：

$$T_i(r,\ 0)=T_0 \tag{4-2-5}$$

式中 T_0——井筒内原始温度，℃。

以上便是沿井筒径向的非稳态热传导方程模型，通过该模型可以获得随着时间变化，井筒径向上的温度分布和变化情况，为以下热应力模型的求解获得最重要的参数 T_i。

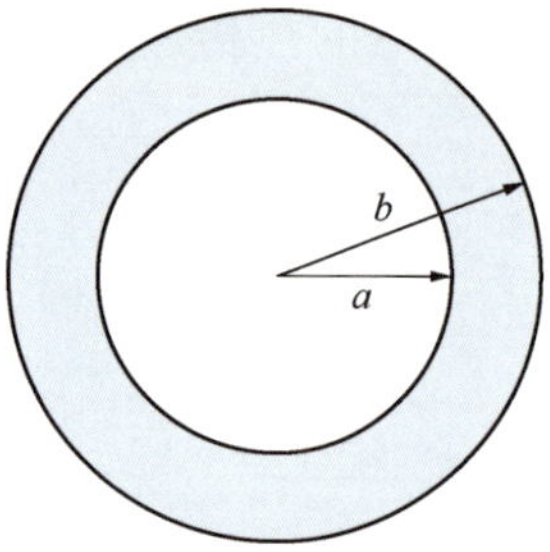

图 4-2-15 平面圆筒示意

(2) 热应力分布模型

下面分析轴对称温度场引起的平面热应力问题，对于该类问题，由于只存在位移分量，故可直接按位移法求解。设圆筒的内外径分别为 a、b，不考虑体积力平面应力问题平衡微分方程，其示意如图 4-2-15 所示。

根据应力应变理论有温度影响下的圆筒径向应变和周向应变方程为：

$$\varepsilon_\rho=\frac{1}{E}(\sigma_\rho-\nu\sigma_\theta)+\beta T \tag{4-2-6}$$

$$\varepsilon_\theta=\frac{1}{E}(\sigma_\theta-\nu\sigma_\rho)+\beta T \tag{4-2-7}$$

式中 ε_ρ——圆筒径向应变；

ε_θ——圆筒周向应变；

σ_ρ——圆筒径向应力，MPa；

σ_θ——圆筒周向应力，MPa；

E——圆筒弹性模量，MPa；

β——圆筒热膨胀系数，℃$^{-1}$；

T——圆筒温度改变量，℃；

ν——圆筒泊松比。

径向应力和周向应力方程：

$$\sigma_\rho=\frac{E}{1-\nu^2}(\varepsilon_\rho+\nu\varepsilon_\theta)-\frac{E\beta}{1-\nu}T \tag{4-2-8}$$

$$\sigma_\theta=\frac{E}{1-\nu^2}(\varepsilon_\theta+\nu\varepsilon_\rho)-\frac{E\beta}{1-\nu}T \tag{4-2-9}$$

根据位移-应变关系有：

$$\varepsilon_\rho=\frac{\mathrm{d}u_\rho}{\mathrm{d}\rho},\quad \varepsilon_\theta=\frac{u_\rho}{\rho} \tag{4-2-10}$$

式中 u_ρ——圆筒径向位移，m；

ρ——圆筒半径，m。

根据广义平面应变应力理论及热力学基本定理，按位移求解的轴对称热应力的基本方程为：

$$\frac{\mathrm{d}^2u_\rho}{\mathrm{d}\rho^2}+\frac{1}{\rho}\frac{\mathrm{d}u_\rho}{\mathrm{d}\rho}-\frac{u_\rho}{\rho^2}=(1+\nu)\beta\frac{\mathrm{d}T}{\mathrm{d}\rho} \tag{4-2-11}$$

将式(4-2-11)改写为：

$$\frac{\mathrm{d}}{\mathrm{d}\rho}\left(\frac{1}{\rho}\frac{\mathrm{d}}{\mathrm{d}\rho}(\rho u_\rho)\right)=(1+\nu)\beta\frac{\mathrm{d}T}{\mathrm{d}\rho} \tag{4-2-12}$$

将式(4-2-12)积分两次可得到轴对称问题位移分量：

$$u_\rho=\frac{(1+\mu)\beta}{\rho}\int_a^\rho T\rho\mathrm{d}\rho+c_1\rho+\frac{c_2}{\rho} \tag{4-2-13}$$

式中 c_1，c_2——任意常数。

将式(4-2-13)代入式(4-2-11)，再代入式(4-2-8)和式(4-2-9)得：

$$\sigma_\rho=-\frac{E\beta}{\rho^2}\int_a^\rho T\rho\mathrm{d}\rho+\frac{E}{1-\nu^2}\left[(1+\nu)c_1-(1-\nu)\frac{c_2}{\rho^2}\right]-E\beta T \tag{4-2-14}$$

$$\sigma_\theta=\frac{E\beta}{\rho^2}\int_a^\rho T\rho\mathrm{d}\rho+\frac{E}{1-\nu^2}\left[(1+\nu)c_1+(1-\nu)\frac{c_2}{\rho^2}\right]-E\beta T \tag{4-2-15}$$

根据初始条件：

$$(\sigma_\rho)_{\rho=a}=0\qquad(\sigma_\rho)_{\rho=b}=0 \tag{4-2-16}$$

求解积分常数得：

$$\begin{aligned}c_1&=\frac{\beta(1-\nu)}{b^2-a^2}\int_a^b T\rho\mathrm{d}\rho\\ c_2&=\frac{\beta(1+\nu)a^2}{b^2-a^2}\int_a^b T\rho\mathrm{d}\rho\end{aligned} \tag{4-2-17}$$

将式(4-2-17)代入式(4-2-14)和式(4-2-15)得：

$$\sigma_{\rho}=\frac{E\beta}{(1-\nu)\rho^{2}}\left(\frac{\rho^{2}-a^{2}}{b^{2}-a^{2}}\int_{a}^{b}T\rho\mathrm{d}\rho-\int_{a}^{\rho}T\rho\mathrm{d}\rho\right) \tag{4-2-18}$$

$$\sigma_{\theta}=\frac{E\beta}{(1-\nu)\rho^{2}}\left(\frac{\rho^{2}+a^{2}}{b^{2}-a^{2}}\int_{a}^{b}T\rho\mathrm{d}\rho+\int_{a}^{\rho}T\rho\mathrm{d}\rho-T\rho^{2}\right) \tag{4-2-19}$$

由此可知套管区($r_1\leqslant r\leqslant r_3$)内热应力分布值为：

$$\sigma_{s\rho}=\frac{E_s\beta_s}{(1-\nu_s)r^{2}}\left(\frac{r^{2}-r_1^{2}}{r_3^{2}-r_1^{2}}\int_{r_1}^{r_3}T(r)r\mathrm{d}r-\int_{r_1}^{r}T(r)r\mathrm{d}r\right) \tag{4-2-20}$$

$$\sigma_{s\theta}=\frac{E_s\beta_s}{(1-\nu_s)r^{2}}\left(\frac{r^{2}+r_1^{2}}{r_3^{2}-r_1^{2}}\int_{r_1}^{r_3}T(r)r\mathrm{d}r+\int_{r_1}^{r}T(r)r\mathrm{d}r-T(r)r^{2}\right) \tag{4-2-21}$$

式中 $\sigma_{s\rho}$——套管径向应力，MPa；

$\sigma_{s\theta}$——套管周向应力，MPa；

E_s——套管弹性模量，MPa；

β_s——套管热膨胀系数，℃$^{-1}$；

ν_s——套管泊松比。

水泥环区内($r_3\leqslant r\leqslant r_5$)热应力分布值为：

$$\sigma_{c\rho}=\frac{E_c\beta_c}{(1-\nu_c)r^{2}}\left(\frac{r^{2}-r_3^{2}}{r_5^{2}-r_3^{2}}\int_{r_3}^{r_5}T(r)r\mathrm{d}r-\int_{r_3}^{r}T(r)r\mathrm{d}r\right) \tag{4-2-22}$$

$$\sigma_{c\theta}=\frac{E_c\beta_c}{(1-\nu_c)r^{2}}\left(\frac{r^{2}+r_3^{2}}{r_5^{2}-r_3^{2}}\int_{r_3}^{r_5}T(r)r\mathrm{d}r+\int_{r_3}^{r}T(r)r\mathrm{d}r-T(r)r^{2}\right) \tag{4-2-23}$$

式中 $\sigma_{c\rho}$——水泥环径向应力，MPa；

$\sigma_{c\theta}$——水泥环周向应力，MPa；

E_c——水泥环弹性模量，MPa；

β_c——水泥环热膨胀系数，℃$^{-1}$；

ν_c——水泥环泊松比。

3. 套管–水泥环–地层应力分布模型

在井内压力变化下，套管及水泥环的力学完整性能否保持，主要取决于套管、水泥环在井下所承受的载荷是否会超过套管、水泥环本身所具有的承载能力，这个承载能力就是套管和水泥环的强度。对于计算套管、水泥环在井下的受力，传统的线弹性力学模型认为套管、水泥环都是线弹性体，在井下发生的都是线弹性变形。但在井下温度和压力条件下，水泥环不再是简单的脆性材料，而是具有一定延展能力的材料，具有塑性变形能力，套管是弹塑性材料，具有较明显的弹性、屈服阶段。因此，应针对其材料的相关特性建立弹塑性力学模型。

建立分析套管、水泥环力学完整性的弹塑性力学模型，不能只把套管或水泥环单独拿出来分析建模，因为套管与水泥环在井下是紧密结合在一起的，是一个力学耦合体，还有一部分必须考虑的是近井眼地带的地层岩石，又叫井壁围岩，与套管、水泥环也有密切作用，是耦合在一起的。井壁围岩因为受井眼应力集中的影响，与原始地层岩石的应力分布已经有很大的差别，必须取适当的径向范围，作为与套管、水泥环力学耦合部分加以考虑。由于深部岩石在破坏前，往往会表现出一定的弹塑性性质，建立模型时，也应将其考虑成弹塑性材料。从理论上讲，在受到不同工况的作用下，套管、水泥环及井壁围岩都有可能进入塑性状态，完全弹性状态和完全塑性状态可看作弹塑性状态的一个特例。对组合体进行弹塑性分析，引用陈勉等人建立的弹塑性力学模型，并以此模型为基础，结合热力学模型对考虑温度变化条件下的井下套管及水泥环本体应力状态模型做进一步推导。建立井下组合体的弹塑性模型，有利于根据实际情况，对不同材质的组合体进行受力分析。

根据厚壁圆筒理论和 Tresca 理论，可知套管塑性区内的平衡方程和屈服条件为：

$$\frac{\mathrm{d}\sigma_r}{\mathrm{d}r}+\frac{\sigma_r-\sigma_\theta}{r}=0\text{(平衡方程)} \tag{4-2-24}$$

$$\sigma_r-\sigma_\theta=\sigma_s\text{(屈服条件)} \tag{4-2-25}$$

式中 σ_r——径向应力，MPa；

σ_θ——周向应力，MPa。

（1）套管塑性区（$r_1 \leqslant r \leqslant r_{p1}$）

应力分布：

$$\begin{cases}\sigma_{sr}=-\sigma_{ss}\ln\dfrac{r}{r_1}-p_i\\[2ex]\sigma_{s\theta}=-\sigma_{ss}\left(1+\ln\dfrac{r}{r_1}\right)-p_i\end{cases} \tag{4-2-26}$$

套管弹、塑性区交界面作用力为：

$$q_1=p_i+\sigma_{ss}\ln\frac{r_{p1}}{r_1} \tag{4-2-27}$$

式中 σ_{ss}——套管屈服强度，MPa。

（2）套管弹性区（$r_{p1} \leqslant r \leqslant r_2$）

应力分布：

$$\begin{cases}\sigma_{sr}=\dfrac{r_{p1}^2q_1-r_2^2q_2}{r_2^2-r_{p1}^2}-\dfrac{r_{p1}^2r_2^2(q_1-q_2)}{r_2^2-r_{p1}^2}\dfrac{1}{r^2}\\[2ex]\sigma_{s\theta}=\dfrac{r_{p1}^2q_1-r_2^2q_2}{r_2^2-r_{p1}^2}+\dfrac{r_{p1}^2r_2^2(q_1-q_2)}{r_2^2-r_{p1}^2}\dfrac{1}{r^2}\end{cases} \tag{4-2-28}$$

套管外壁作用力为：

$$q_2=q_1+\frac{r_2^2-r_{p1}^2}{2r_2^2}\sigma_{ss} \tag{4-2-29}$$

根据拉梅公式，套管弹性区外径($r=r_2$)处的径向位移为：

$$u_{seo}=f'_1\cdot q_1-f'_2\cdot q_2 \tag{4-2-30}$$

式(4-2-30)中

$$\begin{cases} f'_1=\dfrac{(1+\mu_s)}{E_s}\cdot\dfrac{2(1-\mu_s)r_{p1}^2r_2}{r_2^2-r_{p1}^2} \\ f'_2=\dfrac{(1+\mu_s)}{E_s}\cdot\dfrac{(1-2\mu_s)r_2^3+r_{p1}^2r_2}{r_2^2-r_{p1}^2} \end{cases} \tag{4-2-31}$$

式中 u_{seo}——套管弹性外边界位移，m；

E_s——套管弹性模量，MPa；

μ_s——套管泊松比。

(3) 水泥环塑性区($r_2\leqslant r\leqslant r_{2p}$)

应力分布：

$$\begin{cases} \sigma_{cr}=-\sigma_{cs}\ln\dfrac{r}{r_2}-q_2 \\ \sigma_{c\theta}=-\sigma_{cs}\left(1+\ln\dfrac{r}{r_2}\right)-q_2 \end{cases} \tag{4-2-32}$$

水泥环弹塑性区交界面作用力为：

$$q_3=q_2+\sigma_{cs}\ln\frac{r_{p2}}{r_2} \tag{4-2-33}$$

式中 σ_{cs}——水泥环屈服强度，MPa。

(4) 水泥环弹性区($r_{p2}\leqslant r\leqslant r_3$)

应力分布：

$$\begin{cases} \sigma_{cr}=\dfrac{r_{p2}^2q_3-r_3^2q_4}{r_3^2-r_{p2}^2}-\dfrac{r_{p2}^2r_3^2(q_3-q_4)}{r_3^2-r_{p2}^2}\dfrac{1}{r^2} \\ \sigma_{c\theta}=\dfrac{r_{p2}^2q_3-r_3^2q_4}{r_3^2-r_{p2}^2}+\dfrac{r_{p2}^2r_3^2(q_3-q_4)}{r_3^2-r_{p2}^2}\dfrac{1}{r^2} \end{cases} \tag{4-2-34}$$

水泥环外壁作用力为：

$$q_4=q_3+\frac{r_3^2-r_{p2}^2}{2r_3^2}\sigma_{cs} \tag{4-2-35}$$

由拉梅公式水泥环弹性区内边界($r=r_{p2}$)位移为：

$$u_{cei}=\frac{(1+\mu_c)}{E_c}\cdot\frac{(1-2\mu_c)r_{p2}^3+r_{p2}r_3^2}{r_3^2-r_{p2}^2}q_3-\frac{(1+\mu_c)}{E_c}\cdot\frac{2(1-\mu_c)r_{p2}r_3^2}{r_3^2-r_{p2}^2}q_4 \tag{4-2-36}$$

水泥环塑性区内边界($r=r_2$)处的径向位移为：

$$u_{cpi}=f'_3\cdot q_3-f'_4\cdot q_4 \tag{4-2-37}$$

式(4-2-37)中：

$$\begin{cases}f'_3=\dfrac{(1+\mu_c)}{E_c}\cdot\dfrac{r_{p2}}{r_2}\cdot\dfrac{(1-2\mu_c)r_{p2}^3+r_{p2}r_3^2}{r_3^2-r_{p2}^2}\\[2ex] f'_4=\dfrac{(1+\mu_c)}{E_c}\cdot\dfrac{r_{p2}}{r_2}\cdot\dfrac{2(1-\mu_c)r_{p2}r_3^2}{r_3^2-r_{p2}^2}\end{cases} \tag{4-2-38}$$

水泥环弹性区外边界($r=r_3$)处的径向位移为：

$$u_{ceo}=f'_5\cdot q_3-f'_6\cdot q_4 \tag{4-2-39}$$

式中 E_c——水泥环弹性模量，MPa；

μ_c——水泥环泊松比。

式(4-2-39)中：

$$\begin{cases}f'_5=\dfrac{(1+\mu_c)}{E_c}\cdot\dfrac{2(1-\mu_c)r_{p2}^2r_3}{r_3^2-r_{p2}^2}\\[2ex] f'_6=\dfrac{(1+\mu_c)}{E_c}\cdot\dfrac{(1-2\mu_c)r_3^3+r_{p2}^2r_3}{r_3^2-r_{p2}^2}\end{cases} \tag{4-2-40}$$

(5) 井壁围岩塑性区($r_3\leqslant r\leqslant r_{3p}$)

应力分布：

$$\begin{cases}\sigma_{fr}=-\sigma_{fs}\ln\dfrac{r}{r_3}-q_4\\[2ex] \sigma_{f\theta}=-\sigma_{fs}\left(1+\ln\dfrac{r}{r_3}\right)-q_4\end{cases} \tag{4-2-41}$$

式中 σ_{fr}——井壁围岩径向应力，MPa；

$\sigma_{f\theta}$——井壁围岩周向应力，MPa；

σ_{fs}——井壁围岩屈服强度，MPa。

井壁围岩弹塑性区交界面作用力为：

$$q_5=q_4+\sigma_{fs}\ln\frac{r_{p3}}{r_3} \tag{4-2-42}$$

（6）井壁围岩弹性区（$r_{p3} \leqslant r \leqslant r_4$）

应力分布：

$$\begin{cases} \sigma_{fr} = \dfrac{r_{p3}^2 q_5 - r_4^2 p_o}{r_4^2 - r_{p3}^2} - \dfrac{r_{p3}^2 r_4^2 (q_5 - p_o)}{r_4^2 - r_{p3}^2} \dfrac{1}{r^2} \\ \sigma_{f\theta} = \dfrac{r_{p3}^2 q_5 - r_4^2 p_o}{r_4^2 - r_{p3}^2} + \dfrac{r_{p3}^2 r_4^2 (q_5 - p_o)}{r_4^2 - r_{p3}^2} \dfrac{1}{r^2} \end{cases} \tag{4-2-43}$$

地层应力为：

$$p_o = q_5 + \frac{r_4^2 - r_{p3}^2}{2r_4^2} \sigma_{fs} \tag{4-2-44}$$

井壁围岩塑性内边界（$r=r_{p3}$）的径向位移为：

$$u_{fei} = \frac{(1+\mu_f)}{E_f} \cdot \frac{(1-2\mu_f) r_{p3}^3 + r_{p3} r_4^2}{r_4^2 - r_{p3}^2} q_5 - \frac{(1+\mu_f)}{E_f} \cdot \frac{2(1-\mu_f) r_{p3} r_4^2}{r_4^2 - r_{p3}^2} p_o \tag{4-2-45}$$

井壁围岩塑性区内边界（$r=r_3$）处的径向位移为：

$$u_{fei} = f'_7 \cdot q_5 - f'_8 \cdot p_o \tag{4-2-46}$$

式中　E_f——井壁围岩弹性模量，MPa；

μ_f——井壁围岩泊松比。

式（4-2-46）中：

$$\begin{cases} f'_7 = \dfrac{(1+\mu_f)}{E_f} \cdot \dfrac{r_{p3}}{r_3} \cdot \dfrac{(1-2\mu_f) r_{p3}^3 + r_{p3} r_4^2}{r_4^2 - r_{p3}^2} \\ f'_8 = \dfrac{(1+\mu_f)}{E_f} \cdot \dfrac{r_{p3}}{r_3} \cdot \dfrac{2(1-\mu_f) r_{p3} r_4^2}{r_4^2 - r_{p3}^2} \end{cases} \tag{4-2-47}$$

根据套管-水泥环-井壁围岩耦合体界面位移连续性假设，有如下关系：

$$\begin{cases} u_{seo} = u_{cpi} \\ u_{ceo} = u_{fpi} \end{cases} \tag{4-2-48}$$

以上模型的计算要求明确套管、水泥环和井壁围岩的弹、塑性区半径，才能获得套管及水泥环沿径向的应力分布状态，而套管、水泥环和井壁围岩的弹塑性半径并不是固定不变的。实际生产中，套管上受力状态若超过其屈服强度，则其力学完整性将发生失效，因此应避免套管上的各点由弹性状态进入塑性状态。内压波动过程中，水泥环上的受力状态将不停变化，分别经历弹性、弹塑性和全塑性状态，因此应根据水泥环所处的不同状态，选择相应的计算模型，以获得套管和水泥环上准确的应力状态，从而判别组合体是否在各种工况下发生密封失效。

三、水泥环长期密封完整性影响规律分析

1. 内压变化对水泥环长期密封完整性的影响

固井作业结束后，水泥浆凝固成水泥石后可能会经历各种复杂的井下作业情况，这些过程将导致套管内压发生波动，在套管内壁产生应力后传递到水泥环内壁。随着套管内压的不断增大，套管和水泥环上受到的应力也将不断增大，从而引起水泥环在半径方向由弹性状态往弹塑性状态过渡。为了研究套管内压对套管-水泥环-地层组合体应力状态和界面间隙的影响，首先应研究内压的变化对水泥环弹塑性边界发展的影响，确定水泥环的塑性半径，才能选择合适的力学模型做进一步的分析。以 Jackson 等人室内实验条件(表 4-2-2)为依据开展后续计算。其中，套管内压变化范围为 0~69MPa，套管外压为 0MPa，温度变化为 0℃，实验采用的水泥石内摩擦角为 30°，内聚力为 5.77MPa，水泥环屈服强度为 20MPa，套管屈服强度为 750MPa。

表 4-2-2 Jackson 物理实验组合体相关尺寸和力学参数

名　称	内半径/mm	外半径/mm	弹性模量/GPa	泊松比
内套管	54.3	63.5	210	0.3
水泥环	63.5	77.39	6.8	0.25
外套管	77.39	88.9	210	0.3

计算发现，加载阶段，内压从 0MPa 加载到 45MPa 时，水泥环完全处于弹性状态，套管、水泥环和地层都处于弹性状态，泄压后界面位移将恢复到原状，不会出现界面间隙产生的情况；当内压从 45MPa 加载至 67MPa 时，随着内压的增加，水泥环弹塑性边界逐渐发展，塑性半径逐渐增加，此时水泥环处于弹塑性状态，分为塑性区和弹性区。此时套管和地层都处于弹性状态，水泥环处于弹塑性状态，泄压后，第一界面将可能有界面间隙的产生，第二界面不会产生界面间隙；当内压加载超过 67MPa 时，水泥环塑性区的厚度为 7.5mm，水泥环完全处于塑性状态，泄压后，根据泄压的大小，水泥环内外边界可能产生不可恢复的塑性形变，第一界面和第二界面均有产生界面间隙的可能。由此可以看出：加载内压越高，水泥环塑性区的发展就越明显，在进行应力应变分析时，应区别对待。

通过对不同加载内压下水泥环弹塑性边界发展曲线的研究可知，水泥环将先后经历弹性、弹塑性和塑性三种状态，在 Jackson 等人室内实验中，三次实验分别将内压最高加载到 41MPa、55MPa、69MPa，正好对应了水泥环弹性、弹塑性和塑性的三种状态，现在分别对这三种情况下，套管-水泥环-地层组合体上的应力状态进行描述，考察其本体应力分布情况。其中在 41MPa 内压作用下，组合体 Tresca 应力分布情况(弹性)如图 4-2-16 所

示；在 55MPa 内压作用下，组合体 Tresca 应力分布情况(弹塑性)如图 4-2-17 所示；在 69MPa 内压作用下，组合体 Tresca 应力分布情况(塑性)如图 4-2-18 所示。

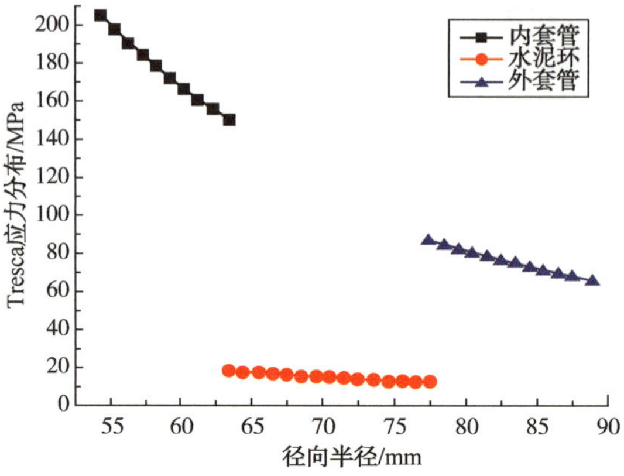

图 4-2-16　41MPa 内压下，组合体 Tresca 应力分布情况

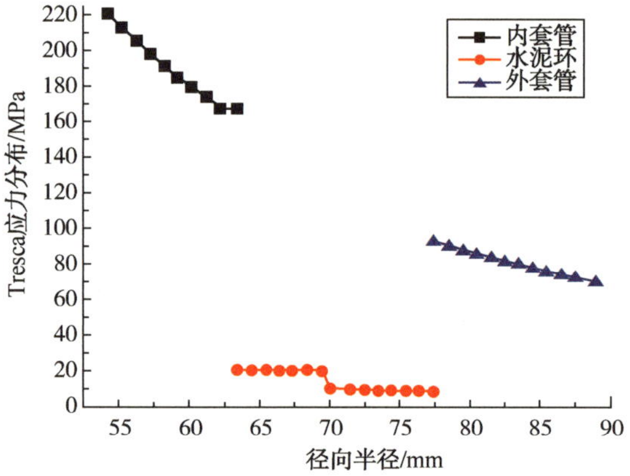

图 4-2-17　55MPa 内压下，组合体 Tresca 应力分布情况

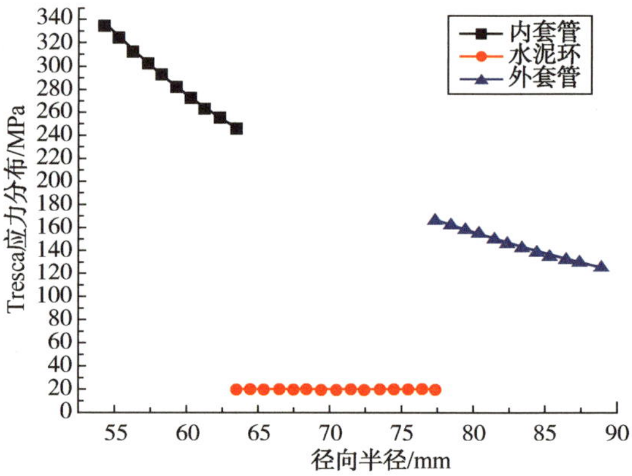

图 4-2-18　69MPa 内压下，组合体 Tresca 应力分布情况

由实验基础参数可知，内外套管的屈服强度为 750MPa，当内压加载到 41MPa 时，内套管最大 Tresca 应力为 205.1MPa，外套管最大 Tresca 应力为 86.67MPa，远低于套管屈服强度 750MPa，其套管本体完整性状态良好；水泥环最大 Tresca 应力为 18.04MPa，发生在水泥环内壁处，低于其屈服强度 20MPa，水泥环处于弹性状态，本体完整性情况良好。

内外套管的屈服强度为 750MPa，当内压加载到 55MPa 时，内套管最大 Tresca 应力为 220.4MPa，外套管最大 Tresca 应力为 91.9MPa，远低于套管屈服强度 750MPa，其套管本体完整性状态良好；水泥环最大 Tresca 应力为 20MPa，发生在水泥环塑性区，塑性半径为 70mm，但室内实验水泥石凝固时间不长，相当于固井初期，此时的水泥石具有一定的塑性形变能力，因此能够保证其初期的完整性，其本体完整性良好。弹性区水泥环最大

Tresca 应力为 10MPa，由分析可知，水泥环弹塑性边界有一个明显的应力过渡，且弹塑性状态的水泥环承压分担较弹性状态的水泥环明显较少，这主要是由水泥环本身状态改变引起的，本体完整性情况良好。

当内压加载到 69MPa 时，内套管最大 Tresca 应力为 333.9MPa，外套管最大 Tresca 应力为 166.6MPa，远低于套管屈服强度 750MPa，其套管本体完整性状态良好；水泥环最大 Tresca 应力为 20MPa，此时沿半径方向，水泥环完全屈服，整个水泥环为塑性状态，对于实验室内的水泥石而言，相当于固井初期，具备较强的塑性形变能力，能够保证水泥环本体的完整性。当水泥环为全塑性状态时，内套管上最大应力为水泥环最大应力的 16.5 倍，外套管上的最大应力为水泥环最大应力的 8.3 倍，整个加载内压主要承载在内外套管上，这与固井初期水泥浆在凝固过程中，承压能力弱，内外压主要承载在套管和近井地层的情况是极为相似的，该状态可以很好地描述固井初期水泥浆从液态到固态过程中，套管和近井地层上应力分布的情况。

通过以上对不同加载内压的分析，水泥环分别经历了弹性、弹塑性和塑性三个状态，套管和水泥环的本体完整性良好，不会发生本体破坏的情况；内外套管的最大 Tresca 应力均出现在其内壁处，可想而知，对于套管和井壁而言，如果发生本体塑性破坏，将最先从套管内壁和井壁内壁开始，因此，有必要分析内、外套管内壁的 Tresca 应力随不同内压变化波动的规律，内、外套管最大 Tresca 应力随不同内压波动变化情况分别如图 4-2-19 和图 4-2-20 所示。

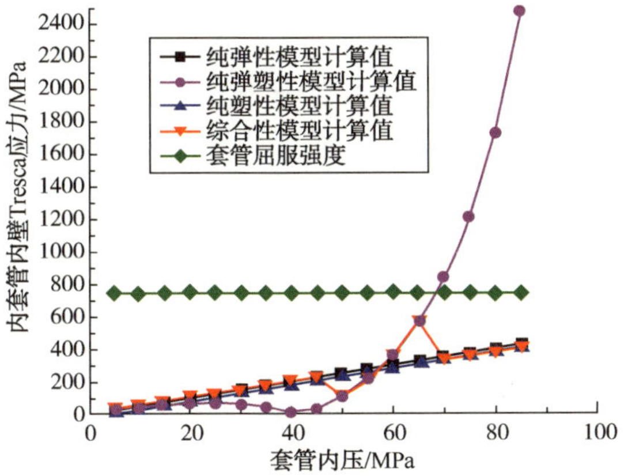

图 4-2-19 内套管最大 Tresca 应力与加载内压的关系

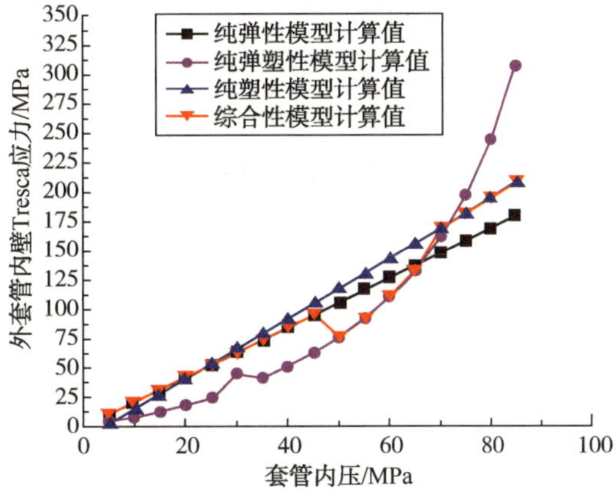

图 4-2-20 外套管最大 Tresca 应力与加载内压的关系

由图 4-2-19 和图 4-2-20 分析可知，随着内压的变化，内套管上的最大 Tresca 应力远大于外套管(模拟地层)的最大 Tresca 应力，在室内实验中，内套管将先于外套管发生本体屈服破坏。随着内压力的改变，采用单纯的弹性模型、弹塑性模型和塑性模型计算出的应力分布值与根据不同塑性半径将三者分区结合计算出的应力分布值相差较大。如果采用单纯的弹性模型计算，在增压、泄压过程中，组合体各组分都将恢复其原来的情况，不会产生界面间隙，与泄压过程中产生了界面间隙的实验现象不符；若采用单纯的弹塑性模型计算，如图 4-2-20 所示，当内压增加到 69MPa 时，内套管壁上的 Tresca 应力早就超过套管的屈服强度，会发生本体破坏，而实验中，并未发生本体破坏的情况。因此在实际计算中，应根据不同的加载内压，确定塑性半径，再选择正确的计算模型计算套管、水泥环和地层上的应力分布值。

通过图 4-2-16~图 4-2-20 分析可知，在 Jackson 等人室内实验内压变化过程中，组合体的本体结构 Tresca 应力理论计算值并未超过其屈服强度，不会发生本体破坏，与其实验结果是吻合的。但实验加载到 55MPa 和 69MPa 时进行卸载，发生了气窜，因此有必要对加载到不同内压后卸载的界面作用力和界面间隙情况进行描述。由前面分析可知，当内压加载到 41MPa 时，内套管、水泥环和外套管均处于弹性状态，因此卸载后，其位移将恢复原状，不会有界面张力和间隙的产生，此处不做分析。当内压加载到 55MPa 和 69MPa 时，分别对应了水泥环的弹塑性和弹性状态，其泄压后的界面作用力如图 4-2-21 所示。

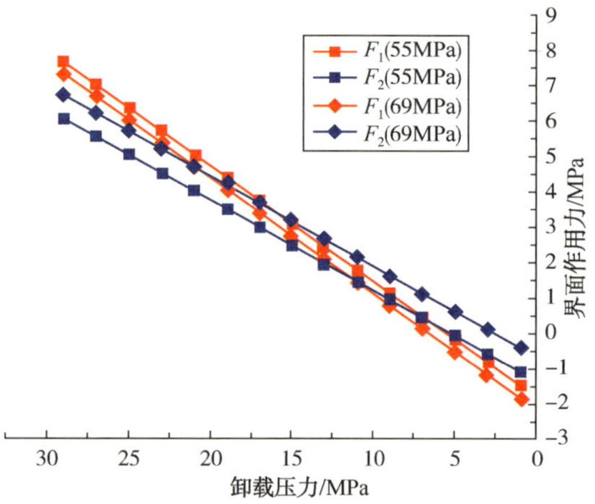

图 4-2-21 内压从 55MPa 和 69MPa 卸载时的界面作用力

由图 4-2-21 可知，随着套管内压的降低，第一界面和第二界面的作用力都逐渐降低，并逐渐从压应力状态过渡到拉应力状态，F_1 比 F_2 降低的速度要快，当二界面的胶结强度相等时，第一界面将先于第二界面产生微间隙。若不发生界面脱离，当内压从 55MPa 卸载时，第一界面最大约产生 1.8MPa 的拉应力，当内压从 69MPa 卸载时，第一界面最大将产生 2.2MPa 的拉应力。而实验中，当从 55MPa 卸载到 1.4MPa 时和从 69MPa 卸载到 3.3MPa 时，分别监测到气窜现象，说明此时已经从第一界面产生了微间隙。为了模拟微间隙的发展情况，设第二界面的胶结强度为 0.3MPa（为体现微间隙的发展，选取较小的胶结强度，模拟固井界面差的情况），内压从 55MPa 和 69MPa 卸载时，其第一界面微间隙发展如图 4-2-22 和图 4-2-23 所示。

由图 4-2-22 可知，随着内压的降低，内套管外壁和水泥环内壁的位移由相等发展到分离，当第一界面张力大于其胶结强度时，将发生界面分离，产生界面微间隙。由图 4-2-23 可知，加载阶段的最终压力越大，在卸载到相同压力时，其界面微间隙的距离

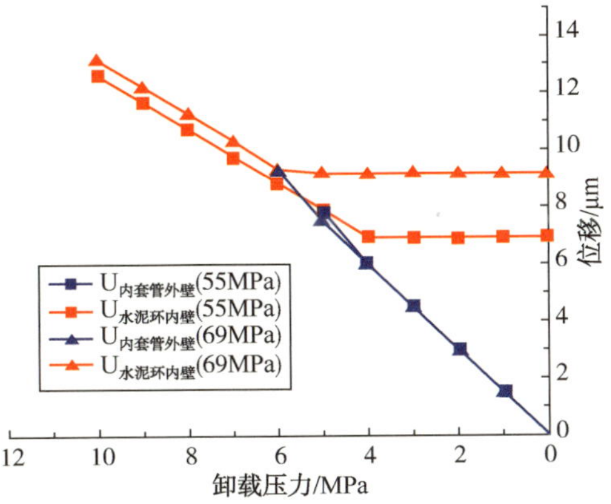

图 4-2-22 内压从 55MPa 和 69MPa 卸载时第一界面处套管和水泥环的位移

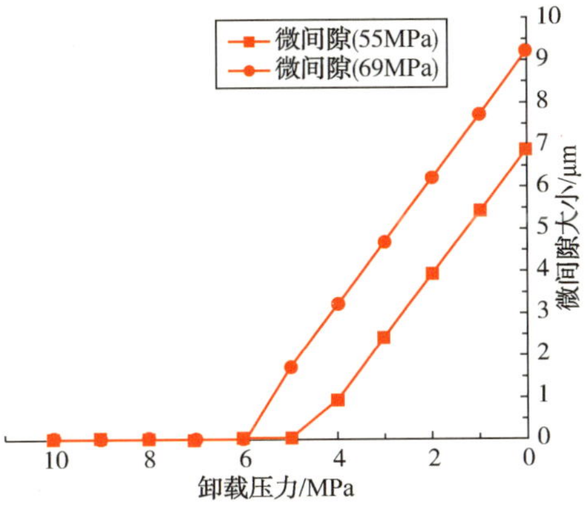

图 4-2-23 内压从 55MPa 和 69MPa 卸载时第一界面微间隙发展图

越大，当加载到 55MPa 再卸载时，最大微间隙为 6.9μm；当加载到 69MPa 再卸载时，最大微间隙为 9.2μm。从 55MPa 的加载压力卸载，在内压为 1.4MPa 时，检测到了气窜现象，此时的微间隙大小理论计算值为 4.8μm；从 69MPa 的加载压力卸载，在内压为 3.3MPa 时，检测到了气窜现象，此时的微间隙大小理论计算值为 4.2μm，与低压力下需要较大微间隙才能发生气窜的原理是相符的。

通过以上内压变化对套管及水泥环组合体密封状态的影响的分析可知，通过该理论模型可以计算出在不同的内压条件下，水泥环的塑性半径。加载时，内压的大小决定水泥环是否会由弹性状态过渡到弹塑性和塑性状态，从而决定着套管-水泥环-地层组合体上的应力分布状态及其卸载过程中界面间隙的大小。

2. 围压对水泥环长期密封完整性的影响

在井下不同深度，套管-水泥环-地层组合体将受到不同的地层围压作用。现假定其他力学参数都不变的条件下，改变组合体所受围压的大小，分析不同围压状态下，套管及水泥环组合体的受力状态及其界面微间隙发展情况。其不同围压条件下，加载过程中，水泥环弹、塑性半径发展如图 4-2-24 所示。

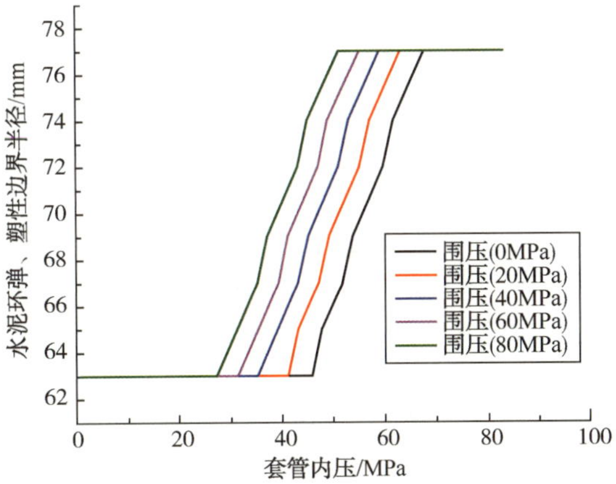

图 4-2-24 围压对水泥环塑性半径的影响

通过图 4-2-24 的分析可知，围压越大，加载过程中，水泥环越容易发生塑性屈服。当围压为 0MPa 时，套管内压加载到 47MPa，水泥环内壁才开始进入塑性状态；当围压为 80MPa 时，在相同条件下，套管内压加载到 29MPa，水泥环内壁就开始进入塑性状态。由前面的分析可知，不同的围压影响了水泥环的弹、塑性半径边界发展，等于影响了水泥环在不同套管加载内压下的弹、塑性状态，继而影响整个组合体上的应力分布和界面微间隙的发展。不同围压下，套管和地层内壁 Tresca 应力随内压变化如图 4-2-25 和图 4-2-26 所示。

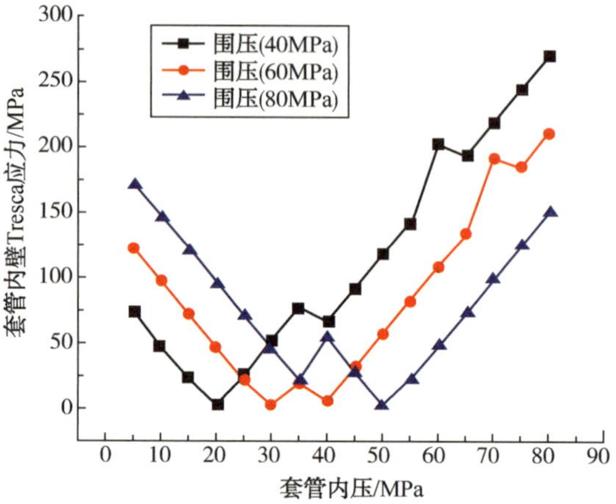

图 4-2-25　不同围压下，
套管内壁 Tresca 应力随套管内压的变化

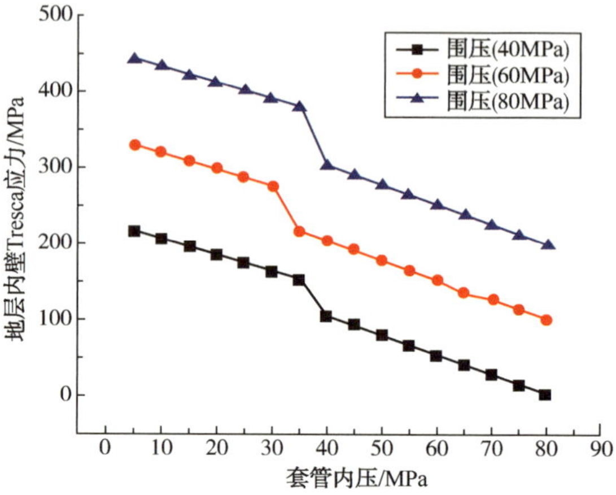

图 4-2-26　不同围压下，
地层内壁 Tresca 应力随套管内压的变化

由图 4-2-25 分析可知，在不同的围压条件下，随着套管内压的增加，其内壁的 Tresca 应力将经历一个先减小后升高的过程，围压越低，随着套管内压的增加，套管内壁的 Tresca 应力值越大；由图 4-2-26 分析可知，在不同的围压条件下，随着套管内压的增加，其地层内壁的 Tresca 应力将逐渐减小，围压越高，地层内壁上的 Tresca 应力值越高。

不同的围压下，套管内压在加载卸载过程中，界面作用力也将受到影响，现将套管内压分别加载到 60MPa(水泥环为弹塑性状态)和 100MPa(水泥环为塑性状态)，再卸载至最小的 0MPa，研究套管-水泥环界面作用力的大小，如图 4-2-27 所示。

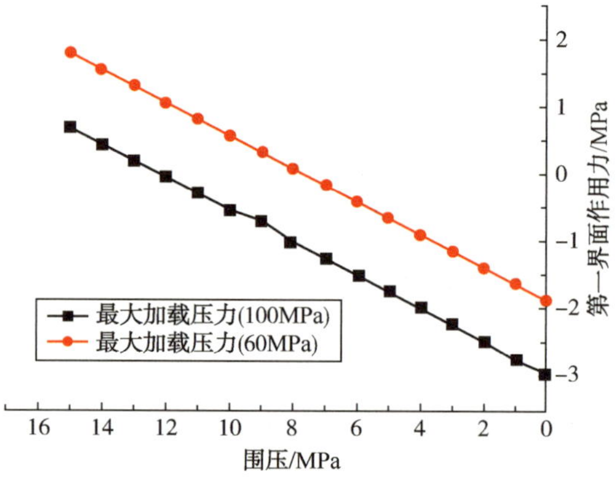

图 4-2-27　不同围压下，
完全卸载后第一界面作用力

由图 4-2-27 可以看出，围压对完全卸载后的第一界面作用力有明显的影响。随着围压的降低，将套管内压加载到一定压力再完全卸载，第一界面的张力越来越大；当围压大到一定程度时，完全卸载后，第一界面仍将处于压应力状态。由此可以推知，低围压状态，易发生第一界面拉伸破坏，产生微间隙；高围压状态，不容易产生微间隙。现将套管内压加载至最大 100MPa(水泥环为塑性状态)，在不同围压大小下进行完全卸载，由以上分析可知，界面作用力将由压应力状态过渡到张应力状态，假设第一界面的胶结强度为 0.5MPa，由此研究卸载过程中的最大界面间隙，如图 4-2-28 所示。

由图 4-2-28 分析可知，随着围压的增加，完全卸载后，第一界面的最大微间隙将逐渐减小。当围压大于 11MPa 时，第一界面将不再有微间隙产生；当围压为 0MPa 时，完全卸载后的第一界面最大微间隙可达 12μm，其界面完整性破坏。

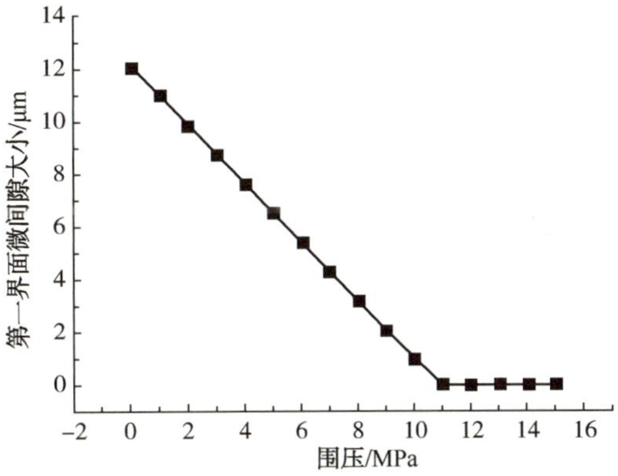

图 4-2-28 不同围压下，完全卸载后的最大微间隙

通过以上围压对套管及水泥环组合体密封状态的影响的分析可知：围压将影响水泥环弹塑性边界的发展速度。低围压下，需要较高的加载内压，水泥环才能由弹性状态逐步过渡到塑性状态。围压影响着水泥环弹塑性边界的发展速度，继而可以影响组合体上的应力分布状态和界面微间隙发展情况。高围压下，地层井壁具有较大的 Tresca 应力值，易发生塑性破坏；低围压下，套管内壁具有较大的 Tresca 应力值，易发生塑性破坏。低围压下，加载卸载过程中，界面作用力容易从压应力状态转向张应力状态，产生界面微间隙。综上所述，油气井上部，尤其是井口位置，增压泄压过程中，容易产生界面微间隙，为流体的流动提供串流通道，形成环空带压，实际生产过程中，应严格控制生产制度，避免油气井井口位置界面微间隙的产生。

3. 水泥环弹性模量对水泥环长期密封完整性的影响

就水泥石而言，其本身的材料参数和尺寸等对组合体的应力分布状态和密封性也有重要影响，包括水泥环的厚度、水泥石的泊松比和弹性模量等。研究这些参数对组合体密封状态影响的原因和方式，有利于生产过程中对水泥环厚度及其参数进行设计。现将弹性模量对套管及水泥环组合体的密封状态的影响进行分析说明，设定围压 60MPa，弹性模量对水泥环开始进入弹塑性状态的最小内压影响如图 4-2-29 所示，水泥环弹性模量对套管和地层内壁最大 Tresca 应力的影响如图 4-2-30 所示。

由图 4-2-29 可知，水泥环弹性模量越大，加载过程中，水泥环越容易进入塑性状态，当水泥环的弹性模量较低时，需要更大的加载内压才能改变其弹性状态。

由图 4-2-30 分析可知，水泥环的弹性模量对套管和地层内壁的 Tresca 应力影响很小。随着水泥环弹性模量的增加，套管内壁的最大 Tresca 应力小幅减小，地层内壁最大 Tresca 应力在小幅增加，这可能是因为高弹性模量的水泥环具有更强的承压能力，分担了更多的套管内压波动，并起到平衡整个组合体上 Tresca 应力的作用。

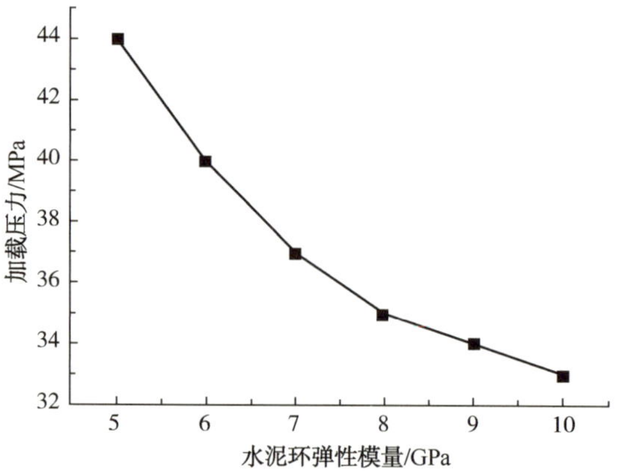

图 4-2-29　水泥环弹性模量对水泥环塑性区发展的影响

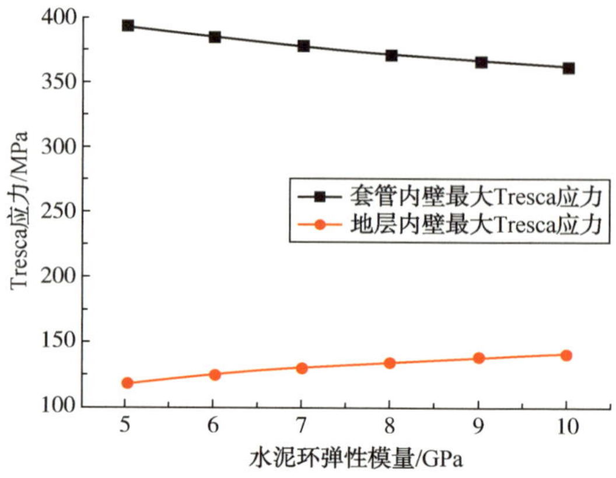

图 4-2-30　水泥环弹性模量对套管和地层内壁最大 Tresca 应力的影响

图 4-2-29 和图 4-2-30 分析了弹性模量对组合体应力状态的影响，可知水泥环的弹性模量主要影响着水泥环弹塑性界面的发展，对整个套管和地层上的应力状态影响较小，改变其大小，对整个组合体上的 Tresca 应力分布并无明显的影响。接下来分析不同水泥环弹性模量对第一界面作用力和界面微间隙发展的影响。固定套管最大加载内压为 80MPa，围压为 0MPa（模拟井口），其结果如图 4-2-31 和图 4-2-32 所示。

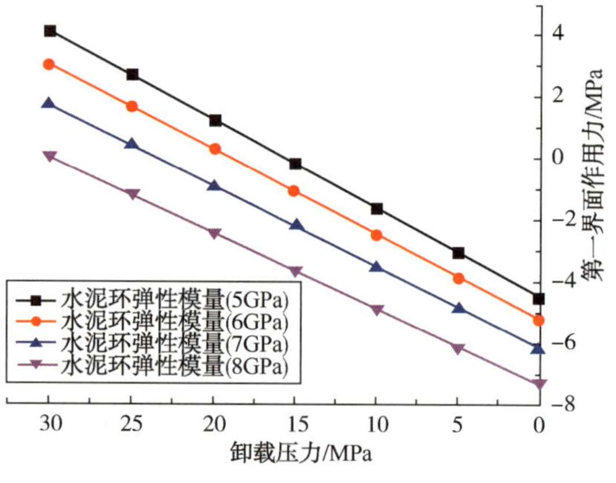

图 4-2-31　水泥环弹性模量对第一界面作用力的影响

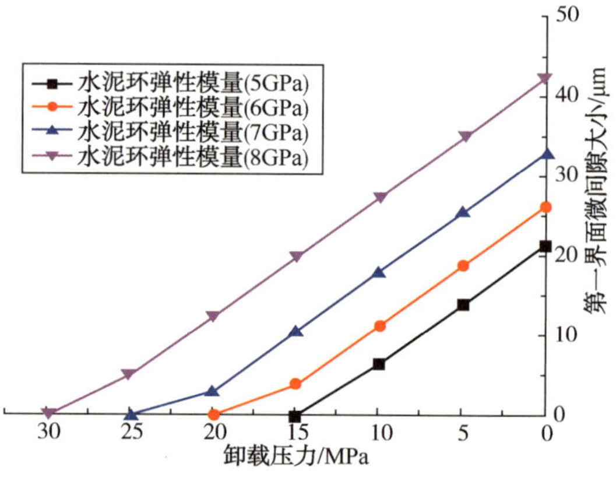

图 4-2-32　水泥环弹性模量对第一界面微间隙发展的影响

由图 4-2-31 和图 4-2-32 可知，水泥环的弹性模量越高，在卸载过程中，其界面作用力越容易从压应力过渡到拉应力状态。当水泥环弹性模量为 5GP 时，完全泄压后的第一界面作用力为 4.481MPa 的拉应力，产生最大微间隙为 21.65μm；当水泥环弹性模量为 8GPa 时，完全泄压后的第一界面作用力为 7.318MPa 的拉应力，产生最大微间隙为

42.46μm。主要是由于高弹性模量的水泥石承受更多的压力，更容易进入塑性状态，其塑性变形量大。泄压后，当界面拉力大于界面胶结强度时，产生更大的微间隙。为降低界面微间隙的产生，应尽量降低水泥石的弹性模量。

4. 井底温度变化对水泥环长期密封完整性的影响

井底温度的改变将引起套管、水泥环及地层组合体上应力应变状态的改变。取套管、水泥石及地层温度变化稳定后的温度为温度改变量 ΔT，分析其对套管及水泥环组合体密封状态的影响。随着温度的变化，水泥环开始由弹性状态向塑性状态过渡的内压波动如图 4-2-33 所示。

由图 4-2-33 可知，随着井内温度的增加，水泥环由弹性状态开始向弹塑性状态转变所需的套管内压波动越来越小。温度变化对水泥环弹塑性状态的发展有明显的影响，剧烈的温度变化，会导致水泥环很容易过渡到弹塑性状态直至塑性状态，从而影响套管、水泥环和地层上的应力分布状态。

由图 4-2-34 可知，温度变化对套管内壁上的 Tresca 应力有非常显著的影响，在同一内压情况下，温度越高，套管内壁上的 Tresca 应力分布越高。在热采井的井下套管及水泥环本体力学状态的研究中，应充分考虑由于温度变化所引起的套管上应力增加值，从而确定合理的生产制度。从图 4-2-34 上可以看出，当井内温度变化超过 200℃时，在 60MPa 的加载情况下，套管上的 Tresca 应力值大于其屈服强度，会引起套管密封完整性的失效。现对加载压力固定在 80MPa，对不同温度变化条件下引起的界面作用力和界面间隙发展情况进行分析，分析中将第一界面胶结强度假设为 0.5MPa，以此判定是否在卸载过程中有界面微间隙的产生，其分析结果如图 4-2-35 和图 4-2-36 所示。

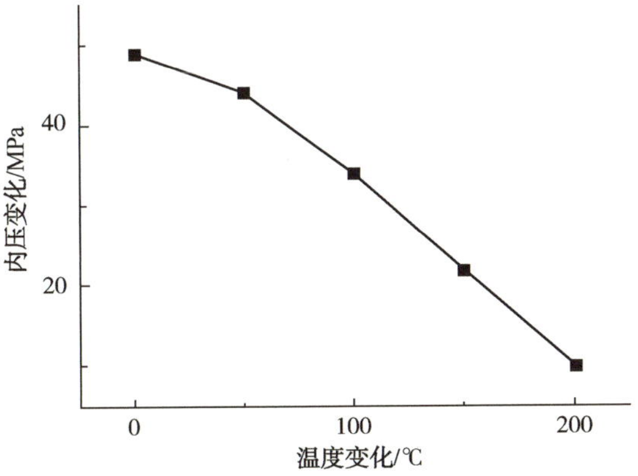

图 4-2-33 温度对水泥环弹塑性状态过渡压力的影响

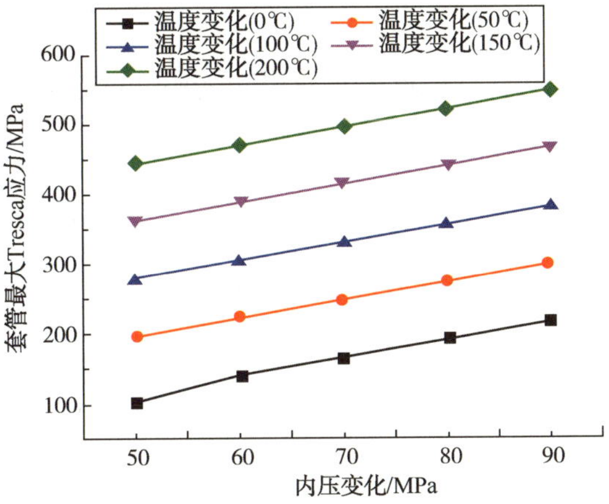

图 4-2-34 温度变化对套管内壁 Tresca 应力的影响

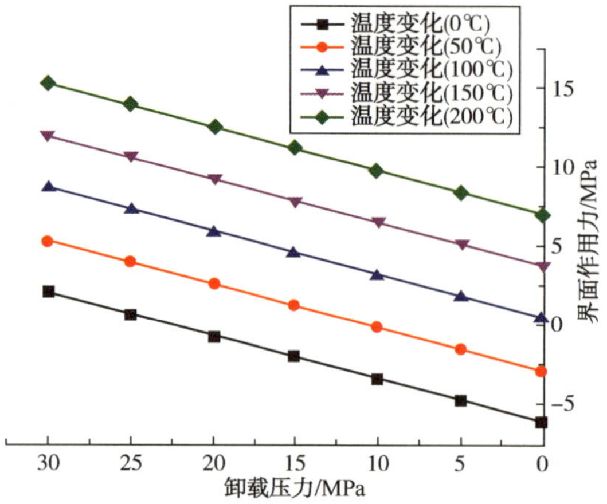

图 4-2-35　温度变化对第一界面作用力的影响

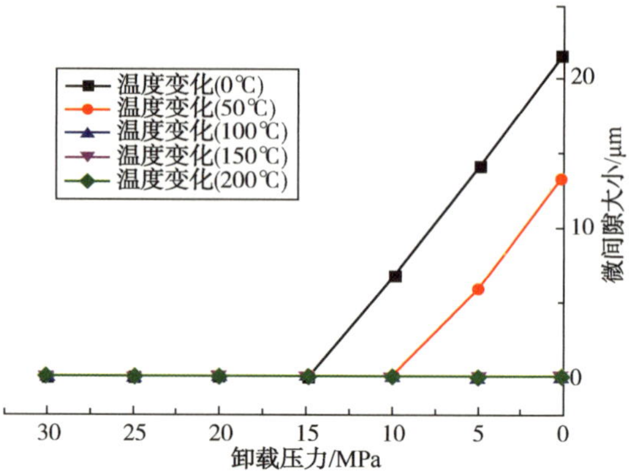

图 4-2-36　温度变化对第一界面微间隙发展的影响

由图 4-2-35 和图 4-2-36 分析可知，随着温度的增加，卸载过程中，界面作用力表现为受压状态明显，温度越高，将套管内压加载到一定值再卸载，界面发生脱离越困难。主要原因是由于温度的改变，使三种不同材料的组合体都发生了热膨胀，因为各自的热膨胀系数不一样，界面受压将增加。泄压后，在高温作用下，由于界面膨胀相互挤压，仍处于受压状态，所以难以发生界面脱离现象。

由以上分析可知，温度的改变将使水泥环更快从弹性状态过渡到塑性状态。一方面，温度的增加将引起组合体上应力增加，加大其发生塑性破坏的风险；另一方面，由于材料间热膨胀系数的差异，温度的增加会导致界面间作用力的增加，降低卸载后由压应力过渡到拉应力状态的可能性，从而降低产生界面微间隙的风险。

四、保证水泥环长期密封完整性的指标要求

TNM-IV 型天然气井水泥环长期密封性模拟评价装置主要包括水泥浆的养护处理系统、温度变化破坏试验模块、水泥环长期密封性测试模块、干/湿环境膨胀收缩应力测试模块、微环隙及裂纹声波测试模块、套管加压系统、地层管围压加载系统、模型系统、抽真空系统、脱模装置、数据采集处理系统等部分。通过本装置可以开展温度、压力、膨胀收缩等水泥环应力、应变规律及密封失效规律研究，开展不同界面胶结条件下水泥环的长龄期密封性评价，还能针对水泥环渗透性、长期胶结性能等开展长龄期综合性能评价。

1. 气体突破压力测试

（1）工作原理

根据变形相似原理，外筒的约束与地层和地应力约束相同，使水泥环产生的应力状态

相同。为了消除端部效应，井筒长度不小于1200mm。测试系统由压力控制、温度控制、注气控制等组成。压力系统为套管和环空施加压力，用于测试注采引起的压力变化下水泥环的密封性，以及水泥环受到的地层应力作用。温度控制用于高温养护水泥浆及测试注采引起的温度变化下水泥环的密封性。注气控制由环空水泥环下部注入一定压力的气体，测试压力和温度变化下，水泥环是否气窜发生密封失效。

(2) 评价过程

水泥浆搅拌均匀后，在气体突破压力测试装置的环空中分别浇入不同高度的水泥环，推荐4~5组不同高度水泥环的模拟实验，将模拟井筒加热至储气库井底温度，在环空中施加相应的地应力作用，候凝72h后，环空压力释放；测试装置底部进气口注入不同压力的气体，直至上部出气口检测到气窜，记录相应的气体突破压力；根据测试的不同水泥环高度及对应的气体突破压力，拟合形成水泥环有效高度与气体突破压力的函数关系式，见式(4-2-49)(推荐选择对数型)，根据拟合出的函数关系式计算气藏原始压力下水泥环的最低有效高度。

$$H \geqslant \alpha f(P_{gf}, P, T) \tag{4-2-49}$$

式中 H——水泥环优质段高度，m；

α——安全系数，无量纲；

P——气体突破压力，MPa；

P_{gf}——盖层位置地层孔隙压力，MPa；

T——气藏温度，℃。

2. 温压变化条件下水泥环密封完整性评价

(1) 工作原理

储气库注采井生产期间水泥环需要承受温度压力交变作用，通过模拟注采井井下温度压力变化环境，评价水泥环在温度压力交变作用下能否确保在注采井生命周期内的密封完整性，保持水泥环本体不被破坏，并且第一、第二界面胶结良好，保持气密封能力。

在模拟环空加入特定体系水泥浆，保持地层压力，候凝以后，对模拟套管内壁进行温度及压力交变作用，同时在水泥环底部通入气体，检测水泥环在承受压力温度交变作用条件下能够保持密封完整性的能力。

(2) 评价过程

水泥浆搅拌均匀后，在气体突破压力测试装置的环空中分别浇入不同高度的水泥环，高度分别为20cm、40cm、60cm、80cm、100cm，将模拟井筒加热至储气库井底温度，在环空中施加与气藏压力相当的作用力，候凝72h后，环空压力释放；利用压力控制在水泥环密封性评价装置的套管内施加交变载荷，最大压力为储气库气藏运行最大压力，卸载后的压力为储气库气藏运行最小压力，底部通入一定压力的气体，循环次数为设计使用年限内最大注采次数，评价注采交变载荷下水泥环密封性；根据注入气压及水泥环高度的关系，反推气藏压力下保持水泥环密封完整性的水泥环高度，对水泥环密封完整性进行判定。

3. 盐盖层段水泥环有效密封长度

盐层段作为储气库良好的盖层，给固井带来一定的难点，首先水泥环与盐层胶强度比普通地层要弱，其次盐层的蠕变特性对水泥环施加轴向应力，对水泥环密封能力的影响尚不清楚，需要进一步攻关研究。综合分析盐岩蠕动对固井质量及井筒环空气密性的影响规律，构建盐岩蠕动特征评价模型及环空气密综合评价模型，形成一套完整的文 23 盐蠕变特性、井筒环空气密性评价方法，正确认识盐岩蠕变与井筒气密性的关系，指导储气库井生产参数优化。

经现场取样盐膏层组分分析结果显示，盐层段主要成分为 NaCl，所以盐层段在受上覆地层压力的情况下呈现蠕变特性。膏岩层含有一定成分的石膏，钻井过程中易于溶解，且呈层状结构，所以在实钻过程中层状突出，井眼稳定性差，固井交界面较差，且容易产生漏失。

（1）盐膏层力学及蠕变特性分析

1）盐膏层力学特性分析。对盐岩进行常规三轴实验可获取盐岩弹性模量、泊松比以及围压对盐膏层承载能力的影响规律。进行盐岩的巴西劈裂实验可获取盐岩抗拉强度。

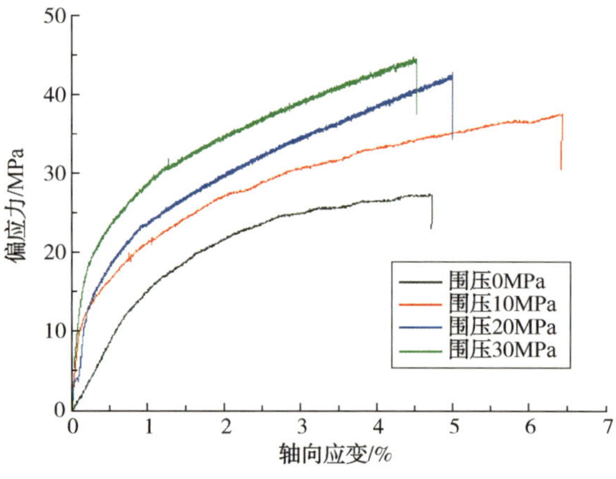

图 4-2-37　不同围压条件下的偏应力-应变曲线

① 盐岩三轴实验。根据岩石力学实验标准，将盐岩加工成高径比为 2∶1 的试样。盐岩三轴压缩实验分别采用围压 0MPa、10MPa、20MPa 以及 30MPa 进行加载，在相同应变条件下，围压越大，盐岩的承载能力越强；围压越大，直线段斜率越大，即弹性模量越大；不同围压条件下，盐岩均表现为典型的弹塑性变形特征（图 4-2-37）。不同围压条件下，盐岩破坏类型均为扩容破坏，此类破坏不会形成宏观的易于观察的破裂面，盐岩发生扩容后其承载能力依然存在。由盐岩单轴压缩实验的应力-应变曲线（图 4-2-38）计算可以得出盐岩弹性模量为 1.8GPa、泊松比为 0.38。

② 巴西劈裂实验。盐岩常温常压巴西劈裂实验采用高径比为 1 的圆柱岩样。假设材料为均匀各向同性的弹性体，根据弹性力学理论计算出抗拉强度，在进行巴西劈裂实验时，当岩样破坏时，岩样沿中心处被劈裂成两半。受岩心非均质性影响岩样抗拉强度有所差

异。通过巴西劈裂实验得出盐岩抗拉强度为 3MPa。

2）盐膏层蠕变特性分析。对盐岩样品分别进行定围压蠕变特性实验和变围压盐膏层蠕变特性实验，定围压蠕变特性实验采取围压 0MPa，轴压分级加载方式，可获得轴压越大，轴向应变越大；轴压越大，蠕变速率越大规律。通过变围压盐膏层蠕变特性实验，由不同偏应力下的时间与应变曲线(图 4-2-39)得出，偏应力越大，瞬时弹性应变越大，稳定蠕变应变率越大。不同偏应力蠕变特征见表 4-2-3。

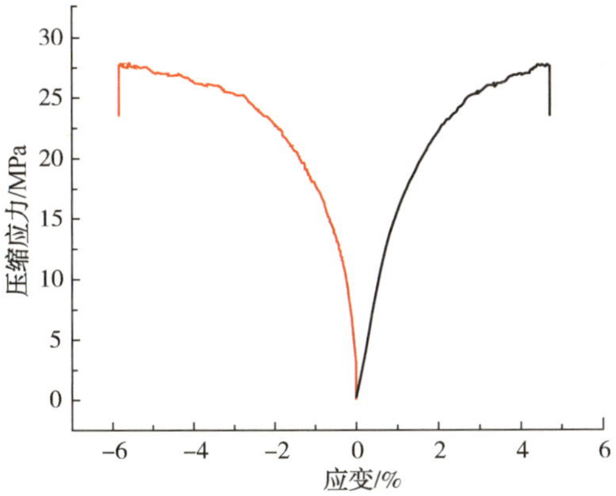

图 4-2-38 盐岩单轴压缩应力-应变曲线

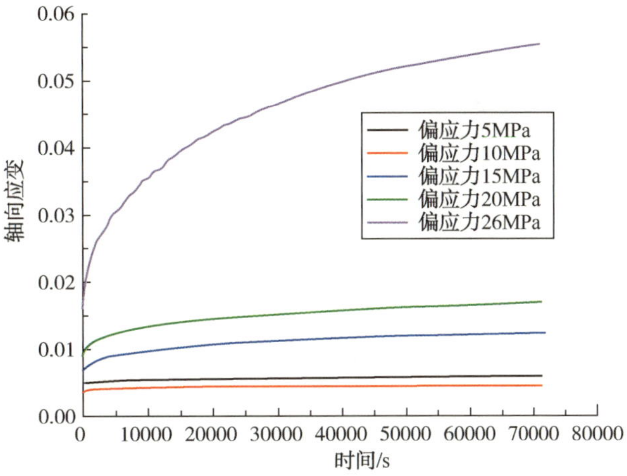

图 4-2-39 不同偏应力下的时间-应变曲线

表 4-2-3 不同偏应力蠕变特征

轴压/MPa	围压/MPa	偏应力/MPa	瞬时弹性应变	稳定蠕变应变率/s^{-1}
31	5	26	0.015921	$1.644e^{-7}$
30	10	20	0.008844	$1.192e^{-7}$
30	15	15	0.006163	$4.199e^{-8}$
30	20	10	0.004231	$3.687e^{-8}$
30	25	5	0.004656	$2.543e^{-9}$

（2）盐岩气密性实验分析

1）定围压条件气密性实验。采用和 P110 套管相同钢级、不同长度的模具来模拟套管，将水泥浆注入模具内部，水泥与模具内壁的接触面即为所模拟的固井第一界面。模具的内径为 15mm，外径为 25mm，高度分别为 20mm、30mm、40mm、50mm、60mm、70mm 和 80mm，模拟不同高度的固井第一界面。根据现场提供的抗盐增韧水泥浆体系配制的水泥浆，将配制好的水泥浆注入模具中，在 90℃条件下常压养护 3d，待水泥凝固之后，放入装置中，在模具的侧面施加一定的围压，底部通入氮气，不断升高氮气压力直至气体突破界面。

由表4-2-4可以看出，固井第一界面的气体密封能力远大于界面接触压力，大约是后者的4.3倍以上。模拟得出，气体压力是接触压力的14.8倍时仍无法撑开后续界面。由于无法通过实验准确证明气体密封能力与接触压力的数量关系，因此，采用一种保守的观点，即界面的气体密封能力值与界面的接触压力值相同。

表4-2-4　固井第一界面气体密封能力与界面接触压力对比

长度/cm	1.89	2.87	3.9	4.79	5.82	6.95	7.84
围压/MPa	8.6	8.6	12	12	12	12	12
气体密封能力/MPa	>7.20	>6.0	>9.40	>9.80	>10.30	>10.80	>10.00
界面接触压力/MPa	1.35	1.38	1.98	1.98	2.02	1.98	2.01

2）变围压条件气密性实验。采用第二界面固井评价装置，该装置能够容纳直径为110mm、高度为232mm的大尺寸岩心，能够在岩心侧面施加0~11MPa的围压达到密封岩心侧面的效果，并且能够加热至恒定的温度，在一定程度上能模拟地下一定深度的地层条件。实验过程中采用氮气对第二界面进行突破，在岩心侧面施加大于底部氮气的压力值的围压，通过不断增加岩心底部氮气的压力值，直至突破第二界面，并记录此时的氮气压力值为氮气突破第二界面的压力值。实验所使用的岩心为地下2500m深度的盐岩岩心，使用车床加线切割两种切割方式，将岩心加工成内径为30mm、外径为109mm、高度为100mm的环形岩心。水泥浆为现场提供的抗盐增韧体系。突破压力试验见表4-2-5。

表4-2-5　突破压力试验

实验条件	第一次突破 第二界面压力值/MPa	施加围压值/ MPa	第二次突破 第二界面压力值/MPa
90℃，常压养护	0.1	4.0	0.6
90℃，常压养护	4.0	6.0	2.7
90℃，常压养护	—	6.0	7.8
90℃，常压养护	—	8.0	1.0
90℃，常压养护3d， 并加围压8.0MPa5d	1.0	10.0	5.8

注释：第一次突破时间均为常压养护3d之后，第二次突破时间均为加围压养护5d后；第一组第二次突破时间为2d后；“—”表示未进行突破。

由于水泥石的气测渗透率并不稳定，在0.075~0.635mD水平，实验过程除了能够观察到的界面突破现象之外，其他组实验所测得数据很可能是气体从水泥石内部逸出导致的，因此界面的实际气体密封能力大于所测得实验数据。

由表4-2-6可以看出，盐岩固井第二界面的气体密封能力均大于界面的接触压力(除围压 8.0MPa 之外)，从试验数据来看界面的气体密封能力是界面接触压力的 1.5~2.1 倍以上，有限元模拟得出只有气体压力大于接触压力的 4.8 倍才能撑开后续界面；但是有多组实验未能准确测定气体突破界面的压力，但这并不影响界面密封准则的建立；同样采用一种保守的观点，即第二界面的气体密封能力值与接触压力相同，当气体压力大于界面接触压力时即可视为界面密封失效。

表 4-2-6 修正后的盐岩地层固井第二界面气体密封能力数据

长度/cm	10.00	10.00	10.00	10.00	10.00	10.00
围压/MPa	6.00	4.00	6.00	6.00	8.00	10.00
气体密封能力/MPa	4.00	>0.60	4.00	>7.80	>1.00	>5.80
界面接触压力/MPa	1.94	0.58	2.63	5.73	7.66	5.794

(3) 利用软件模拟盐层蠕变对气密性的影响

利用 ABAQUS 有限元软件模拟盐岩蠕变和气密性实验过程中岩心与水泥环接触面处的接触压力与气体密封能力的关系。

1) 不同有效应力对气密性的影响。在水泥与盐岩胶结良好的情况下，盐岩地层固井第二界面的气体密封能力随蠕变时间的增加先迅速增大，然后增速变缓，但整体上随时间的增加逐渐增大；随有效应力的增大逐渐增大(图 4-2-40)。

在盐岩外侧施加均匀的应力载荷，模拟盐岩蠕变对井筒气密性的影响。模拟结果显示，在水泥与盐岩地层胶结良好的情况下，地应力水平越高，盐岩地层固井第二界面对气体的密封能力越强，且随着时间的延长逐渐增加(图 4-2-41)。

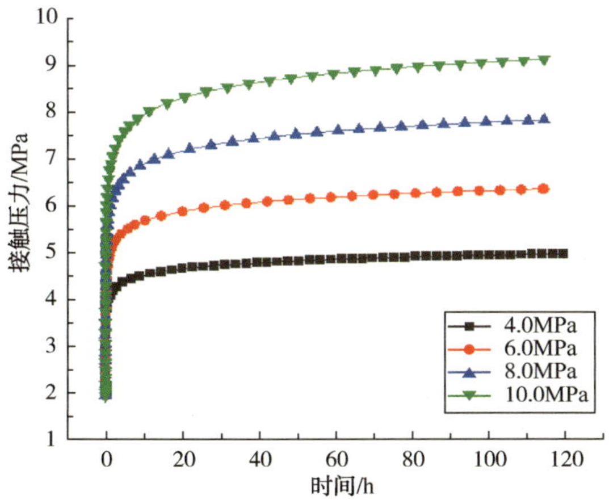

图 4-2-40 不同有效应力条件下盐岩蠕变对固井二界面气体密封能力的影响

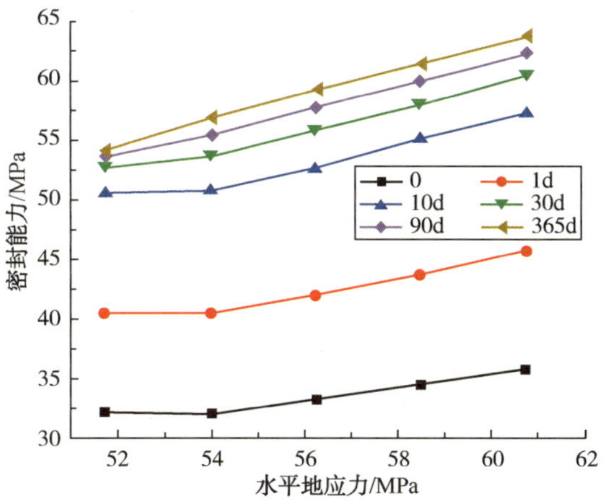

图 4-2-41 不同地应力对气体密封能力的影响

2）蠕变时间对气密性的影响。随着蠕变时间的增加，盐岩地层固井第二界面对气体的密封能力在短时间内迅速增大，而后增速变缓并以一较小的稳定速度继续增大；随着地层深度的增加，水平地应力增加，盐岩地层固井第二界面对气体的密封能力亦增大(图 4-2-42)。

3）地层封固长度对气密性的影响。地层封固长度对气密性的影响，取决于不同封固长度条件下井下复杂压力是否会对界面的接触压力产生影响。利用 ABAQUS 有限元模拟软件建立三维模型，在 10.0MPa 的围压蠕变 5d 之后的基础上，设置新的静力通用分析，模拟气体撑开界面的过程。模拟结果表明，气体在撑开界面的过程中，一旦后面胶结良好的界面被撑开，气体便能够以当前恒定的压力持续撑开后续界面。因此，如果气体采用一步步撑开界面的方式进行突破，则随着界面封固长度的增加，气体的突破压力不会增高，即界面封固长度的增加并不会增强界面的气体密封能力。这一结论同样适用于固井第一界面。

气体撑开界面的压力随着界面封隔长度的增加而增大，但是当长度超过 160mm 时，气体撑开界面的压力随界面长度的增加变化不再明显，几乎可以忽略不计(图 4-2-43)。图 4-2-44 显示的是不同长度的界面初始位置的接触压力，随着长度的增加而增大，同样当长度超过 160mm 时，增幅不再明显。撑开界面的气体压力随长度增加而增大的原因是初始位置处界面接触压力随长度增加而增大。

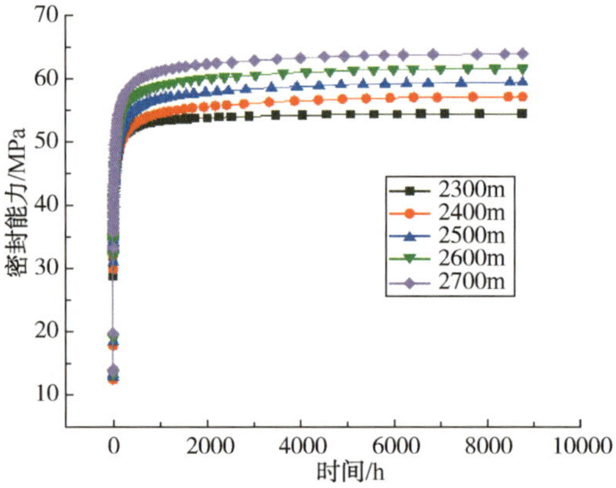

图 4-2-42　蠕变时间对固井第二界面气体密封能力的影响

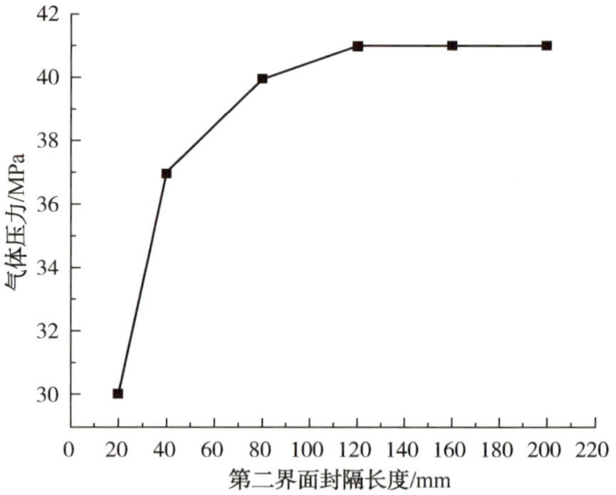

图 4-2-43　气体撑开界面压力随界面封固长度的变化规律图

通过模拟不同深度附近固井第一、第二界面的接触压力，随着地层深度的增加，固井第一、第二界面的气体密封能力均随之增大，且固井第一界面的气体密封能力增大幅度大于固井第二界面的气体密封能力(图 4-2-45)。

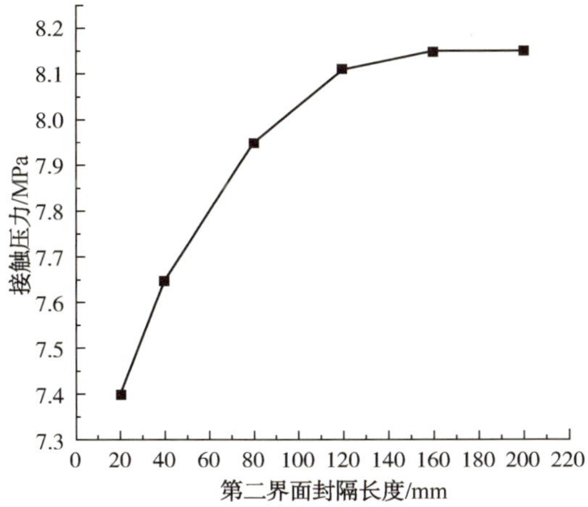

图 4-2-44 界面初始位置接触压力随界面封固长度的变化规律

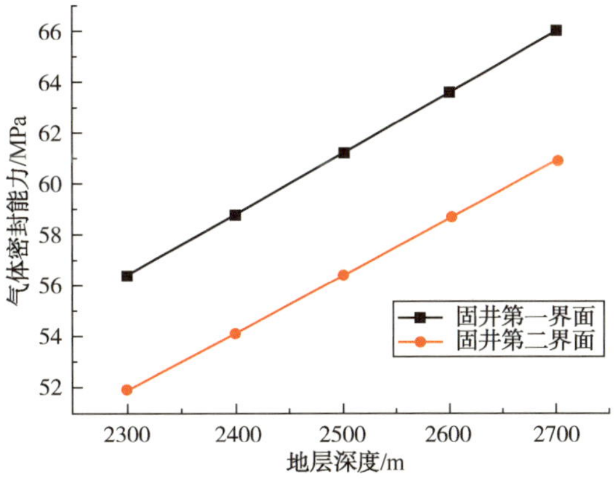

图 4-2-45 界面气体密封能力随地层深度的变化规律

4. 温压扰动下套管水泥环密封性

(1) 水泥环抗气体突破能力试验

按照水泥环抗气体突破实验评价方法，在评价装置套管环空浇筑一定高度的水泥浆后，环空加压和加温养护 72h。环空卸压后通入气体，气压按照 0. 2MPa 的梯度逐渐增加，开始加压较快，气压较高时，间隔时间稍长直至发生气窜，环空顶部有气体流量出现，得出气窜压力。本实验考虑断面效应影响，水泥环取 40cm、60cm、80cm、100cm 等 4 个不同高度，围压取值按照压力 10MPa、20MPa、30MPa、40MPa、50MPa 等几个级别，套管内压力取值与围压一致，养护温度为文 23 储气库气藏温度 120℃。

对围压 10MPa 压力级别水泥环抗气体突破能力进行评价，随着底部气体注入压力的逐步升高，上部气体流量检测一直为 0，说明气体不足以突破相对应高度的水泥环，即水泥环与套管、地层胶结良好，井筒完整性未失效，待底部气体施加到某一值时，上部气体流量突然上升，说明底部通入的气体已经致使水泥环与套管或井壁某一部位胶结失效产生微环隙，形成气体串流通道，水泥环井筒完整性失效，记录此时气体压力，即为该高度下水泥环的抗气体突破能力(图 4-2-46)。

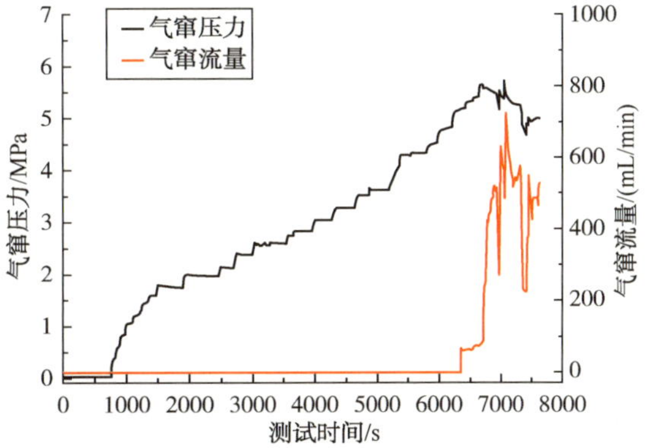

图 4-2-46 气体压力与出气流量图

在一定围压下，气体突破压力随着水泥环高度的增加而增大；同一水泥环高度下，气体突破压力随着围压的升高，气体突破压力值随之增大，如图 4-2-47 所示。

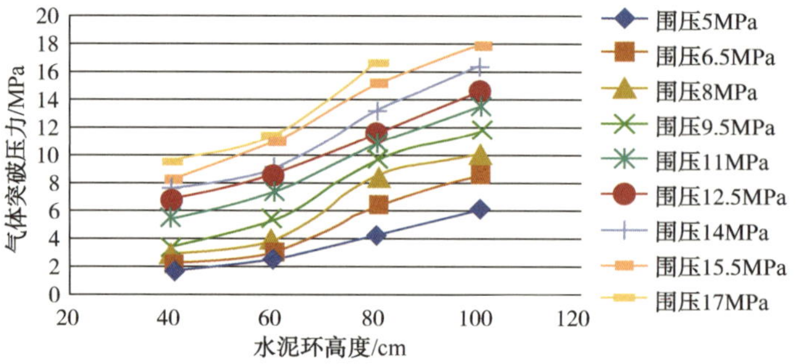

图 4-2-47　气体突破压力随水泥环高度变化的规律

（2）温度压力交变作用下水泥环密封完整性

1）水泥环密封完整性测试

储气库每次注采会引起井筒内的温度和压力变化，在储气库多次强注采引起的温度压力交变作用下，会引起井筒的密封完整性失效。利用井筒完整性评价装置，在储气库强注采引起的温度、压力耦合变化下，对水泥环的密封性进行测试(图 4-2-48)。同时利用光纤传感器测试温压交变下水泥环的应变，其中温度变化引起的温度应力转化为压力，和压力变化共同作用。在压力下水泥环产生了应变，在压力较小时，应变呈直线上升，为弹性受力阶段；随着压力的增大，应变不再呈直线增加，说明水泥环产生了塑性变形，且降温卸压时，应变曲线不再和上升段重合，存在残余应变，原因是因为水泥环中产生的塑性变形不能完全恢复，如图 4-2-49 所示。

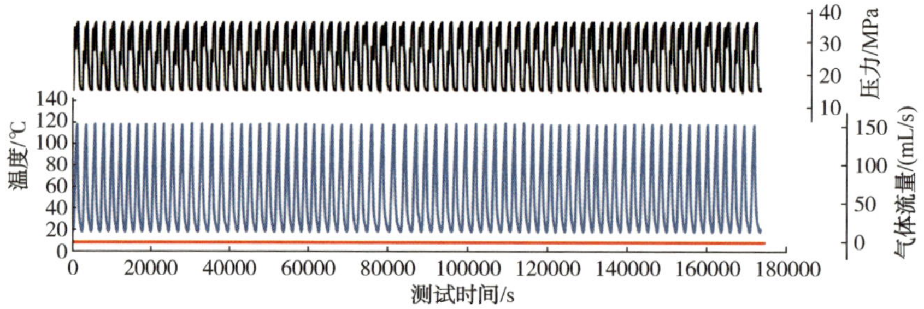

图 4-2-48　模拟注采引起的温压耦合下水泥环密封性评价

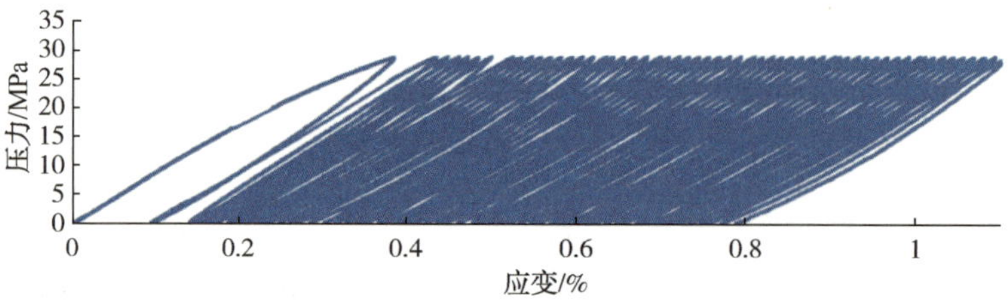

图 4-2-49　温压耦合变化下水泥环应变测试

2）利用计算模型判定水泥环密封完整性

① 利用套管-水泥环-地层系统力学分析模型(图 4-2-50)分析温压下水泥环中产生的应力。

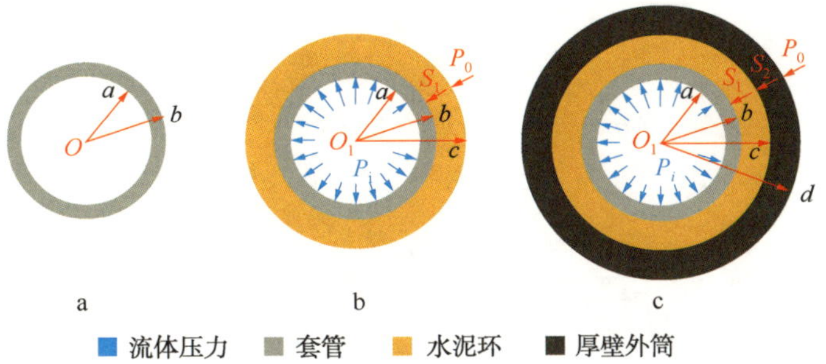

图 4-2-50　套管-水泥环-地层系统力学分析模型

此时，套管、水泥环、地层岩石的材料力学参数不同，在上标或下标分别用 s、t 和 f 表示套管、水泥环和地层岩石的材料参数，套管-水泥环界面和水泥环-地层岩石界面的径向应力分别为 S_1 和 S_2，套管内压为 P_i，地层岩石外壁的压力为 P_o。则套管、水泥环和地层岩石的径向位移计算公式分别为：

$$\left\{\begin{aligned} u_r^s &= \frac{(1+v_s)\cdot r}{E_s(b^2-a^2)}\cdot\left[(1-2v)(a^2\cdot P_i-b^2\cdot S_1)+a^2b^2(P_i-S_1)\cdot\frac{1}{r^2}\right] \\ u_r^t &= \frac{(1+v_t)\cdot r}{E_t(c^2-b^2)}\cdot\left[(1-2v)(b^2\cdot S_1-c^2\cdot S_2)+b^2c^2(S_1-S_2)\cdot\frac{1}{r^2}\right] \\ u_r^f &= \frac{(1+v_f)\cdot r}{E_f(d^2-c^2)}\cdot\left[(1-2v)(c^2\cdot S_2-d^2\cdot P_o)+c^2d^2(S_2-P_o)\cdot\frac{1}{r^2}\right] \end{aligned}\right\}$$

在套管-水泥环界面($r=b$)处套管和水泥环的界面径向位移连续，$u^s_{r=b}=u^t_{r=b}$；水泥环-地层岩石界面($r=c$)处水泥环和地层岩石的界面径向位移连续，$u^t_{r=c}=u^f_{r=b}$，可得：

$$\left\{\begin{aligned} &\frac{(1+v_s)\cdot b}{E_s(b^2-a^2)}\cdot[(1-2v_s)(a^2\cdot P_i-b^2\cdot S_1)+a^2(P_i-S_1)]= \\ &\frac{(1+v_t)\cdot b}{E_t(c^2-b^2)}\cdot[(1-2v_t)(b^2\cdot S_1-c^2\cdot S_2)+c^2(S_1-S_2)] \\ &\frac{(1+v_t)\cdot c}{E_t(c^2-b^2)}\cdot[(1-2v_t)(b^2\cdot S_1-c^2\cdot S_2)+b^2(S_1-S_2)]= \\ &\frac{(1+v_f)\cdot c}{E_f(d^2-c^2)}\cdot[(1-2v_f)(c^2\cdot S_2-d^2\cdot P_o)+d^2(S_2-P_o)] \end{aligned}\right\}$$

解上述方程可得套管-水泥环界面和水泥环-地层界面径向应力分别为：

$$\begin{cases} S_1=\dfrac{k_{11}^c(k_{21}^t+k_{22}^s)\cdot q_i+k_{12}^t k_{12}^s\cdot q_o}{(k_{21}^c+k_{22}^t)(k_{21}^t+k_{22}^s)-k_{11}^t k_{12}^t} \\ S_2=\dfrac{k_{11}^c k_{11}^t q_i+k_{12}^s(k_{21}^c+k_{22}^t)\cdot q_o}{(k_{21}^c+k_{22}^t)(k_{21}^t+k_{22}^s)-k_{11}^t k_{12}^t} \end{cases}$$

其中，$k_{11}^s=\dfrac{1+v_s}{E_s}\cdot\dfrac{2(1-v_s)a^2}{b^2-a^2}$；$k_{21}^s=\dfrac{1+v_s}{E_s}\cdot\dfrac{(1-2v_s)b^2+a^2}{b^2-a^2}$；$k_{12}^t=\dfrac{1+v_t}{E_t}\cdot\dfrac{2(1-v_t)c^2}{c^2-b^2}$；$k_{22}^t=\dfrac{1+v_t}{E_t}\cdot\dfrac{(1-2v_t)b^2+c^2}{c^2-b^2}$；$k_{11}^t=\dfrac{1+v_t}{E_t}\cdot\dfrac{2(1-v_t)b^2}{c^2-b^2}$；$k_{21}^t=\dfrac{1+v_t}{E_t}\cdot\dfrac{(1-2v_t)c^2+b^2}{c^2-b^2}$；$k_{12}^f=\dfrac{1+v_f}{E_f}\cdot\dfrac{2(1-v_f)d^2}{d^2-c^2}$；$k_{22}^f=\dfrac{1+v_f}{E_f}\cdot\dfrac{(1-2v_f)c^2+d^2}{d^2-c^2}$。

总应力：

$$S_1=\frac{k_{11}^c(k_{21}^t+k_{22}^s)\cdot q_i+k_{21}^t k_{22}^s\cdot q_o}{(k_{21}^c+k_{22}^t)(k_{21}^t+k_{22}^s)-k_{11}^t k_{12}^t},\quad S_2=\frac{k_{11}^c k_{11}^t q_i+k_{12}^s(k_{21}^c+k_{22}^t)\cdot q_o}{(k_{21}^c+k_{22}^t)\cdot(k_{21}^t+k_{22}^s)-k_{11}^t\cdot k_{12}^t}$$

根据计算分析模型得到的压力下水泥环中产生的应力以及由于温度变化在水泥环中产生的应力，结合光纤测试的残余应变的规律，得出了温度变化下水泥环中残余应变的计算模型如下式：

$$\varepsilon_{ri}=\frac{(1.68N+17.52)[E_c\alpha_c(1+\nu_j)(T_r-T_i)+0.135(S_1+S_2)]-0.45N-1.10}{100}$$

式中　ε_{ri}——温压变化产生的残余应变，ΔT 为温度变化量，为 T_r-T_i，即注采引起的温度变化；

α——材料线膨胀系数；

ν——泊松比；

N——注采引起的温压变化次数。

如果多次注采累计产生的残余应变超过界面胶结极限应变，则水泥环发生密封完整性失效，判定公式如下：

$$\varepsilon_{ri}>\varepsilon_b$$

式中　ε_b——界面胶结极限应变，与固井质量及水泥环界面胶结性能有关。

② 盖层底部水泥环密封完整性。ϕ235mm 井眼下入 ϕ177.8mm 套管，按照盖层底部位置计算围压为 38.6MPa，水泥石弹性模量为 6GPa，套管内温度变化范围为 30～120℃，套管内压力变化范围为 20～38.6MPa，温度压力交变次数为 75 次，储气库上限压力为气藏原始压力 38.6MPa。

套管内压 20MPa：

套管-水泥环界面径向应力 $S_1=21.8\text{MPa}$

水泥环-地层岩石界面径向应力 $S_2=19.9\text{MPa}$

套管内压 38.6MPa：

套管-水泥环界面径向应力 $S_1=37.0\text{MPa}$

水泥环-地层岩石界面径向应力 $S_2=32.2\text{MPa}$

$$\varepsilon_{ri}=\frac{(1.68N+17.52)[E_c\alpha_c(1+\nu_j)(T_r-T_i)+0.135(S_1+S_2)]/f_c-0.45N-1.10}{100}$$

$$=\frac{\begin{array}{c}(1.68\times75+17.52)[6\times10^9\times5\times10^{-6}(1+0.2)(120-30)+\\0.135(37+32.2+21.8+19.9)\times10^6/2]/(24\times10^6)-0.45\times75-1.10\end{array}}{100}$$

$$=7.25\times10^{-3}$$

③ 盖层顶部泥环密封完整性。ϕ235mm 井眼下入 ϕ177.8mm 套管，按照盖层顶部 2000m 位置计算围压为 30.0MPa，水泥石弹性模量为 6GPa，套管内温度变化范围为 30～120℃，套管内压力变化范围为 20～38.6MPa，温度压力交变次数为 75 次，储气库上限压力为气藏原始压力 38.6MPa。

套管内压 20MPa：

套管-水泥环界面径向应力 $S_1=20.6\text{MPa}$

水泥环-地层岩石界面径向应力 $S_2=18.4\text{MPa}$

套管内压 38.6MPa：

套管-水泥环界面径向应力 $S_1=35.7\text{MPa}$

水泥环-地层岩石界面径向应力 $S_2=30.7\text{MPa}$

$$\varepsilon_{ri}=\frac{(1.68N+17.52)[E_c\alpha_c(1+\nu_j)(T_r-T_i)+0.135(S_1+S_2)]/f_c-0.45N-1.10}{100}$$

$$=\frac{\begin{array}{c}(1.68\times75+17.52)[6\times10^9\times5\times10^{-6}(1+0.2)(120-30)+\\0.135(35.7+30.7+20.6+18.4)\times10^6/2]\times24\times10^6-0.45\times75-1.10\end{array}}{100}$$

$$=6.93\times10^{-3}$$

上述 2 种情况下的水泥环经过 75 个周期下的累积应变均未超过判别式 ε_{ri}（取值 0.01），所以该水泥环在上述施工条件下满足文 23 储气库注采生产要求。

5. 水泥石力学性能及水泥浆性能质量要求

（1）水泥石力学性能及水泥浆性能要求

1）盐层段水泥浆设计依据。

① 具备良好的抗盐性能。作为封固盐层的水泥浆，其首要的性能是能抑制盐层溶蚀

并具备良好的抗盐性能，以防产生絮凝、过度缓凝等现象影响施工安全及固井质量。

② 合适的流态。盐层段水泥浆应具备合适的流态，不过度分散也不过度黏稠，不能过稀以防过度冲刷井壁溶蚀盐层。另外文 23 盐为盐岩层与泥岩成韵律层，不仅要考虑到水泥浆对盐层的影响，还要考虑到对泥岩的影响，稍稠的浆体及触变性强的浆体有利于泥岩的封固。

③ 优良的稳定性能和尽可能低的滤失量。优良的稳定性和尽可能低的滤失量可以保证浆体产生的滤液尽可能地少，这样可以减少或避免发生游离态的滤液对盐层产生溶解，进而避免溶解的盐进入浆体对浆体产生污染。

④ 好的力学性能及低的气体渗透率。作为储气库的盖层，盐层段水泥环要具备好的力学性能，包括水泥石抗压强度、抗折强度、弹性模量等，前者体现了水泥石自身强度的高低，后两者则体现了水泥石的脆性改善情况。韧性水泥石能够很好地耐受长期强注强采带来的应力变化，从而保证水泥环长期密封性。

气体渗透率体现了径向上气体通过水泥石的能力，愈小则水泥石愈致密、内部连通孔道愈少，气体更难以上窜。

2）盐层段水泥浆体系性能要求。

① 抗折强度和弹性模量。两者均为水泥石韧性的表征指标，抗折强度表征着水泥石在外载荷作用时水泥石的抗拉和抗剪切能力。抗折强度增加能够提高水泥石周向的抗拉强度，控制辐射状裂纹的产生，同时有效控制射孔阶段水泥石裂纹的扩展，增强水泥石“增韧止裂”能力。弹性模量则代表着水泥石在受力时的形变能力，越小则形变能力越强，越大则形变能力越弱，刚性越强。根据本项目研究成果结合 SY/T 7451—2019，规定弹性模量≤6GPa。

（2）气藏型储气库水泥环完整性评价原则

1）盖层（技术套管）固井质量要求。

① 技术套管固井质量要求。由于盖层段水泥环间隔“技套+水泥环+油套+保护液”四重阻隔，受温度、压力交变影响非常弱，水泥环完整性应主要考虑气藏天然气静态突破能力。

完整性判定原则：盖层累计优质段不小于 50m，且封固段合格率≥70%，最短连续优质段不小于封闭住气藏天然气所需的高度。

定围压条件下水泥环高度与气体压力关系如图 4-2-51 所示。

② 产层套管固井质量要求。储层段固井质量满足合格段累计达 70%以上。

2）盖层（生产套管）固井质量要求。由于盖层和储气库温压流体仅间隔一层套管，交变作用于水泥环较为明显，交变作用下的井筒密封失效的主要因素为水泥石力学特性及胶结质量。

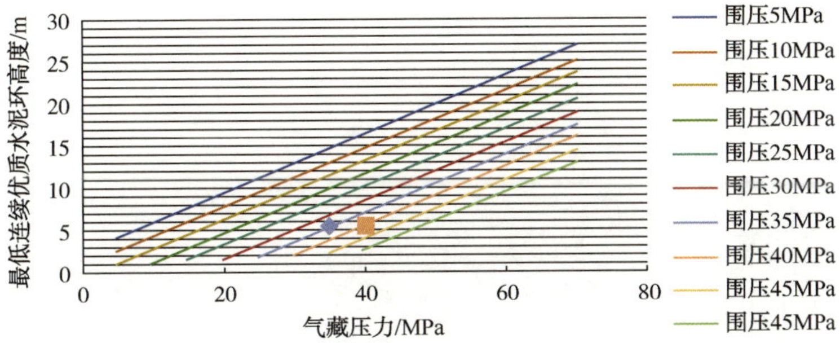

图 4-2-51　定围压条件下水泥环高度与气体压力关系

固井质量评价原则：自储层顶以上盖层连续优质段不小于 25m，或累计优质段不小于 50m；封固段合格率 70%，并按照储气库实际温度压力参数交变作用进行井筒完整性评价验证。

第五章

储气库水泥浆体系

第一节 储气库固井水泥浆性能要求

一、储气库对水泥石的要求

由石油工业标准化技术委员会储气库标准化技术委员会提出并归口了石油天然气行业标准 SY/T 7648—2021《储气库井固井技术要求》，其中对储气库表层套管及技术套管固井水泥浆基本性能要求按照 SY/T 6544—2017《油井水泥浆性能要求》执行，即按照常规井表层套管及技术套管固井水泥浆性能要求执行，见表 5-1-1 和表 5-1-2。

表 5-1-1 表层套管注水泥对水泥浆性能要求(同 SY/T 6544—2017 表 1)

项目		指标	
		常规表层	深水或永冻层表层
抗压强度/MPa	8h	>3.5	—
	24h	>7.0	>3.5
稠化时间/min		注水泥施工时间+安全附加时间[a]	
初始稠度/Bc		<30	

[a]安全附加时间根据各油田井型、施工条件等自行规定。

表 5-1-2 技术套(尾)管注水泥对水泥浆性能要求(同 SY/T 6544—2017 表 2)

项目		指标	
		领浆	尾浆
滤失量[a]/mL	套管	<500	<150
	尾管	<250	<100
抗压强度/MPa	24h	>3.5	>7.0
	48h	>7.0	>14.0
稠化时间/min		注水泥施工时间+安全附加时间[b]	
初始稠度/Bc		<30	
游离液/%		<1.4	<1.0

[a]在 6.9MPa 压力下滤失 30min。

[b]安全附加时间根据各油田井型、施工条件等自行规定。

由于储气库运行过程中需要反复注气-采气，要求水泥环具有一定的韧性，能起到抗交变压力的作用，具有防气窜能力。因此，SY/T 7648—2021 对储气库盖层及生产套管段水泥石性能做出特殊要求，见表 5-1-3。

表 5-1-3　储气库水泥石性能要求(同 SY/T 7648—2021 表 2)

密度/(g/cm^3)	48h 抗压强度/MPa	7d 抗压强度/MPa	7d 抗拉强度/MPa	7d 弹性模量/GPa	7d 气体渗透率/$10^{-3}\mu m^2$	7d 线性膨胀率/%
1.90	≥16.0	≥28.0	≥1.9	≤6.0	≤0.05	0~0.2
1.80	≥15.0	≥26.0	≥1.8	≤5.5	≤0.05	0~0.2
1.70	≥14.0	≥24.0	≥1.7	≤5.0	≤0.05	0~0.2
1.60	≥12.0	≥22.0	≥1.5	≤4.5	≤0.05	0~0.2
1.50	≥10.0	≥20.0	≥1.4	≤4.0	≤0.05	0~0.2
1.40	≥8.0	≥18.0	≥1.2	≤3.5	≤0.05	0~0.2
1.30	≥7.0	≥16.0	≥1.1	≤3.0	≤0.05	0~0.2

此外，标准中同时注明，若水泥浆 7d 养护后水泥石抗压强度高于表 5-1-3，则对应弹性模量可提高 0.12GPa(即 7d 抗压强度每增加 1MPa，表 5-1-3 内对应弹性模量增加 0.12GPa)。

二、配套化验设备

1. 高温高压稠化仪

图 5-1-1　高温高压稠化仪

水泥浆稠化时间是固井注水泥作业安全施工的重要工作参数，高温高压稠化仪(图 5-1-1)是用来在模拟井底压力和温度条件下确定油井水泥的稠化时间的仪器，通过数据采集系统可在计算机上实时监测水泥浆稠度的变化。

高温高压稠化仪配有一个旋转的、同心圆筒的浆杯，浆杯内配有固定浆叶总成，整个浆杯放入一个设计工作压力最大 275MPa，最高温度 315℃的压力釜内，空气压缩机操作液压泵产生釜体压力，液力系统配有油箱、管线、阀门和过滤器。加热采用内部 5000W 加热器加热，热电偶确定油池及水泥浆的温度。

可编程温度控制器自动控制水泥浆升温速度，当水泥浆温度达到需要的温度时，控制器自动保持水泥浆温度，压力设置通过控制压力释放阀与泵增压来维持。

水泥浆杯由磁力驱动，按(150±15)r/min 常速旋转，磁力驱动的扭矩通过一个无磁力套，由磁力驱动外套传到永磁铁磁力内轴上，再传给浆杯。

水泥浆的稠度即安装在压力釜的电位计上获得的 DC 电压信号，通过一个数字显示表显示并通过一个记录仪记录。电位计包括一个标准扭矩弹簧，可抵抗浆叶的旋转力。

2. 高温高压养护釜

高温高压养护釜(图 5-1-2)用来制备抗压强度测试用的油井水泥石试样。为了使钻井生产操作能尽快地恢复，有必要测定水泥发展成有抗压强度所需的时间，目标是设计出能快速发展成抗压强度的水泥石，以便减少 WOC(waiting on cement)时间。高温高压养护釜提供了一种在典型井底温度和压力下养护水泥试样的手段。

将水泥倒入尺寸为 50.8mm×50.8mm×50.8mm 的试样模子，然后将模子放入测试容器，压力通过气动液压泵增加。测试温度通过 PID 温度控制器来控制和启闭加热器。预设时间过后，测试容器的温度通过一冷却系统来降温。之后移出试样，在压力试验机上进行抗压强度测定。

3. 压力试验机

压力试验机(图 5-1-3)可用于测试水泥石的抗压、抗折、抗拉强度。正常情况下，凝固的水泥石必须经受由于地层孔隙压力引起的水平压力和套管重量引起的轴向载荷，以及完井作业及油层改造措施的各种压力。

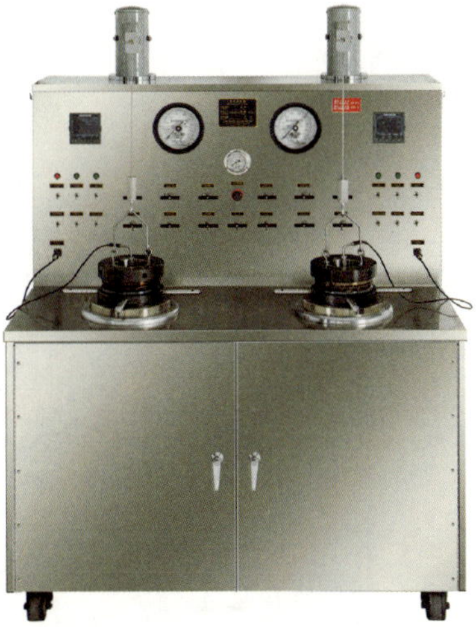

图 5-1-2 高温高压养护釜

图 5-1-3 压力试验机

将养护完成的水泥试件放置在压力试验机上，选择其加荷速度，以(71.7±7.2)kN/min 或(17.9±1.8)kN/min 的速度增加直至破坏，其破坏瞬间的压力值除以立方水泥试件的截面积，即为水泥石的抗压强度。抗压强度较高的水泥石固井质量一般较好，产层段水泥石 24~48h 抗压强度应不小于 14.0MPa。

抗拉强度是在单轴拉伸条件下达到破坏时的极限应力，它一般远低于抗压强度，主要是由于水泥石内部孔隙结构的影响，一般情况水泥石内部微裂隙、孔隙较为发育，这种缺陷对抗拉强度降低尤其敏感，在拉应力作用下具有削弱水泥石强度的效应。

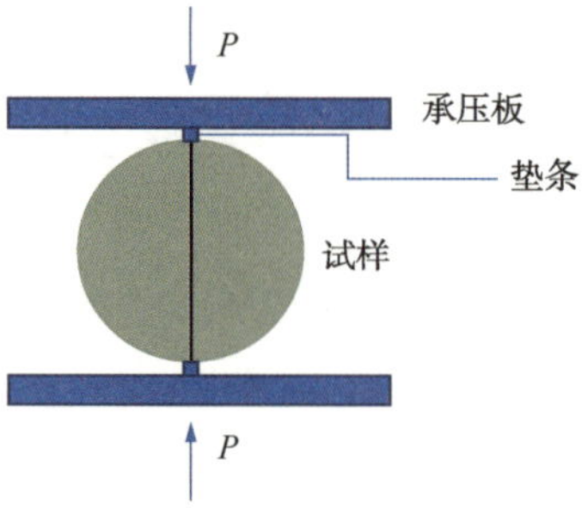

图 5-1-4 劈裂法实验示意图

直接测试抗拉强度难度很大，一般采用间接法即劈裂法对试样进行径向加载测定张裂抗拉强度。将水泥倒入圆柱体的试样模子按现场要求的条件进行养护，养护结束后将其上下面切割平整进行弹性模量的测试，在试样上下承压板上各放置一条钢条，然后施加压力，使得沿圆柱体直径方向施加均布载荷，直至试样沿直径方向劈裂为止，如图 5-1-4 所示。

4. 弹性模量测试仪

弹性模量是反映材料变形性能的重要指标，是表征材料在载荷作用下产生变形能力特别是弹性变形能力的重要参数。材料在弹性变形阶段，其应力和应变呈正比例关系(即符合胡克定律)，其比例系数称为弹性模量，表征水泥石弹性最主要的指标就是水泥石的弹性模量。

根据 SY/T 6466—2016《油井水泥石性能试验方法》，水泥石弹性模量(杨氏模量)可用单轴压缩变形试验和三轴压缩变形试验进行测试。三轴压缩变形试验较单轴压缩变形试验增加了养护测试的围压。

5. 水泥膨胀/收缩测试仪

使用水泥膨胀/收缩测试仪(图 5-1-5)测试水泥石的膨胀性能。硅酸盐水泥与水反应时，水泥与水的总体积发生变化，其规律性的结论是水泥水化反应生成物的总体积减小。固井水泥环柱的径向收缩造成水泥环与套管或地层之间的胶结变差，也可使水泥环自身产生裂纹。

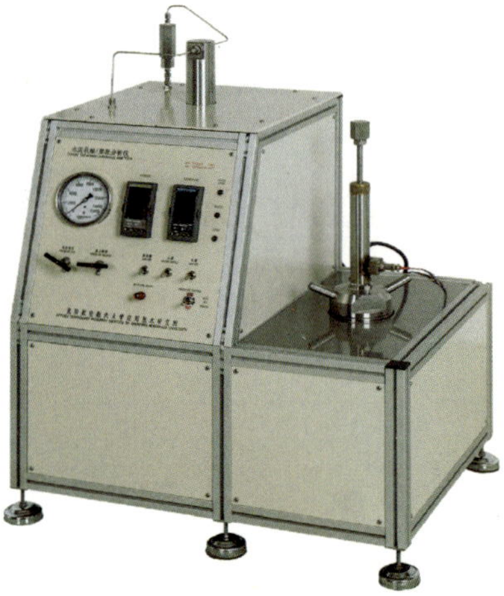

图 5-1-5 水泥膨胀/收缩测试仪

将养护好的水泥浆倒入浆杯至隔膜封垫位置，隔膜封垫上部腔体与顶部活塞之间充满水，模拟井下温度和压力设置实验条件，水泥收缩/膨胀带动隔膜封垫，使腔体里的水带动活塞移动，活塞部位装有位移传感器，电脑传输记录水泥收缩/膨胀带动活塞位移的数据，根据计算公式编辑的程序显示出水泥在实验条件下的收缩/膨胀率。

6. 水泥渗透仪

水泥颗粒非匀质，水泥水化反应后形成的水泥石也存在着孔隙，微细颗粒的填充在孔隙中可以提高水泥石的致密性，抵抗地层中流体的通过。渗透率就是表征水泥石抵抗流体通过能力的重要参数。

使用水泥渗透率测试仪（图5-1-6）测定液体或气体对水泥石样品的相对渗透率。水泥石的渗透率指标对于控制腐蚀速率和防止气窜有重要意义。渗透率是水泥石抵抗流体通过的能力，单位可用 μm^2 表示，常用 $10^{-3}\mu m^2$（即mD）表示。它与硬化水泥浆体的孔隙率直接相关，而水灰比是影响硬化水泥浆体渗透率的重要因素。

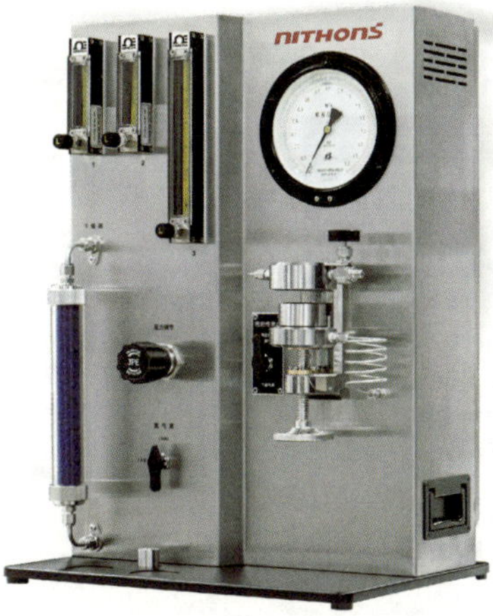

图5-1-6 水泥渗透率测试仪

该仪器能够将水泥石样品密封在样品夹持器总成中，在压力作用下，使液体或气体通过水泥石样品，测量通过水泥石样品的压力和流量。在水泥浆养护结束之后，将样品放在夹持器中进行操作。在恒定驱动压力下，当通过岩心样品的压差和流量增大或减小时，所测量的渗透率均为“非稳态”渗透率；当压差和流量保持稳定时，所测量的渗透率为“稳态”渗透率，只有稳态测量才有效。

7. 超声波强度测试仪

超声波检测技术是一种无损检测方法，可以直接对水泥混凝土进行检测，并较为真实地反映水泥混凝土结构内部特征，另外，超声波技术还具有检测水泥混凝土内部空洞、冻胀、化学腐蚀等病害的功能。由于超声波在不同原材料中的传播速度不同，而不同的配合比也会导致波速的变化，因此原材料及配合比对超声波检测的结果有较大影响。对于水泥混凝土，由于不同品种水泥的水化时间不同，在不同的时间段内，水泥混凝土的内部结构组成也必然不同，因此可使用超声波技术检测早龄期混凝土强度。

超声波技术对于水泥混凝土强度的检测，主要是通过超声波检测仪（图5-1-7）来完成，混凝土超声波检测仪是一种集超声波脉冲发射器、超声波接收器及信号转换处理于一体的装置，模拟井下温度，给釜体施加20.7MPa的压力，同时对水泥混凝土进行检测，首先由超声波检测仪的信号发射器发射超声波脉冲，使其穿过待测混凝土构造物，然后再由超声波接收器将超声波脉冲信号接收，并传输、存储到信息处理器中。此时，仪器经过相应处理，显示出超声脉冲穿越水泥浆/石所用时间，接收信号的波形、波幅等，通过计算分析显示信息，最终得到接收信号的频谱信息。

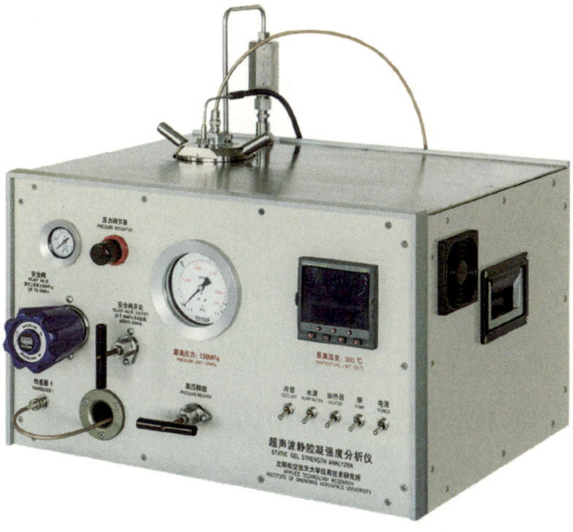
图5-1-7 超声波检测仪

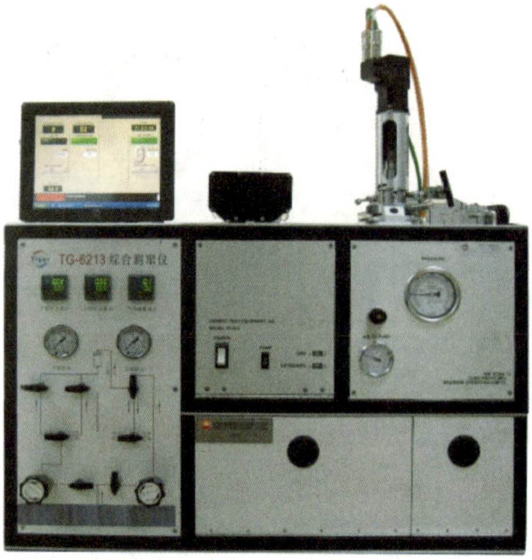

图 5-1-8　静胶凝强度测试仪

8. 静胶凝强度测试仪

静胶凝强度是水泥初始水化过程的副产物，在水泥浆从液态变为固态的过程中，浆体结构发展，其展现的行为既非固态亦非液态，这个过程发生在强度产生之前。这种胶凝特性决定了气体或液体窜入浆体的能力。静胶凝强度的定义是：在某一时刻，破坏一段胶凝流体的胶凝结构所需的最小剪切应力。

静胶凝强度测试仪(图 5-1-8)模拟井下压力和温度条件下，根据工况水泥浆泵注时间来设置水泥浆在 150r/min 下的养护时间，水泥浆的搅拌由磁力驱动力臂实现，设定时间从转速 150r/min 切换至 0.005r/min，根据磁驱扭矩测试水泥浆静胶凝强度的发展情况。可编程温度控制器自动控制水泥浆升温速度，当水泥浆温度达到需要的温度时，控制器自动保持水泥浆温度，压力设置通过控制压力释放阀与泵增压来维持。

第二节　中原储气库盐层对水泥浆性能的影响

一、中原储气库盖层岩性分析

1. 盐层分布情况分析

东濮凹陷盐层一般划分为四套，分别为沙一段的沙一下盐，沙三段的沙三 2 盐、沙三 3 盐、沙三 4 盐。大量完井资料统计，东濮凹陷盐岩层分布范围广，大部分井位都有盐层分布段，典型油藏剖面见图 5-2-1。

盐层主要分布在黄河以北文留、濮城、户部寨、卫城、胡状等一带，盐岩层埋深 2000~5460m，最厚有 1400m，详见表 5-2-1。如濮深 18-8 井连续盐层段长达 1400m，卫 68-1 井盐层多达五段。

研究表明当井下静止温度大于 45℃时(井深 1000m 左右)，盐层即可能发生塑性流动，静止温度在 80℃以上(井深 2000m)时，塑性流动发生十分明显。对 2019~2020 年两年来东濮凹陷盐层固井和文 23 储气库一期工程盐层固井情况进行统计，东濮凹陷封固的盐层埋深在 2100~3600m 之间，井下静止温度在 65~111℃(循环温度 60~93℃)之间，盐层极易发生塑性流动和蠕变，因此需要有足够强度的水泥环保护套管。

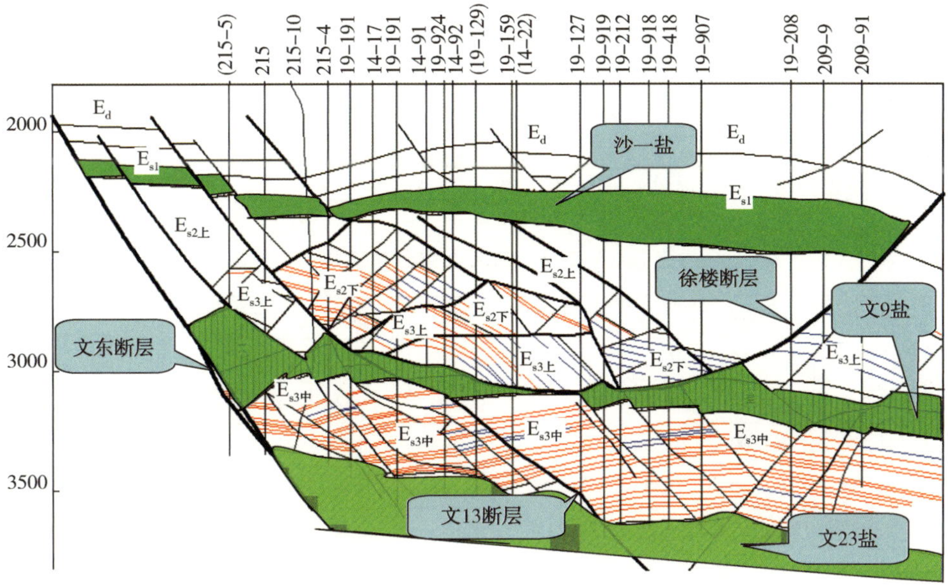

图 5-2-1 东濮凹陷典型油藏剖面

表 5-2-1 东濮凹陷盐层分布情况

盐层	埋藏深度/m	盐层厚度/m	面积/km^2	主要分布
沙一 S1	2000～3300	140 以上	1000	南到刁城集，北到这河寨、濮城以北
沙三 2(S^{32})	2300～3540	600 以上	400	柳屯～户部寨、胡状集长垣断层下降盘、文南、文东以及前梨园洼陷
沙三 3(S^{33})	2100～4000	200 以上	280	南到柳屯～前杜固，北到文明寨，西到卫 26、卫 33 井，东可到濮城
沙三 4(S^{34})	2150～5460	600 左右	450	南到濮深 7 井附近，北到新卫 12 附近，西到新胡 4、新胡 5 以南

2. 盐层盐种类分析

通过压片法制备盐岩样品，用 X 射线荧光分析法检测分析东濮凹陷不同盐层的主要矿物构成、含量、盐种类等参数，分析结果如表 5-2-2、表 5-2-3 所示。

表 5-2-2 盐岩化合物成分分析结果 %

盐 层	井 号	取芯段	Al_2O_3	SiO_2	P_2O_5	SO_3	K_2O	CaO	Fe_2O_3	$MgCl_2$	NaCl
沙一	濮 1-154#	2401.00m	0.142	0.271	0.003	0.094	0.02	0.324	0.03	0.286	95.610
沙三 2	卫 20#	2300.83m	0.107	0.191	0.002	0.744	0.027	0.799	0.026	0.385	97.684
沙三 2	卫 42#	3285.00m	0.199	0.422	0.003	1.347	0.023	1.782	0.056	0.363	92.579
沙三 3	卫 43#	3375.00m	0.177	0.336	0.003	0.745	0.034	0.842	0.049	1.288	96.498

续表

盐 层	井 号	取芯段	Al_2O_3	SiO_2	P_2O_5	SO_3	K_2O	CaO	Fe_2O_3	$MgCl_2$	NaCl
沙三 3	文 410#	3540.93m	0.363	0.61	0.004	0.103	0.033	0.229	0.055	1.501	97.075
沙四上	文 204#	3911.25m	0.053	0.096	0.001	0.836	0.014	0.428	0.017	0.663	97.877
沙四上	新文 401#	3145.70m	1.316	2.309	0.008	8.088	0.197	6.695	0.62	0.934	79.649

表 5-2-3 盐岩元素分析结果 %

盐 层	井 号	取芯段	Na	Mg	Al	Si	Cl	K	Ca	Fe
沙一	濮 1-154#	2401.00m	49.528	0.058	0.06	0.1	40.968	0.01	0.143	0.013
沙三 2	卫 20#	2300.83m	49.408	0.079	0.046	0.072	42.474	0.014	0.36	0.011
沙三 2	卫 42#	3285.00m	48.002	0.076	0.087	0.163	42.042	0.013	0.851	0.026
沙三 3	卫 43#	3375.00m	48.359	0.262	0.074	0.124	41.436	0.017	0.368	0.021
沙三 3	文 410#	3540.93m	48.834	0.325	0.161	0.234	42.001	0.019	0.113	0.027
沙四上	文 204#	3911.25m	48.571	0.285	0.047	0.073	41.134	0.016	0.417	0.017
沙四上	新文 401#	3145.70m	43.237	0.214	0.618	0.934	37.11	0.127	3.703	0.342

由分析结果可知，虽然所取盐芯所属盐层和埋深都不同，但都以钠盐为主，盐性相似，NaCl 含量均超过 90%，这就使得东濮凹陷的盐层更易被水泥浆的自由水溶解。溶解后产生的镁离子能引起水泥浆性质改变，发生增稠及大量水镁石沉淀，同时镁离子亦能使水泥浆促凝，使固井施工阻力增加；盐层被溶解后还会使水泥环与盐层界面形成间隙，造成气窜通道，导致地下油、气、水发生互窜和井口冒油、冒气。

二、盐层对水泥浆性能的影响

注水泥过程之中，水泥浆在压力作用下会发生“渗滤”，滤液极易造成盐岩溶解，由于浓度效应的存在溶解的盐会进入到水泥浆发生盐侵现象，导致水泥浆性能发生突变。同时，盐岩溶解造成井下地层应力失衡，极易产生盐岩层蠕变，造成水泥石与地层胶结质量差，影响固井质量及后期作业。

1. 盐溶解对静胶凝强度发展的影响

（1）水泥浆静胶凝强度

静胶凝强度的定义为：一段时间内，以最小剪切应力破坏胶凝流体的胶凝结构的剪切应力。静胶凝强度反映了水泥浆基体内部形成的具备抵抗剪切应力的空间网架结构强弱。其实质是体系中固相颗粒彼此之间的相互作用力（化学键合力、络合力、共价键、离子键等）总和。水泥浆在静止后不久，水泥水化程度低，水泥浆表现为液态（如图 5-2-2 中液态水泥浆）。固液相相对运动或微细材料的吸附作用，增强了固相颗粒连接，标志着水泥浆静胶凝强度开始发展。如果水泥浆触变性不是很强，那么液态阶段形成的静胶凝强度一般较低(如图 5-2-3 液态区间)。当水泥水化程度处于诱导阶段后期时，随着水化速率逐步提高，水泥浆胶凝强度会随颗粒水化反应的进行而不断增加，且水泥颗粒表面的水化产物不断增多，并不断穿过水泥颗粒外的水膜向外扩张，填充水泥颗粒、外掺料颗粒间的空隙，使网状结构中有效孔隙体积大幅降低(如图 5-2-2 所示胶凝早、后期)，水泥浆进入塑性阶段静胶凝强度迅速增长(如图 5-2-3 塑态区间)。孔隙渗透阻力增加，液态水含量降低，静胶凝强度阻力增加，水泥浆静胶凝强度达到仪器测量最大值后，水泥水化进入加速阶段，水化物质的堆积由量变转化为质变，水泥浆已经初凝，表现出固态特性。由此可见，水泥浆静胶凝强度发展是与水泥水化程度相对应的。

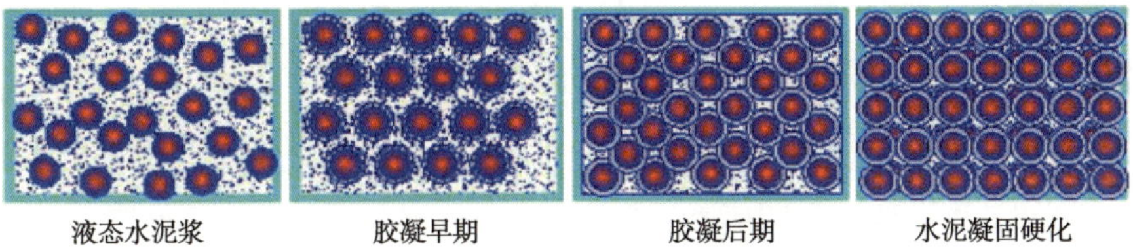

图 5-2-2　水泥浆凝固过程中内部结构示意图

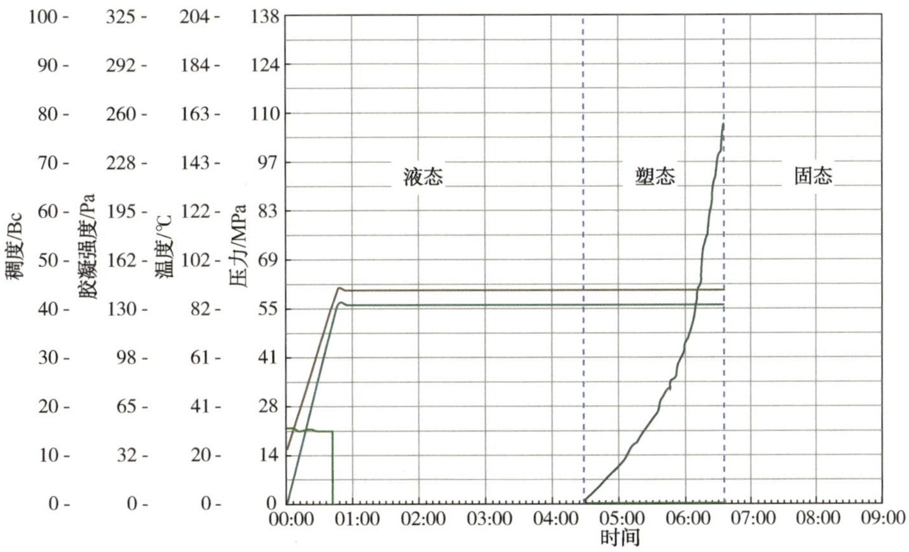

图 5-2-3　水泥浆静胶凝强度测试结果

(2) 盐溶度对水泥浆静胶凝发展的影响

注水泥过程中，由于浓度效应的存在，地层水中的二价离子还会进入到水泥浆发生盐侵现象，引起水泥浆的增稠或胶凝，因此通过水泥浆静胶凝强度试验来探明盐溶度对水泥浆固化过程的影响。

1）盐溶度对水泥浆静胶凝强度的影响。根据对不同盐溶度的水泥浆进行的静胶凝强度测试结果，作出水泥浆胶凝强度的变化曲线，如图 5-2-4 所示。

从图 5-2-4 可以看出水泥浆静胶凝强度发展变化规律：当盐溶度小于 15%时，盐具有促凝作用，加速了水泥浆的水化，促进了水泥浆内部 C-S-H 凝胶的形成，因而静胶凝强度的发展也会加快；当盐溶度大于 25%时，盐具有缓凝作用，水泥浆水化时间变长，液态期时间也相对变长；当盐溶度为 35%时，延长液态期的现象尤为明显。

2）盐溶度对水泥浆静胶凝过渡时间的影响。过渡时间的概念是由 Sabins 提出来用于估计气窜发生可能性的，它是指气窜最容易发生的时间，在水泥浆静止后 10min～4h 内。当水泥浆顶替到位并且能够传递全部静液柱压力时，过渡时间开始；当水泥浆的静胶凝强度足以抵抗气体侵入水泥内部，并沿水泥柱上窜时，过渡时间结束。它所对应的水泥浆的静胶凝强度在 48～240Pa 范围内，静胶凝过渡时间越短，水泥浆基质胶凝结构发展越快，气窜发生的可能性越小。根据 Sanbis 等学者的研究成果，当过渡时间不超过 40min 时，水泥浆表现出较强的防气窜性能。不同盐溶度水泥浆的静胶凝过渡时间变化如图 5-2-5 所示。

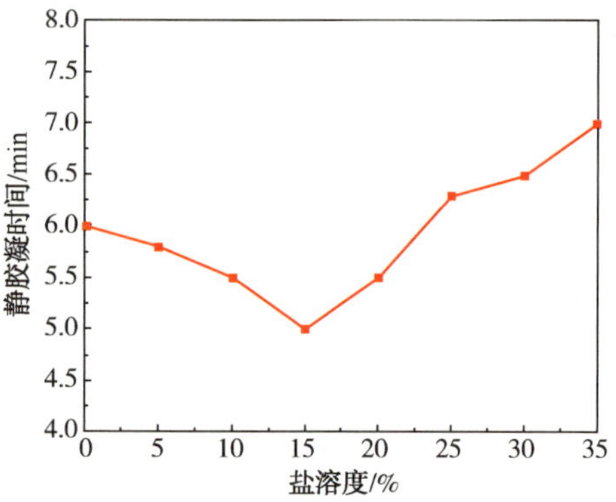

图 5-2-4　盐溶度对水泥浆胶凝强度时间的影响

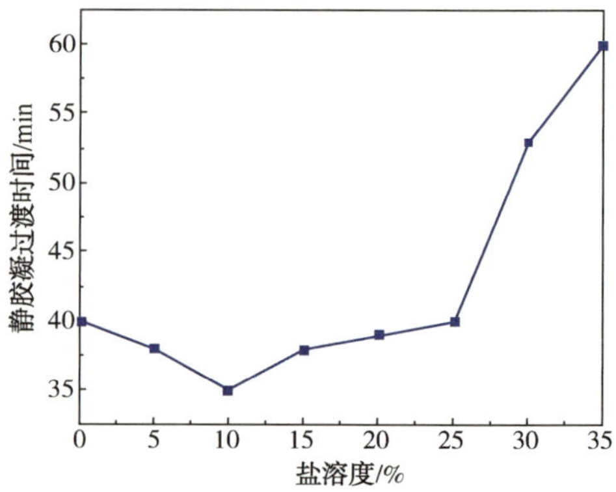

图 5-2-5　盐溶度对水泥浆静胶凝过渡时间的影响

由图 5-2-5 可以看出，随着盐溶度的升高，水泥浆的静胶凝过渡时间先缩短再延长，对应了水泥浆静胶凝强度变化规律。当盐溶度为 10% 时静胶凝强度过渡时间最短为 35min，当盐溶度为 35%时过渡时间为 60min，相差 25min，过渡时间变化率为 71%，说明盐溶度对水泥浆的静胶凝强度过渡时间影响较大。因此，为了得到较短的过渡时间盐溶度不应超过 25%（过渡时间 40min）。

2. 盐溶度对水泥浆稠化的影响

考察盐溶度对水泥浆稠化的影响，通过大量试验，结果见图 5-2-6。

从试验结果可以看出，在同一温度下，水泥浆稠化时间并没有随着盐溶度的增大而增加，而是先缩短再延长。当盐溶度<15%时，其凝结速度明显加快，水泥浆的稠化时间变短，初始稠度变大；当盐溶度在20%时，其稠化时间与不含盐的水泥浆接近；当盐溶度>25%时，具有一定的缓凝作用，流动性能有所改善，稠度下降；当盐溶度在35%，试验温度在60℃时，稠化时间延长最明显，稠化时间变化率达130%，这种现象温度越低表现得越明显，但随着温度的升高，盐的缓凝作用逐渐减弱。

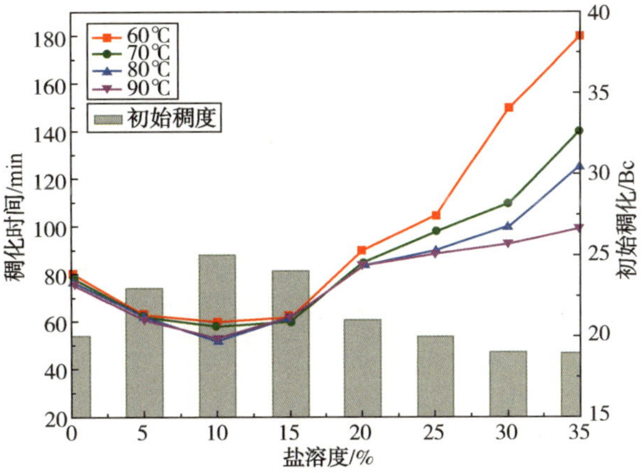

图 5-2-6　盐溶度对稠化时间及初始稠度的影响

3. 盐溶度对水泥浆失水的影响

盐层固井时，如果水泥浆在泵入地层后有大量水析出，那么这些水会溶解盐层形成微孔隙，降低固井质量。如果盐层溶蚀严重，很可能会造成盐层垮塌、挤毁套管，导致整口井报废，所以盐溶度对水泥浆失水的研究尤为重要。对不同温度下，不同盐溶度的水泥浆进行了室内试验，试验结果见表 5-2-4。

表 5-2-4　不同温度不同盐溶度下的水泥浆失水量　　mL

盐溶度/%	60℃	70℃	80℃	90℃
0	37	41	45	50
5	46	52	64	72
10	58	66	76	94
15	64	72	88	100
20	78	84	94	108
25	89	94	106	114
30	96	100	118	140
35	112	135	气窜	气窜

试验配方：油井 G 级水泥+0.5%分散剂+1.2%中温固体降失水剂。

从试验结果来看，失水量与温度和盐溶度形成了一定的线性关系，随着温度的升高，盐溶度的加大，失水量不断增大；在盐溶度35%、试验温度80℃和90℃时，水泥浆直接气窜，说明在这个条件下降失水剂已经失去了作用。在试验温度小于90℃，盐溶度小于15%时，失水量才能小于100mL。因此在盐水水泥浆设计时，降失水剂的加量应该随着温度和盐溶度进行调整。

4. 盐溶度对水泥浆流变性能的影响

盐溶度对水泥浆的流动度有一定的影响，从试验结果可以看出(表 5-2-5 和表 5-2-6)：当盐溶度小于 20%时，有分散作用；当盐溶度大于 25%时，则不能增加水泥浆的流动度。静止 5min 后，发现盐溶度大于 25%时，水泥浆有严重的触变现象。

表 5-2-5　不同盐溶度下的水泥浆的流变性

NaCl 加量/%	$\phi600$	$\phi300$	$\phi200$	$\phi100$	$\phi6$	$\phi3$	流型指数 n	稠度系数 $K/(Pa \cdot s^n)$
0	128	76.5	57.5	38	20	17	0.8350	0.1701
10	132	76	55	38.5	22	18	0.7830	0.2308
14	138	75	53	39	24	20	0.7802	0.2227
18	147	86	64.5	42	14.5	7.5	0.6630	0.6741
22	226	136	94.5	56	23	17.5	0.8760	0.2614
26	155.5	100.5	77.5	54.5	16	13.5	0.7827	0.3468
30	—	240	183	115	25.5	15	0.7598	1.0375

表 5-2-6　盐溶度对水泥浆流动度的影响

盐溶度/%	0	5	10	15	20	25	30	35
流动度/cm	24	24	25	26	24	25	24	23
静止 5min 后的流动度/cm	17	20	19	20	15	15	12	6.5

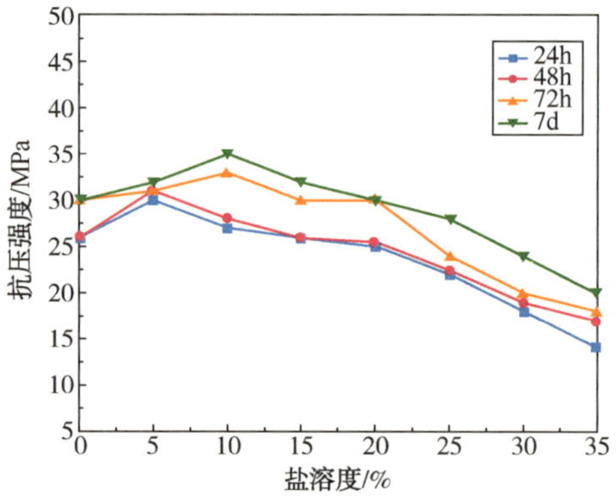

图 5-2-7　盐溶度对水泥石抗压强度的影响

5. 盐溶度对水泥石抗压强度的影响

盐溶度不仅会影响水泥浆的稠化时间，而且也会影响生成的水泥石的抗压强度，对不同盐溶度的水泥浆进行养护，水泥石的抗压强度结果如图 5-2-7 所示。

从试验结果可以看出，水泥石的抗压强度也表现出了与稠化时间相似的现象：当盐溶度小于 15%时，有明显的早强作用；当盐溶度>20%时，抗压强度低于无盐水泥石；当盐溶度在 25%时，抗压强度仍能保持在 20MPa 以上；当盐溶度为 35%时，抗压强度比无盐水泥浆衰减了 30%以上。另外，48h 和 72h 的抗压强度与 24h 的抗压强度相比有所提高，7 天养护后抗压强度趋于稳定。从试验结果分析，盐对水泥石的抗压强度影响可能有以下原因：①当水泥中盐加量较低时，水泥中的铝酸三钙(C_3A)、铁铝酸四钙(C_4AF)与 NaCl 反应，生成氯铝酸钙和氯铁酸钙，存在于水泥硬化的最初结构中而引起膨胀。这种膨胀使得水泥石的渗透率降低，因而表现出水泥石具有早强的特点。②当盐的加量增高时，水泥水化过程中要消耗一部分水，使得水泥浆中的水浓缩到盐过饱和状态，以致结晶出来，这种结晶会对水泥石的强度产生一定的影响。

三、盐岩层对固井第二界面胶结性能的影响

1. 盐岩层蠕变压力对第二界面的胶结性能的影响

如图 5-2-8 所示，在相同时间内，盐岩的蠕变会增大固井第二界面的剪切胶结强度，并且随盐岩蠕变有效应力增大而增大；在有效应力低于 4.0MPa 时，短时间内盐岩蠕变对剪切胶结强度的增大幅度并不明显；当有效应力增大至 4.0MPa 以后，盐岩蠕变对剪切胶结强度的增大幅度较为明显。

随着盐岩的蠕变，盐岩地层会不断挤压水泥环，增大水泥环与地层的接触压力。盐岩与水泥环之间具有一定的摩擦系数，增大盐岩与水泥环之间的接触压力会增大盐岩与水泥环之间的摩擦力，因此盐岩与水泥环的抗剪切力会随着盐岩蠕变的程度而逐渐增大。而在相同时间内，盐岩蠕变速率会随着有效应力的增大而增大，界面接触压力的增大幅度也随之增大，界面的抗剪切能力随之增强。

2. 盐含量对第二界面胶结性能的影响研究

通过配制不同 NaCl 加量的水泥浆，并注入盐岩岩心中，模拟含有不同 NaCl 加量的水泥的固井第二界面。待水泥浆凝固之后，测试剪切胶结强度。实验数据如图 5-2-9 所示，结果表明：对于常规水泥浆体系，随着 NaCl 加量的增大，第二界面的剪切胶结强度逐渐增大；而对于抗盐水泥浆体系，随着 NaCl 加量的增大，第二界面的剪切胶结强度先增大，当 NaCl 加量达到 18%左右时，第二界面的剪切胶结强度达到最大值；继续增大 NaCl 的加量，第二界面的剪切胶结强度反而会降低。

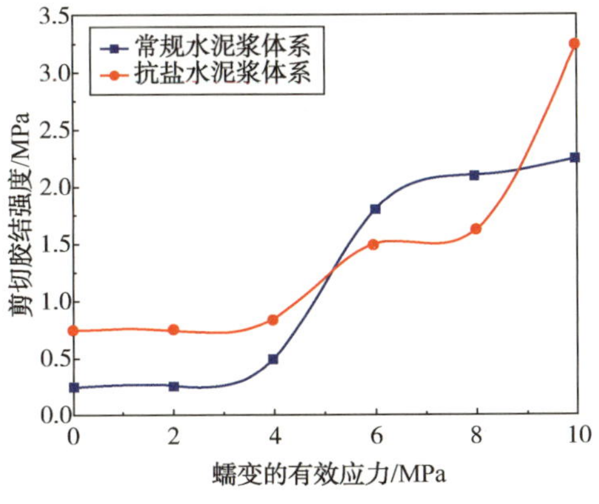

图 5-2-8　盐岩蠕变 5d 对固井第二界面剪切胶结强度的影响

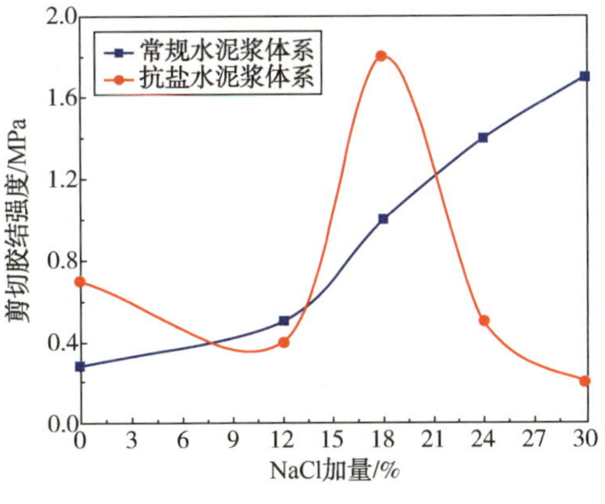

图 5-2-9　NaCl 加量对盐岩固井第二界面剪切胶结强度的影响

盐是油井水泥的一种膨胀剂，当 NaCl 加入 G 级水泥浆中时，Cl^-参与 C_3A 和 C_3S 的水化反应，水泥石的固相体系比未加盐水泥浆大 3.1%。水泥膨胀时会对地层有一定挤压，增大界面的接触压力，从而增大固井第二界面的抗剪切能力。对于抗盐水泥浆体系，NaCl 的加量存在一个最优加量值为 18%，当加量小于 18%时，水泥膨胀对界面的挤压应力会随着 NaCl 加量的增大而逐渐增大，固井第二界面的抗剪切能力也会随之增大。但当 NaCl 加量超过 18%时，NaCl 对水泥浆中的外加剂影响较大，水泥浆中的外加剂的抗盐能力有一定的限制，当超过这个限制时，会导致外加剂失效，进而导致固井第二界面胶结不良，降低第二界面的抗剪切能力。

第三节　中原储气库水泥浆体系

一、中原储气库水泥浆体系设计

1. 盖层技术套管固井水泥浆

中原储气库钻井设计中技术套管进入储层顶部，钻遇主要漏层，钻穿整个盐岩层，过盐底。为降低施工压力，防止漏失，固井设计采用双密度水泥浆固井，低密度水泥浆返至地面，高密度水泥浆返高至盐顶以上 200m。因其钻井液密度设计为 1.40~1.50g/cm^3，为形成阶梯式密度差，提高顶替效率及压稳，将低密度水泥浆密度设计为 1.45~1.55g/cm^3，高密度水泥浆密度设计为 1.88g/cm^3。为保证水泥环的密封，要求低密度水泥浆稳定性好、抗压强度高、失水小、防窜性能好、稠化时间可调。

下第三系沙河街组沙三中、下分布大段盐岩、膏盐层，与砂岩、砂质泥岩、含膏泥岩交替沉积，盐岩与泥岩组成韵律层，厚度达 200~600m。当普通水泥浆通过该地层时，水泥浆中游离液因盐浓度低而溶解盐岩层，使井眼扩大，同时会形成水泥与盐岩层间隙，使之产生不均匀的外挤载荷；盐岩层对水泥浆产生污染，失水增大，根据污染程度不同，将使水泥浆提前凝固或过度缓凝，影响施工安全及固井质量；另外中原储气库的东部和南部，盐顶上部有油层分布，因后期注采的影响，压力紊乱，漏、涌并存，影响固井质量。

国外盐层固井水泥浆经历了高含盐水泥浆→欠饱和盐水水泥浆→不含盐或含盐很少的水泥浆的转变，最早采用饱和盐水水泥浆固北科他州和蒙大拿州威利斯顿盆地塑性盐层，常发生套管挤毁的事故，事故率达 20%，后来在威利斯顿盆地成功应用不含盐或含盐很少（占水的 3%）的水泥浆固井，未发现套管损毁现象。国内也经历了相似的过程，目前江汉油田盐层固井采用半饱和盐水水泥浆，吐哈油田采用淡水分散体系水泥浆固井，均取得良好效果，东濮凹陷早期采用半饱和水泥浆体系封固文 9 盐及文 23 盐，但效果并不理想。

为保证盐层段的封固质量，要求盐层段水泥浆稳定性好，低失水、零游离液，尽量减少滤液对盐层的溶融，同时浆体能耐一定比例的盐侵，即使少量盐进入浆体也不会造成性能的强烈改变，同时要求水泥石弹韧性好，能耐受频繁的应力冲击。

2. 储层尾管固井水泥浆

中原储气库地层压力最低为4.44MPa，压力系数最低为0.15，经过多年的水力压裂增产作业，地层中形成多条裂缝，钻井及固井过程中极易发生漏失，为保证施工安全及固井质量，储层采用尾管悬挂+套管回接固井，因该固井方式有效降低了液柱压力，降低了漏失风险，故注水泥施工首选高密度水泥浆，若地层承压能力过低，则采用双密度水泥浆固井。

由于储层压力系数低，为保护储层，除常规油层水泥浆的要求外，尾管固井对水泥浆的失水和游离液提出更加严格的控制要求，同时对水泥环的长期封固质量及力学性能提出了严格的要求；回接固井水泥浆因其用于双层套管间注水泥作业，双界面均为钢性套管，不接触地层，滤液极易在界面及顶部形成水带，故对失水和游离液需格外重视。

储气库寿命设计30~50年，投产运行后，每年定期进行高压注气、采气，压力及温度变化对水泥环的长期完整性及防窜抗突破性能提出了更高的要求。其中，文23储气库的气源为新粤浙管道的新疆煤制气，气源中含有CO_2和H_2，文23气田地层水为高矿化度盐水，Cl^-含量为$(16\sim18)\times10^4$mg/L，高矿化度$C1^-$地层水与CO_2协同作用对水泥石产生腐蚀，为此水泥石需具备良好的耐腐蚀能力。另外，目的层虽为枯竭气藏，但仍残存一定能量，候凝过程中仍有可能发生气窜，故要求水泥浆具有良好的防窜能力。

依据中原储气库的固井方式和对水泥浆的要求，可以将水泥浆分为防漏高强低密度水泥浆、盐盖层段抗盐弹韧性水泥浆和枯竭气藏储层段低渗弹韧耐腐蚀水泥浆。其中低密度水泥浆体系可通过优选外加剂实现；后面两种水泥浆性能要求较高，需要通过研发抗盐降失水剂、缓凝剂、弹性剂，再优选其他外加剂，配伍得到抗盐弹韧性水泥浆体系和低渗弹韧耐腐蚀水泥浆体系，提高水泥环的密封完整性。

二、外加剂的研制和优选

水泥外加剂用以改善固井水泥浆性能，满足固井施工要求及后续作业需要，通过合适的水泥外加剂提高和改善水泥石的抗压强度、界面胶结强度、弹韧性、渗透率等综合性能，以达到真正提高固井质量，延长储气库井寿命的目的。

1. 降失水剂

固井作业时，水泥浆失水易引起环空水灰比降低，水泥浆稠度增加、密度上升，注水泥过程中水泥浆性能变化导致顶替效率下降，顶替压力增大，薄弱地层易发生井漏；水泥浆凝结失水期间会造成环空桥堵，油气窜槽可能性增大。为保证固井质量，在水泥浆中需加入降失水剂，以改善水泥浆的流变性、降低水泥浆的失水量。

（1）合成方法

多数聚合物类降失水剂具有良好的控制水泥浆失水的能力，往往对水泥浆的其他性能造成不良影响，如水泥浆增稠、影响水泥石强度发展等。为消除这些不利因素，不得不加入其他种类的外加剂，使水泥浆配方设计越来越复杂。因此，抗盐降失水剂除应具备一般固井水泥浆降失水剂的性能外，还应能满足在高温、高压及强碱性条件下性能稳定、降失水效果优良的苛刻要求，高温稳定性是聚合物外加剂的重要性能指标，即在高温强碱性条件下不分解或降解。抗盐降失水剂的基本要求可归纳为以下几点：①合适的分子量，稳定的主链结构，不易降解；②良好的降失水性能；③良好的抗盐性能；④对水泥浆的流变、稠化、抗压强度无不良影响。

1）设计原理。

结构选择：聚合物的结构直接关系到其热稳定性和应用性能，选择目前研究最多、应用最广、最容易实现工业化的线型聚合物。

主链选择：主链组成直接影响聚合物的降失水和缓凝性能。主链的化学键强度影响聚合物的抗温耐盐性能，在碳碳键、醚氧键、糖苷键、肽键等化学键中，选用键能最高的碳碳 σ 共价键。

分子量设计：作为降失水剂使用的聚合物，若分子量大于一定范围，单个分子链中的吸附基团总量大，周围吸附的水泥组分多，形成絮凝，降失水效果降低，且水泥浆初始稠度增大，混拌及入井难度增大；若分子量低于一定范围，单个分子链中的吸附基团总量小，周围吸附的水泥组分少，不易形成致密滤饼，降失水效果差。设定降失水剂的分子量范围在 $9.5\times10^4 \sim 11.2\times10^4$ 之间。

2）合成单体选择。

① 具有抗温、抗盐功能的单体：2-丙烯酰胺-2-甲基丙磺酸（AMPS），—SO_3H 电荷密度高、水化性强，在负离子—SO_3—中两根 π 键和三个强电负性氧原子共享一个负电荷，使—SO_3—很稳定，对外界阳离子的进攻不敏感，具有很好的抗盐性，碳基氧的高电荷使其具有良好吸附性、络合性，空间体积大的该类单体，还能有效增大空间位阻，提高大分子链的刚性，提高其耐温、抗盐及抗剪切性能；并能够在一定程度上抑制—$CONH_2$ 水解，提高聚合物的热稳定性、抗盐性。

② 具有吸附功能的单体：丙烯酰胺（AM），可以聚合成以—C—C—键为主链的高分子，热稳定性好；另外其侧链上还含有吸附基团（—$CONH_2$），可通过氢键吸附大量的水，形成较厚的吸附水化膜。

③ 具有水化功能的单体：丙烯酸(AA)，是最简单的不饱和一元羧酸，可吸附在带正电的水泥颗粒表面，同时兼有水化作用。

3）聚合物抗盐降失水剂合成。通过正交实验确定单体比例，用金属盐类做分子量调节剂，采用氧化还原引发剂，进行水溶液聚合，经过反应温度及反应时间等工艺条件实验，合成了水溶性聚合物抗盐降失水剂，并形成工业级产品，代号 SRJ-1。抗盐降失水剂 SRJ-1 降失水效果明显，并具有良好的抗盐能力，可以满足储气库盐层固井需要。

（2）性能评价

1）SRJ-1 降失水性能评价。按照 API 规范，在 93℃×6.9MPa×30min 实验条件下考察降失水剂 SRJ-1 对水泥浆的失水量的影响，结果如表 5-3-1 和图 5-3-1 所示。

表 5-3-1　降失水剂 SRJ-1 加量对水泥浆失水量的影响

降失水剂 SRJ-1 加量/%	0.5	1.5	2.5	3.5	4.5	6
水泥浆失水量/mL	270	68	37	26	19	15

可以看出，水泥浆的失水量随 SRJ-1 加量的增加，呈现先急剧降低后下降较为缓慢的趋势。当 SRJ-1 加量为 2.5%时即可控制水泥浆失水在 50mL 以内，说明 SRJ-1 在测试条件下具有良好的降失水能力。

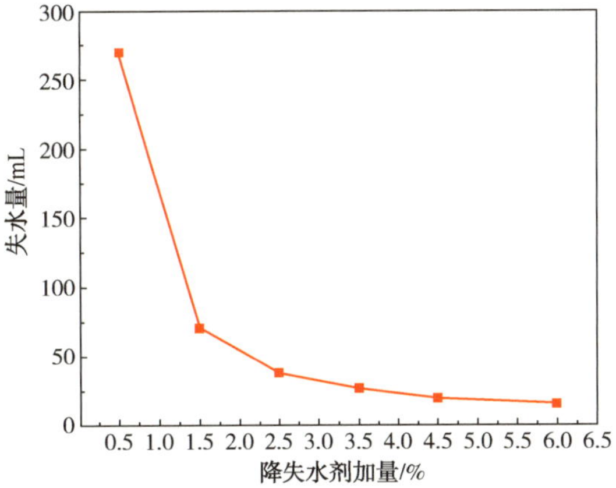

图 5-3-1　降失水剂 SRJ-1 加量对水泥浆失水量的影响

2）SRJ-1 对游离液的影响。水泥浆的稳定性主要表现在水泥颗粒的聚沉特性和所含自由水的多少。稳定性差、自由水多的水泥浆，对固井质量有严重的影响，尤其是对大斜度井及水平井，主要表现在以下两个方面：在大斜度井及水平井中，水泥颗粒的下沉使井壁上侧形成自由水槽，这是油气水窜的主要通道；水泥颗粒的下沉，使处在横截面不同位置的各段水泥浆，其性能发生了变化，从井眼下侧到井眼上侧，水泥浆的密度及稠度不断减小，凝固时间增长，水泥浆也愈来愈松，强度随之减弱，严重影响水泥环的封固质量。

稳定性好、自由水少的水泥浆，是提高固井质量的关键技术之一。水泥浆中游离液如果高于 API 的要求，水泥颗粒沉降加快，在失水量试验过程中，由于失水筒是垂直支撑的，沉降将使失水量减小，失水量试验数值失真。而在油井中，失水量是水平发生的，沉降的颗粒在井筒中起不到阻止失水量的作用。

为了考察降失水剂 SRJ-1 对油井水泥浆游离液的影响，分别在 75℃和 95℃下测定了加有降失水剂 SRJ-1 的水泥浆中的游离液，结果见表 5-3-2。可以看出，仅加入分散剂的水泥浆游离液较多，这是因为分散剂通过改变颗粒所带的电荷情况削弱了水泥颗粒之间的成团连接，释放了自由水，降低了内摩擦阻力，影响了体系的聚结稳定性，使在絮状凝聚体内的游离水释放出来，破坏了体系的沉降稳定性，因此游离液较多；而加入降失水剂后水泥浆的游离液为零，说明降失水剂不仅对水泥浆的游离液无不良影响，而且能起到控制游离液的作用，这是因为降失水剂通过高分子链吸附到水泥颗粒表面，使水泥颗粒相互发生桥接，形成网状结构，从而起到了束缚游离水的作用，而且随着降失水剂加量的增大，形成的聚合物吸附层厚，增大了空间稳定效应，同时浆体中未被吸附的降失水剂分子还会形成静电稳定效应，从而增强了体系的絮凝稳定性，提高了水泥浆的沉降稳定性，因此降失水剂 SRJ-1 具有控制游离液的作用。

表 5-3-2 降失水剂 SRJ-1 对水泥浆游离液的影响

序号	温度/℃	外加剂加量(BWOC)/%		游离液/mL
		降失水剂 SRJ-1	分散剂	
1	75	0	0.3	3.0
2		3	0.3	0
3		4	0.3	0
4		5	0.5	0
5	90	0	0.3	4.5
6		3	0.3	0
7		4	0.5	0
8		5	0.5	0

3）SRJ-1 对水泥浆稠化时间的影响。油井水泥在规定压力条件下，从混拌开始至水泥浆稠度达 100Bc 的时间，称为水泥浆的稠化时间。初始稠度为开始配浆后初期时间内水泥浆的流动性能，API 要求在 15~30min 内的稠度值小于 30Bc，稠化曲线能清楚地判断水泥浆流动性能是否满足工艺设计要求。流动性好的水泥浆在整个注替过程中应保持在较低的稠度，碰压工序结束，就要求达到设计稠化时间，即稠度值应急剧升高，呈直角稠化。

考察降失水剂 SRJ-1 对水泥浆稠化时间的影响，分别测量了固定温度、改变 SRJ-1 加量和固定 SRJ-1 加量、改变温度时，加有 SRJ-1 的水泥浆的稠化时间，结果如表 5-3-3 所示。

表 5-3-3　降失水剂 SRJ-1 对水泥浆稠化时间的影响

序号	温度/℃	SRJ-1 加量/%	初始稠度/Bc	稠化时间/min	40~100Bc 时间/min
1	65	0	11	65	15
2		5	12	197	9
3	80	5	12	172	6
4	90	5	13	165	5
5	100	5	13	154	5
6	120	5	11	117	6

从表 5-3-3 中可以看出，降失水剂有一定的缓凝作用，加有降失水剂的水泥浆具有较低的初始稠度和较短的过渡时间，可以满足泵送和施工要求；当温度在 80~120℃时，固定 SRJ-1 加量为 3%时，水泥浆的稠化时间控制在 200min 之内，且随着温度的升高，稠化时间逐渐降低，线性关系明显，无倒挂现象。

图 5-3-2 为 90℃、55MPa 下加有降失水剂 SRJ-1 的水泥浆稠化曲线。可以看出，加有 SRJ-1 的水泥浆稠化曲线较平整、无鼓包现象，在稠化过程前 30min 稠度变化很小，没有出现闪凝现象，且在 40~100Bc 之间的过渡时间短，稠度上升快，稠化曲线理想。

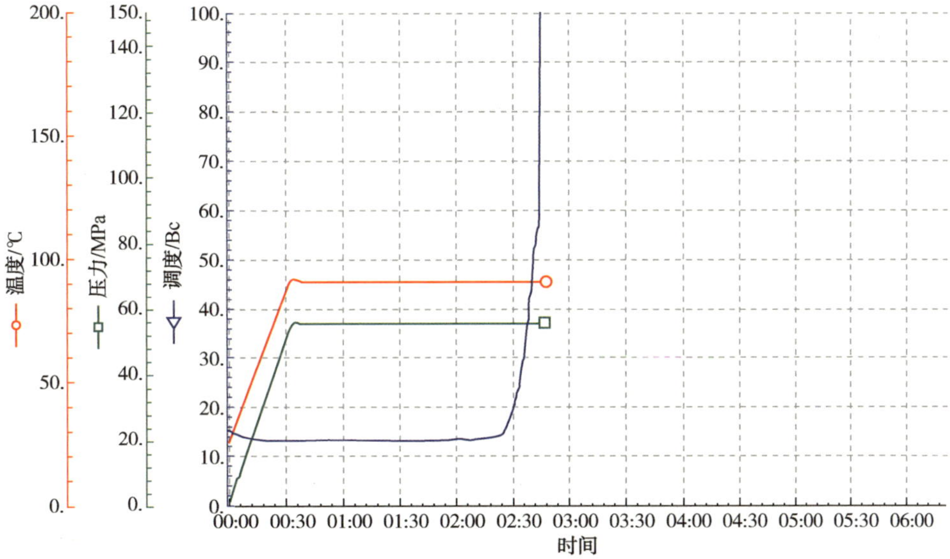

图 5-3-2　有降失水剂 SRJ-1 的水泥浆稠化曲线(90℃，55MPa)

4) SRJ-1 对水泥浆流变性的影响。考察降失水剂 SRJ-1 对水泥浆流变性能的影响，使用 ZNN-D6 型六速旋转黏度计分别测量未加和加有 SRJ-1 的水泥浆流变性，所得结果见表 5-3-4。

表 5-3-4 降失水剂 SRJ-1 对水泥浆流变性的影响

序号	温度/℃	SRJ-1 加量/%	流动指数 n	稠度系数 K/(Pa·s^n)
1	75	0	0.3744	7.1728
2		2.0	0.7625	0.1933
3		3.5	0.7456	0.4635
4		5.0	0.7109	0.5826
5	90	0	—	—
6		2.0	0.9765	0.1332
7		3.5	0.8827	0.3473
8		5.0	0.8733	0.5819

可以看出，加入降失水剂后，水泥浆的流动指数 n 随 SRJ-1 加量的增加呈现缓慢降低趋势，但仍保持较好的流动性能，而稠度系数 K 随着 SRJ-1 加量的增加则略有升高，表明所用 SRJ-1 由于具有合适的分子量和功能基团，具有一定的分散作用，因此对水泥浆的流变性能有较为明显的改善。

5）SRJ-1 对水泥石抗压强度的影响。考察降失水剂 SRJ-1 对水泥石抗压强度的影响，固定实验配方为：水灰比 0.56，砂 35%，分散剂 0.3%，SRJ-1 加量分别为 1%、2%、3%、4%、5%的水泥浆于增压养护釜中，在 120℃、21MPa 条件下养护 24h，测得水泥石的抗压强度见表 5-3-5 和图 5-3-3。

表 5-3-5 降失水剂 SRJ-1 对水泥石抗压强度的影响

降失水剂 SRJ-1 加量/%	0	1	2	3	4	5
水泥石抗压强度/MPa	27.1	26.7	25.1	22.5	21.2	20.3

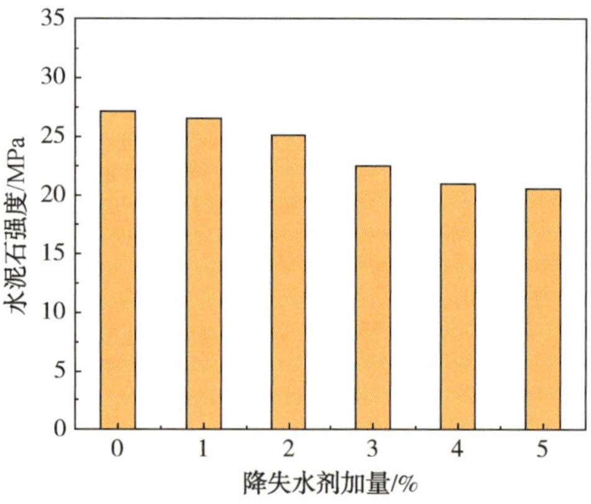

图 5-3-3 降失水剂 SRJ-1 加量对水泥石抗压强度的影响

从图 5-3-3 中可以看出，不加降失水剂 SRJ-1 的水泥石强度为 27.1MPa，随着降失水剂加量的增加，水泥石强度呈缓慢降低趋势，因 SRJ-1 的酰胺基增多，而部分酰胺基在高温碱性环境下水解生成羧基，羧基螯合了水泥浆中的钙离子，延缓了水泥水化过程，导致水泥石强度发展较慢，但整体强度在 20MPa 以上，完全可以满足施工要求。

6）SRJ-1 温度适应性评价。按照 API 规范测试温度 65～135℃ 范围 SRJ-1 的降失水能力，实验结果见表 5-3-6 和图 5-3-4。

表 5-3-6 不同温度下降失水剂 SRJ-1 对水泥浆失水量的影响

<table>
<tr><th>序号</th><th>温度/℃</th><th>实验配方</th><th>失水量/mL</th></tr>
<tr><td>1</td><td>65</td><td>G 级油井水泥+0.3%分散剂+2%降失水剂 SRJ-1</td><td>30</td></tr>
<tr><td>2</td><td>80</td><td rowspan="4">G 级油井水泥+0.3%分散剂+3%降失水剂 SRJ-1</td><td>42</td></tr>
<tr><td>3</td><td>90</td><td>40</td></tr>
<tr><td>4</td><td>100</td><td>38</td></tr>
<tr><td>5</td><td>110</td><td>46</td></tr>
<tr><td>6</td><td>120</td><td rowspan="3">G 级油井水泥+0.3%分散剂+
4%降失水剂 SRJ-1+2.5%缓凝剂+35%石英砂</td><td>36</td></tr>
<tr><td>7</td><td>135</td><td>45</td></tr>
<tr><td>8</td><td>150</td><td>40</td></tr>
</table>

可以看出，在温度 65~135℃范围内降失水剂 SRJ-1 均可将水泥浆失水控制在 50mL 以内，具有良好的控制水泥浆失水的能力。

7）SRJ-1 抗盐能力评价。分别配制浓度为 10%、18%、35%的 NaCl 溶液，配制不同 SRJ-1 加量的盐水水泥浆，测试水泥浆的失水量，试验结果见表 5-3-7 和图 5-3-5。

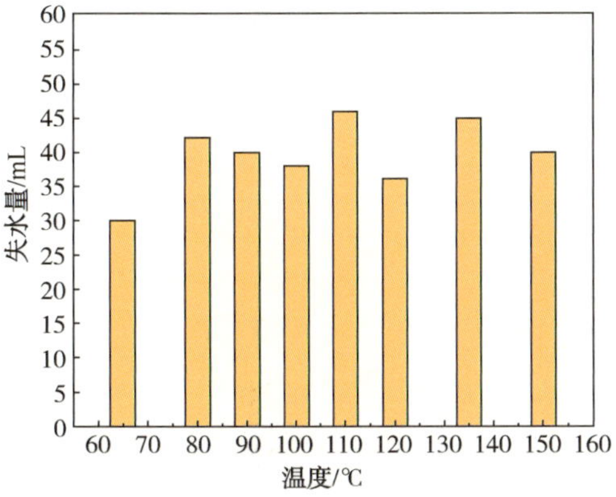

图 5-3-4 温度对加有降失水剂 SRJ-1 的水泥浆失水量的影响

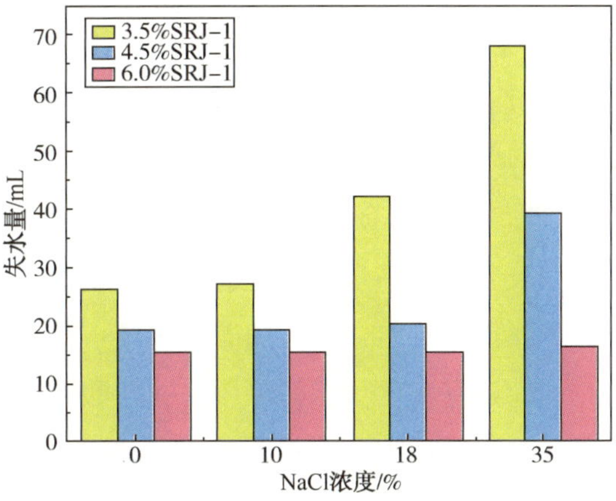

图 5-3-5 降失水剂 SRJ-1 抗盐能力

表 5-3-7 降失水剂 SRJ-1 抗盐能力评价

<table>
<tr><th rowspan="2">配浆水</th><th colspan="3">失水量/mL</th></tr>
<tr><th>3.5%SRJ-1</th><th>4.5%SRJ-1</th><th>6%SRJ-1</th></tr>
<tr><td>淡水</td><td>26</td><td>19</td><td>15</td></tr>
<tr><td>10%NaCl 溶液</td><td>27</td><td>19</td><td>15</td></tr>
<tr><td>18%NaCl 溶液</td><td>42</td><td>20</td><td>15</td></tr>
<tr><td>35%NaCl 溶液</td><td>68</td><td>39</td><td>16</td></tr>
</table>

由表5-3-7和图5-3-5可以看出：在淡水和10%NaCl溶液中，SRJ-1加量3.5%即可控制失水量在30mL以内；随着NaCl浓度的增加，SRJ-1加量也需要增加才能控制失水量；SRJ-1加量6%可有效控制35%NaCl溶液的失水，表现出优良的抗盐能力。

2. 缓凝剂

在油气井固井作业中，通过泵送将水泥浆注入井内，经替浆将水泥浆顶替到套管与井眼之间的环形空间，达到封隔油、气、水层保护生产层和支撑保护套管的目的。水泥浆在送达指定位置前应具有良好的可泵性。随着水泥浆中水化反应的进行，当内聚力达到一定程度时，水泥浆就会失去流动性，导致固井施工无法继续进行。因此水泥浆稠化时间是控制固井作业、保证施工安全和固井质量的关键参数。为了更准确地控制水泥浆稠化时间，扩大油井水泥的使用范围，必须在水泥浆中加入缓凝剂以延缓水泥和水之间的反应速率，调节水泥浆稠化时间。

（1）合成方法

缓凝剂延长水泥浆缓凝时间主要通过以下四个方面综合作用。①吸附作用：缓凝作用是由于缓凝剂吸附于水泥水化产物表面而实现的，此吸附层可以屏蔽水泥颗粒与水的接触从而降低水化速度；②沉淀作用：缓凝剂和液相中的Ca^{2+}或OH^-反应形成一个不溶解、不渗透的膜包裹在水泥颗粒表面，从而抑制水泥颗粒的进一步水化，起到降低水化速度的作用；③成核作用：缓凝剂吸附在水化产物的微核上阻碍它进一步生长；④络合作用：Ca^{2+}被缓凝剂分子螯合，阻止核形成。

1）合成单体选择。

① 具有抗温、抗盐功能的单体：2-丙烯酰胺-2-甲基丙磺酸（AMPS）。

② 具有水化功能的单体：一元酸丙烯酸（AA）；双羧基单体（TA）。TA较一元酸具有更强的水化能力，能够更好地调整聚合物的水化基团和吸附基团比例，保证降失水剂在水泥颗粒表面的吸附性，及在水泥浆中的分散性。

③ 络合单体：有机磷酸盐（EDP），其具有很强的与金属螯合的能力，能增加产品与水泥浆中钙离子的络合，延缓高温下水泥水化反应。

2）抗盐缓凝剂合成。通过正交实验及单因素条件考察确定单体比例及质量分数，采用过氧化物引发剂，进行水溶液聚合，经过反应温度及反应时间等工艺条件实验，合成了水溶性聚合物抗盐缓凝剂。聚合物缓凝剂对温度的敏感性小，但其能使用的温度范围较窄，高温具有优异性能的缓凝剂在中低温下极易出现过缓凝现象，导致水泥石早期强度发展困难。有机磷酸盐由于具有非常优异的水解稳定性，高温稳定性好，其最大的优点就是对加量不敏感，而且具有良好的分散性能，使得水泥浆具有良好的流动性。为进一步拓宽缓凝剂的使用温度范围，降低其在低温下的加量敏感性，将聚合物与有机磷酸进行不同比例的配伍考察确定其合适的混合比例，最终形成工业级产品，代号 SRH-1。抗盐缓凝剂 SRH-1 缓凝效果明显，使用温度范围广，并兼具抗盐能力，可以满足中原储气库盐层固井需要。

（2）性能评价

1）SRH-1 加量对稠化时间的影响。为适应中原储气库现场应用需求，主要评价了缓凝剂 SRH-1 分别在 70℃、80℃、90℃、100℃和 110℃时不同加量下的稠化时间，评价配方：G 级油井水泥+缓凝剂 SRH-1，水灰比 0.44；结果见表 5-3-8。可以看出，在 70~110℃范围内通过改变缓凝剂加量，可将水泥浆的稠化时间控制在 145~327min 之间，可见 SRH-1 缓凝性能良好，且随着温度和加量升高无稠化时间倒挂现象。

表 5-3-8 温度和加量对稠化时间的影响

温度/℃	压力/MPa	缓凝剂/%	稠化时间/min
70	40	0.2	145
70	40	0.3	282
80	40	0.3	257
90	55	0.4	287
90	55	0.5	327
100	55	0.5	170
100	55	0.8	287
110	55	1.0	192
110	55	1.2	223

2）SRH-1 对分散性和流变性的影响。在水泥-水这一体系中，由于正负电荷的相互吸引、热运动、分子间的作用力等因素，水泥颗粒会自发凝结成絮团结构。而 Zeta 电位正是对颗粒之间相互排斥或吸引力的强度的度量，Zeta 电位（正或负）越高，体系就越稳定，表明分散可以抵抗聚集。若 Zeta 电位（正或负）越低，表明吸引力大于排斥力，分散被破坏而发生凝聚，Zeta 电位与体系稳定性之间的关系如表 5-3-9 所示。

表 5-3-9 Zeta 电位与体系稳定性的关系

Zeta 电位/mV	体系稳定性	Zeta 电位/mV	体系稳定性
0~±5	快速凝结或凝聚	±20~±40	较好的稳定性
±10~±20	不太稳定	±40 以上	稳定性极好

因此测试水泥浆的 Zeta 电位就是测试水泥颗粒之间的分散性，水泥颗粒形成絮团结构的可能性，若水泥浆的 Zeta 电位越高则证明水泥颗粒的分散性越好，形成絮团结构的可能性也越小。为考察缓凝剂 SRH-1 对水泥浆流变性能的影响，分别测定水泥净浆、加入分

散剂的水泥浆，和加入缓凝剂 SRH-1 的水泥浆 Zeta 电位，结果如表 5-3-10 所示。

表 5-3-10　缓凝剂 SRH-1 对水泥浆流变性的影响

外加剂	加量/%	ϕ300	ϕ200	ϕ100	流动指数 n	稠度系数 $K/(Pa \cdot s^n)$	Zeta 电位/mV
—	0	89	74	55	0.4373	2.9745	-8.48
分散剂	0.1	50	40	27	0.5598	0.7784	-16.83
	0.2	31	21	10	0.9915	0.0260	-16.47
	0.3	30	20	10	—	—	-17.11
缓凝剂 SRH-1	0.6	69	47	24	0.9559	0.0908	-30.74
	0.8	95	64	33	0.9607	0.1214	-22.66
	1.0	111	76	40	0.9273	0.1746	-26.94

可以看出，在加入分散剂后的水泥浆的 Zeta 电位与水泥净浆的 Zeta 电位相比明显增高，且随着分散剂加量增加 Zeta 电位略有提高，流动指数明显增加，稠度系数明显降低，流变性能明显变好；当加入缓凝剂 SRH-1 时，水泥浆的 Zeta 电位的提高幅度进一步增加，且水泥浆流变性能也略有提高，正是由于 SRH-1 的分散作用使水泥浆的流变性能得以提高。

3）SRH-1 对游离液的影响。考察 SRH-1 体系对水泥浆游离水量的影响，并将其与加入分散剂后的水泥浆游离水量进行对比，结果如表 5-3-11 所示。可以看出，单独加入分散剂后水泥浆的游离水量在 1.5~3.5mL 之间，加入缓凝剂 SRH-1 后水泥浆的游离水在 1.0~3.0mL 之间。这是因为 SRH-1 中的功能基团和水泥浆颗粒及组分的吸附络合作用，破坏了 C-S-H 的黏结力，使其聚结稳定性变差，从而导致了游离水量增加，而这种影响是无法避免的。但在实际应用中，水泥浆体系中还会加入降失水剂、石英砂、微硅、膨胀剂等组分以起到束缚游离液的作用，因此缓凝剂 SRH-1 对水泥浆游离液的影响不会影响水泥浆体系的综合性能。

表 5-3-11　缓凝剂 SRH-1 对水泥浆游离水的影响

序号	缓凝剂 SRH-1/%	分散剂/%	游离液/mL
1	0	0.3	1.5
2	0	0.5	3.5
3	0.6	0	1.0
4	0.8	0	1.8
5	1.0	0	3.0

4）SRH-1 对水泥石抗压强度的影响。为考察 SRH-1 体系对水泥石抗压强度的影响，固定水泥浆配方为：水灰比 0.56，石英砂 35%，在 80~100℃、21MPa、48h 条件下养护，

测定水泥石的抗压强度，结果见表5-3-12。可以看出，随着SRH-1加量的增加，水泥石的抗压强度虽逐渐降低，但仍能满足施工要求。

表5-3-12 缓凝剂SRH-1加量对水泥石抗压强度的影响

温度/℃	压力/MPa	养护时间/h	缓凝剂加量/%	抗压强度/MPa
100	21	48	0	37.49
			0.5	28.30
			1.0	20.77
80	21	48	0	38.5
			0.4	30.4
			0.6	22.8

3. 弹性剂

储气库运行时需要反复注采，保持水泥环长效密封性至关重要，因此对水泥石的弹韧性提出了较高的要求。

目前，符合应用于固井水泥浆中的弹性材料主要有胶乳、弹性颗粒等，两者本身弹性模量低，在水泥水化反应后，较小的弹性微粒分散到水泥石骨架中，在水泥石受到外力作用时，弹性材料收缩起到吸收能量的作用，降低了水泥石发生脆性破坏的可能性。

胶乳通常为乳化聚合物，主要性状为细球状微粒的悬浮乳状液，微粒粒度大小为200~500μm，通常含有50%固相并均匀地分散到乳状液的分散相中。胶乳加入油井水泥后有以下优点：①胶乳微粒能够堵塞水泥石内部孔隙，本身的成膜作用能够降低水泥浆失水；②胶乳水泥石由于胶乳本身成膜作用，使水泥石具有非渗透性，防窜性能优良；③胶乳水泥石具有良好的抗折、抗冲击能力，减少了反复注采作业中对水泥环的破坏性；④胶乳微粒具有良好的弹性性能，一定程度上可以改善储气库水泥石完整性。

胶乳要在水泥浆中占到一定量(一般为15%~20%)时，才能较好地改善水泥石的弹性，最重要的是不能破乳，一旦破乳就会引起性能的急剧改变，影响施工安全。

橡胶粉等弹性颗粒，分子呈三维空间网络结构，具有弹性并且不具有黏性和可塑性，在外力作用下能迅速发生大幅度的变形，但当外力解除以后，又能恢复至原来的状态，且能够适应的温度范围较大。水泥浆中加入弹性颗粒，在水泥的胶结作用下与孔隙四周形成了一种具有一定强度、能够约束微裂缝的产生和发展、吸收应变能的结构变形中心，降低了水泥石的刚性。当水泥石受到冲击力作用时，能吸收震动能，提高了水泥环的抗冲击性能。当弹性颗粒均匀分布并填充于水泥颗粒间时，水泥浆凝固硬化后的水泥石可视为无数晶体颗粒相互堆积，形成水泥石微观上的骨架结构。

由于弹性颗粒的弹性明显优于胶乳，所以作为中原储气库改善水泥石弹性的材料首选。大部分弹性颗粒其本身不具有亲水性，在配制水泥浆的过程中难以在水泥浆体内自由分散，从而影响浆体的匀质性，因此需要对弹性剂表面进行亲水性处理。

（1）表面亲水改性

优选橡胶粉为主体原料，利用氧化、酸化等表面化学改性方法，引入—OH、—COOH等水化基团，使橡胶粉表面由憎水性转变为亲水性，在亲水化改性的基础上，引入—SiO—到橡胶粉表面，使橡胶粉表面通过化学作用提高与水泥石的胶结强度，最终形成工业化产品水分散性弹性剂 MJ-1。弹性剂 MJ-1 具有较好的亲水能力、与水泥石的黏结能力，可提高水泥石的弹性、抗冲击性能。

采用扫描电子显微镜(SEM)对其表面形貌进行考察，改性前橡胶粉和改性后橡胶粉的 SEM 照片如图 5-3-6 所示。从图 5-3-6 中可以看出，改性前橡胶粉表面较为光滑，改性后橡胶粉表面出现大量小粒径的碎屑，使橡胶表面的粗糙度增大，并且改性后表面还出现了大量的微孔，这些微观形态的变化均有助于改善橡胶粉的表面亲水性和在水泥浆中的分散性。

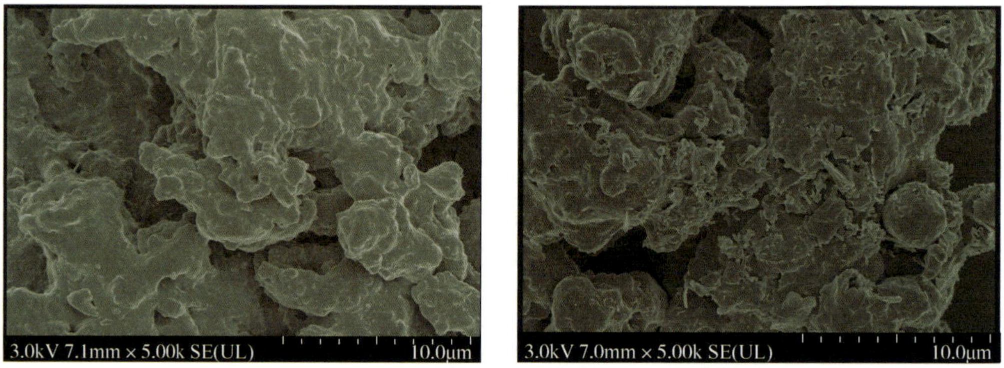

(a) (b)

图 5-3-6　橡胶粉改性前(a)及改性后(b)的 SEM 照片

为考察 MJ-1 的亲水性，进行水分散性实验，直观考察橡胶粉改性前后的水分散性。将相同质量(5.0g)的改性前和改性后的橡胶粉分别加入 300mL 水中，以 800r/min 速度搅拌至橡胶粉全部分散至蒸馏水中，静置 60min 观察橡胶粉的分散状态，实验结果如图 5-3-7 所示。从图 5-3-7 中可以看出，静置 60min 后，改性前橡胶粉全部漂浮在水面，而改性后橡胶粉全部均匀分散在水中，说明通过改性处理后橡胶粉表面性质发生了润湿反转，即由强烈的疏水性变成了良好的亲水性。

为定量考察改性前、后橡胶粉表面的亲水能力，进行如下实验：将定量(4.0g)改性后橡胶粉和改性前橡胶粉进行水分散性测定，实验结果见表 5-3-13。从表 5-3-13 中可以看出，改性后橡胶粉水分散性大于 90%，说明改性处理后橡胶粉表面由疏水性转变为亲水性。

图 5-3-7 橡胶粉改性前后水分散状态

表 5-3-13 MJ-1 水分散性评价

橡胶粉类型	水分散性/%	橡胶粉类型	水分散性/%
未改性橡胶粉	0.52	改性后橡胶粉	94.6

(2) 目数及加量

配方：G 级油井水泥+0.5%分散剂+5%弹性剂 MJ-1+0.2%消泡剂

在水泥浆配方中加入不同粒径和加量的弹性剂 MJ-1，对养护的水泥石进行抗压强度和弹性模量测试。试验方法按照 GB/T 19139《油井水泥试验方法》和 SY/T 6466《油井水泥石性能试验方法》，在 70℃、40MPa、48h 试验条件下进行，试验结果见表 5-3-14 和图 5-3-8。

表 5-3-14 不同粒径和加量的 MJ-1 水泥石性能

MJ-1 粒径/mm	MJ-1 加量/%	水泥石抗压强度/MPa	水泥石弹性模量/GPa
—	—	28.98	9.67
0.20~0.25	2	26.31	7.84
	4	25.67	6.55
	6	24.83	5.89
	8	18.55	5.14
0.15~0.18	2	27.58	7.25
	4	26.95	6.08
	6	25.32	5.41
	8	20.17	4.78

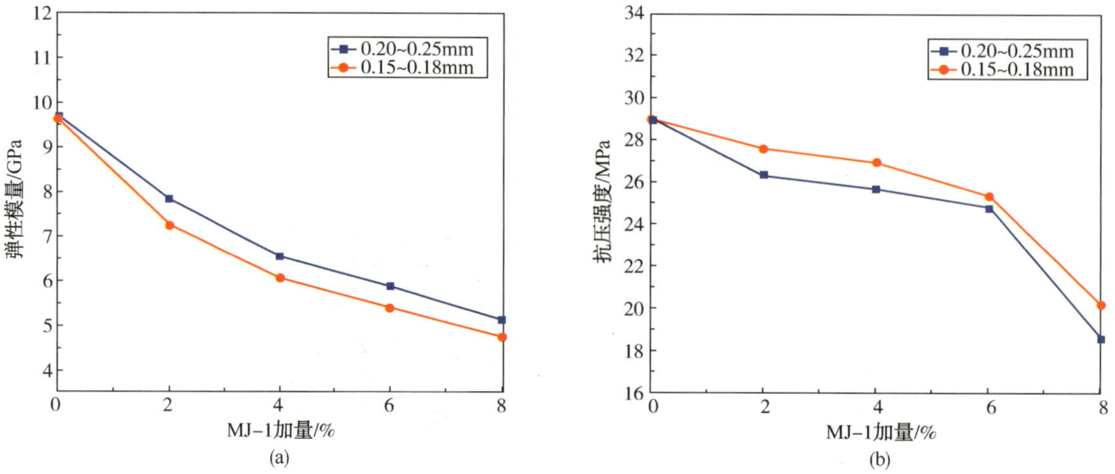

图 5-3-8 不同粒径和加量的 MJ-1 水泥石性能

试验结果表明，MJ-1 加量超过 6%后，对水泥石抗压强度破坏较大，加量小于 4%时，水泥石弹性模量大于 6GPa，所以优选粒径为 0.15~0.18mm 的 MJ-1，并确定其最佳加量为 4%~6%。

4. 增韧剂

由于储气库反复注采，水泥石需要弹性，也需要韧性。增韧材料主要以纤维为主，油井水泥中的增韧纤维按其性能分为两类，其中一类是弹性模量高于水泥的高强纤维，用于显著提高强度和韧性，如钢纤维、碳纤维、石棉、玻璃纤维、陶瓷纤维等；另一类是弹性模量低于水泥的纤维，如聚丙烯纤维、尼龙纤维、纤维素纤维、大部分天然纤维等。

增韧材料作为改善水泥石抗拉强度及韧性的关键，须具备以下特征：其一，有效改善水泥石韧性和延展性，当水泥石受到外力冲击时，能够有效控制裂纹的延伸和扩展，保证水泥石在外载作用下的完整性，提高水泥石抗冲击性能；其二，增韧材料需在水泥浆中自由分散，不结团，对水泥浆常规性能影响较小。基于以上原则，对几种增韧材料进行了评价优选，实验结果如表 5-3-15 所示。

表 5-3-15 增韧材料优选

纤维类别	产品代号	加量/%	抗折强度/MPa	加量/%	抗折强度/MPa	加量/%	抗折强度/MPa
聚丙烯纤维	XW-1	0.1	2.0	0.2	2.4	0.25	2.7
无机矿物纤维	GS-1	1	1.8	2	2.0	3	2.2
晶须	TYX-2	1	1.5	5	1.8	10	2.0
聚酯纤维	JZX	3	1.7	8	2.0	15	2.3

通过对比评价，XW-1 的加量最小，而增韧效果最明显。XW-1 是一种高强聚丙烯束状单丝纤维，具有不吸水，化学性能稳定，抗温、抗酸碱腐蚀性好，不参与水泥的水化反应等特点，可提高水泥石的抗裂、抗渗、抗冲击和耐磨能力，同时改善其韧性和延展性。

在常规水泥浆配方中加入增韧剂 XW-1，在配浆过程中发现其对水泥浆流动性具有一定的影响，测试水泥浆的流动性，结果见表 5-3-16。

表 5-3-16　增韧剂 XW-1 加量和长度对水泥浆流变性能的影响

长度/mm	加量/%	剪切应力读数	流动度/cm
—	—	202/150/99/60/25/17	22
5	0.1	238/165/102/68/32/20	21
5	0.2	288/191/153/107/55/48	19
5	0.3	>300/253/205/165/88/82	17
1	0.2	212/145/101/62/30/19	21
3	0.2	230/154/109/68/35/22	21
8	0.2	>300/242/202/172/95/90	16

可以看出，随着增韧剂 XW-1 加量的增加，水泥浆流变性变差，随着 XW-1 长度的增加，水泥浆稠度增大。实验表明，XW-1 的长度为 3~5mm 适宜，合理加量应控制在 0.1%~0.2%之间，以获得水泥浆较好的流动性。

将 3~5mm 的 XW-1 加入水泥浆中，测试 XW-1 对水泥浆其他性能的影响，结果见表 5-3-17。

表 5-3-17　增韧剂 XW-1 对水泥浆性能的影响

配方	稠化时间/min	初始稠度/Bc	游离液/mL	失水量/mL
常规水泥浆	168	16	0	42
常规水泥浆+0.1% XW-1	165	22	0	40
常规水泥浆+0.15% XW-1	162	25	0	40
常规水泥浆+0.2% XW-1	160	29	0	38

由表 5-3-17 可以看出，增韧剂 XW-1 对水泥浆的稠化时间、游离液、失水量影响不大，但随着 XW-1 加量的增加，对水泥浆有增稠作用。

为避免增韧剂 XW-1 在水泥浆混拌过程中结团，对 XW-1 进行表面亲水化处理，轻微搅拌，XW-1 在水泥浆中可以均匀分散，见图 5-3-9 和图 5-3-10。

图 5-3-9　XW-1 在水中均匀分散

图 5-3-10　XW-1 在水泥石内部均匀分散

对加入 XW-1 的水泥石进行抗压强度和抗折强度测试，实验结果见表 5-3-18。

表 5-3-18　增韧剂 XW-1 对水泥石力学性能的影响

XW-1 加量/%	抗折强度/MPa		抗压强度/MPa		抗冲击韧性/(J/cm²)	
	24h	48h	24h	48h	24h	48h
—	1.15	1.30	17.20	20.10	1.31	1.35
0.1	1.80	1.93	17.80	21.40	1.52	1.55
0.15	1.95	2.12	18.60	21.60	1.50	1.53
0.2	2.13	2.34	19.00	22.20	1.60	1.61

可以看出，加入增韧剂 XW-1 的水泥石与净浆水泥石相比，其抗折强度增长了 50%以上，抗冲击韧性增强了 20%以上。这是因为 XW-1 在水泥石内部形成一个支撑网状体系，该网状体系有助于提高水泥石受冲击时动能的吸收，促进冲击能量在水泥石内部快速耗散，减少局部能量蓄积导致的裂纹迅速扩展，提高水泥石的抗冲击性能，增加水泥石止裂效果。

5. 促凝剂

油井水泥促凝剂用以缩短稠化时间，加速水泥凝结及硬化；或者是用来缓解因加入其他外加剂如分散剂、降失水剂等所引起的过缓凝作用。

在原有的抗盐弹韧性水泥浆体系中，为了保持浆体良好的流动状态，提高水泥浆的顶替效率，在水泥浆中加入了分散剂，分散剂有延长水泥浆稠化时间的作用，一般分散剂加量为 0.4%~0.8%，可延长水泥浆稠化时间 1~2 倍。同时，为保证水泥浆具有良好的抗盐性能，减少盐溶对水泥浆性能的影响，需要使用抗盐降失水剂，而抗盐降失水剂具有延长水泥浆稠化时间的作用，综合到水泥浆体系中，分散剂和抗盐降失水剂协同作用可延长水泥浆稠化时间 1.5~2.5 倍。

常用的促凝剂一般分为无机盐类促凝剂和有机盐促凝剂。

① 无机盐类促凝剂。氯化物是最常用的油井水泥促凝剂。其他，如碳酸盐、硅酸盐、铝酸盐硝酸盐、硫酸盐、硫代硫酸盐以及钠、钾、铵的氢氧化物也都是油井水泥促凝剂。这些促凝剂，按阳离子或阴离子促凝强弱排列有如下顺序：$Ca^{2+}>Mg^{2+}>Li^{+}>Na^{+}>H_2O$；$OH^{-}>Cl^{-}>NO^{3-}>SO_4^{2-}>H_2O$。

氯化钙是最有效、最经济的无机盐促凝剂。其正常加量为2%~4%（质量分数），其稠化时间在50℃条件下可由122min缩短到59min，但其对抗盐降失水剂难以起到有效的促凝作用。

② 有机化合物促凝剂。油井水泥有机化合物促凝剂包括：甲酸钙[$Ca(HCOO)_2$]、甲酰铵（$CHONH_2$）、草酸（$H_2C_2O_4$）和三乙醇胺[$N(C_2H_4OH)_3$]。三乙醇胺（TEA）在铝盐中为促凝剂，能加速C_3A的水化并在$C_3A-CaSO_4$体系中能加速钙矾石的生成。此外，调研文献发现，有研究对加有三乙醇胺TEA的水泥石的微观结构进行了考查，发现TEA可明显改善水泥石结构使之致密、渗透率降低、抗压强度增高。

中原工区大部分储气库盐层在2000~2800m，所在地层位置的温度对应的试验温度为65~75℃，因此室内实验以70℃作为测试抗盐促凝剂的基准温度。

（1）可溶性测试

对水泥浆稠化时间具有较大影响的缓凝剂和促凝剂，不管是液体还是固体，都需要配制在配浆水里以保证其均匀性，避免混拌在水泥中不均匀导致水泥浆稠化时间出现骤短或极长，影响固井施工作业的安全。而配制到配浆水中则要求促凝剂具有良好的溶解性。

试验方法：在烧杯里称取200ml清水，再称取20g促凝剂加入其中，用玻璃棒进行搅拌，观察促凝剂在水中的溶解情况。

将6个促凝剂样品分别按上述方法进行测试，结果见表5-3-19。

表5-3-19 促凝剂溶解性对比

促凝剂	代号	外观状态	在水中完全溶解状况	在水中完全溶解所需搅拌时间/s
1#	M17S	白色粉末	完全溶解	20
2#	XJ-12	白色粉末	有少量不溶物	—
3#	XJ-15	白色晶体	完全溶解	8
4#	G202	白色粉末	完全溶解	16
5#	M57S	白色粉末	完全溶解	25
6#	G102	白色粉末	完全溶解	20

通过试验可以看出：2#促凝剂不能完全溶于水，不适用；3#促凝剂为外观类似食盐的白色晶体，极易溶于水；1#、4#、5#、6#促凝剂在水中均可溶。因此，经过初步筛选，选择1#、3#、4#、5#、6#促凝剂做进一步试验。

（2）促凝效果评价

试验配方：G 级油井水泥+0.5%分散剂+6%抗盐降失水剂 SRJ-1+5%弹性剂 MJ-1+1%膨胀剂+0.1%纤维 XW-1+促凝剂，液固比 0.44。

按 GB/T 19139 中的方法进行水泥浆的配制及稠化试验，试验条件为 70℃、45MPa、30min，测试水泥浆稠化时间和初始稠度，并观察浆体的触变性，实验结果见表 5-3-20。

表 5-3-20　促凝剂稠化试验

促凝剂	促凝剂加量/%	稠化时间/min	初始稠度/Bc	触变性
原浆	—	142	16	无
1#	2	140	19	无
	2.5	128	22	无
	3	112	25	有
3#	0.5	123	17	无
	1	104	20	无
	1.5	82	23	轻微
4#	0.5	108	18	无
	1	75	22	无
5#	2	113	20	无
	3	84	24	无
6#	2	145	22	无
	2.5	135	25	无
	3	129	28	有

由实验结果可以看出：促凝剂 1#、6#促凝效果不明显，加量达 3%后浆体增稠明显，有明显的触变性，而稠化时间缩短的并不多，不适合抗盐弹韧性水泥浆体系；促凝剂 3#、4#、5#均能有效降低抗盐弹韧性水泥浆体系的稠化时间，3#促凝剂加量增加达 1.5%后水泥浆有轻微的触变性；4#促凝剂促凝效果最强，加量 1%即可将抗盐弹韧性水泥浆体系稠化时间缩短至 75min。因此，优选出 4#、5#促凝剂进行进一步评价。

（3）耐盐性评价

试验配方：G 级油井水泥+0.5%分散剂+6%降失水剂 SRJ-1+5%弹性剂 MJ-1+1%膨胀剂+0.1%纤维 XW-1+促凝剂，液固比 0.44。

按 GB/T 19139 中的方法进行水泥浆的配制，配制好的水泥浆中加入 3%、6%、10%的 NaCl(BWOC)，试验条件为 70℃、45MPa、30min，评价其在盐层溶盐情况下的稠化时间，实验结果见表 5-3-21。

表 5-3-21 促凝剂抗盐性评价

NaCl 加量/%	稠化时间/min		NaCl 加量/%	稠化时间/min	
	原浆+1%促凝剂 4#	原浆+3%促凝剂 5#		原浆+1%促凝剂 4#	原浆+3%促凝剂 5#
无	75	84	6%	101	129
3%	78	97	10%	136	182

由实验结果可以看出：加 10% NaCl（BWOC）的情况下，4#促凝剂的稠化时间为 136min，5#促凝剂的稠化时间为 182min，即 4#促凝剂耐盐性优于 5#促凝剂，因此选用 4#促凝剂 G202。

6. 膨胀剂

由于水泥水化产物的总体积小于原始物质的体积，故硬化后的水泥石体积收缩，波特兰水泥的平均体积收缩率为 4.6%，在井壁与套管壁的环形空间内容易形成界面微环隙，构成了后期气窜的通道，因此，通过加入膨胀剂抑制水泥石收缩，是消除微环隙的有效途径。膨胀剂按类型分为刚性膨胀和弹性膨胀两类，前者包括各类无机物膨胀剂，后者包括橡胶粉等弹性材料。

选择 3 种刚性膨胀剂，利用膨胀仪测试其膨胀率，结果见表 5-3-22。

表 5-3-22 膨胀剂膨胀率对比（75℃，21MPa）

序号	配　方	48h 膨胀率/%	序号	配　方	48h 膨胀率/%
1	G 级油井水泥+W/C0.44	-4.00	3	G 级油井水泥+2.0%PJ-2+W/C0.44	-1.02
2	G 级油井水泥+2.0%PJ-1+W/C0.44	-2.90	4	G 级油井水泥+2.0%PJ-3+W/C0.44	-1.37

根据实验结果，选择膨胀率最高的 PJ-2。

将刚性膨胀剂 PJ-2 与弹性膨胀剂（选择弹塑剂 MJ-1）加入 G 级油井水泥中，在 75℃、21MPa 条件下测试 48h 相对膨胀率，并与净浆对比，结果见表 5-3-23。

表 5-3-23 刚性膨胀剂与弹性膨胀剂对比

序号	配　方	48h 相对膨胀率/%
1	G 级油井水泥，W/C0.44	-4.00
2	G 级油井水泥+2.0%膨胀剂 PJ-2，W/C0.44	-1.02
3	G 级油井水泥+4.0%弹性剂 MJ-1，W/C0.44	0.12
4	G 级油井水泥+6.0%弹性剂 MJ-1，W/C0.44	0.23
5	G 级油井水泥+5.0%弹性剂 MJ-1+1.0%膨胀剂 PJ-2，W/C0.44	0.18

可以看出，弹性材料 MJ-1 可有效抑制水泥石收缩，可单独使用，也可与刚性膨胀剂共同使用，实现一剂多效。

7. 胶乳防气窜剂

胶乳是聚合物微粒分散于水中形成的胶体乳液的总称，与酸性气体之间不会发生反应，与水泥混合后胶乳颗粒即分散于水泥中，在水泥水化过程中，这些胶粒聚集包裹在水泥水化物外面，最终形成聚合物薄膜覆盖了 C-S-H 凝胶。在气窜发生时，气体最先侵入水泥封固的气层部分环空，胶乳颗粒凝聚在水泥空隙空间，形成一层气体不能渗透的薄膜，从而阻止气体进一步往环空上窜。同时，聚合物颗粒可充填在水泥颗粒之间形成桥接，改善水泥石孔隙结构，并降低酸性组分与水泥颗粒接触的机会，从而提高抗腐蚀性能。

目前固井界多以液体丁苯胶乳为主，由于直接以乳液形态参与水泥浆体中，能够快速实现表面包裹和孔隙填充，发挥防腐蚀作用，但也具有其缺点：一是配水后长时间持续的搅拌会导致胶粒溶胀，而泵送过程中的高剪切会让一部分溶胀的胶粒提前破乳，导致水泥浆增黏变稠，施工安全得不到保障；二是液体胶乳主要依靠表面活性剂来维持胶粒在水溶液中的稳定，而表面活性剂的抗温性会直接影响胶乳在抗温方面的稳定性，表现出来就是高温下会出现超缓凝；三是热稳定性差，表现为高温稀释，影响高温稳定性；四是配浆水呈现乳白色且黏度较高，给现场环保带来了压力。

固体胶乳 JRS 是以丁二烯和苯乙烯为原材料，经过低温聚合处理后喷雾干燥得到的改性乳液粉末，其化学结构是一个卷曲的带有苯乙烯环状结构的大分子聚合物，具有良好的可再分散性，与水混合后性能不变。可用于干混，避免了长期与水接触导致的胶粒溶胀破乳现象，另外，其不含乳化剂，避免了高温下的性能不稳定，同时干混减轻了环保压力。同时，JRS 中丁苯胶乳含量为液体胶乳的两倍，在油井水泥中的加量可降至 1/2，大幅降低了水泥浆成本。

结合中原储气库现场工作实际，选用固体胶乳 JRS 作为防气窜剂，同时起到提高水泥石抗腐蚀性能的作用。

液体胶乳、固体胶乳性能特点，见表 5-3-24。

表 5-3-24　液体胶乳、固体胶乳性能特点

名称	性状	混拌方式	加量/%	温度/℃	优　点	缺　点
丁苯胶乳	乳白色乳液	湿混	5~20	50~150	1. 易成膜，可阻止流体侵入及腐蚀； 2. 可聚集成不同大小的凝聚物填充于水泥颗粒之间，降低水泥石渗透率； 3. 易与 C-S-H 凝胶形成结合物，改变水泥石力学性能，提高韧性； 4. 不参与水化反应，不影响稠化时间，但液相黏度增加	1. 高温及高速搅拌下易破乳，增加浆体黏度，影响施工安全及应用效果； 2. 乳化剂及稳定剂为表面活性剂，易起泡且难消除，需专用消泡剂； 3. 现场配水劳动强度大，且环保压力大； 4. 对现场操作要求严格，密度须严格控制

续表

名称	性状	混拌方式	加量/%	温度/℃	优 点	缺 点
固体胶乳	白色粉末	干混	2~10	50~200	表面经过改性处理，能更好地均匀分散于浆体中，渗透率更低； 稳定剂经过改进，起泡情况缓解很多； 耐高温，不易破乳； 干混，不用现场配水，降低现场劳动强度，环保压力小	价格较高； 长时间高温下会发生溶胀

8. 减轻剂

国内外低密度水泥浆体系多是通过加入自身密度较小的材料来降低水泥浆的密度，如空气或氮气、空心微珠、粉煤灰、微硅等。其中泡沫水泥浆密度最低，配浆密度可低至0.9g/cm³以下，但随入井深度的增加，气泡随压力增加而被压缩，密度也会增至1.2~1.4g/cm³；天然空心微珠自身密度为0.6~0.7g/cm³，可将浆体密度降至1.3~1.45g/cm³，随着更低密度的人造空心微珠的出现，可将浆体密度降至1.0g/cm³左右；粉煤灰作为最广泛和廉价的减轻材料，最适宜用的浆体密度为1.50~1.60g/cm³。

中原储气库井技术套管钻井液密度设计为1.40~1.50g/cm³，为形成阶梯式密度差，提高顶替效率及压稳，将低密度水泥浆密度设计为1.45~1.55g/cm³，故选择天然空心微珠(即漂珠)作为减轻剂。

漂珠是磨细的煤粉在发电厂锅炉内燃烧时，其中黏土质物质熔融成微液滴，在炉内湍流的热空气作用下高速自旋，形成浑圆硅铝球体，当它排出炉外时受到骤冷，比水重的颗粒沉入池底，少量密闭而比水轻的颗粒漂浮在水上，收集这些颗粒并晒干即成漂珠。漂珠外壳与高铝黏土很接近，球内被封闭的气体为N_2和CO_2，漂珠的生成条件决定了它具有密闭、粒细、质轻、壁薄、活性的特点。它的密度只有0.7g/cm³左右，且不吸水，配制水泥浆时只需少量的水润湿表面，使水泥浆具有一定的流动性即可。漂珠粒径为40~250μm，水泥粒径为20~45μm，它们混合在一起构成了低密度体系的基本框架。

9. 填充剂

G级水泥粒径细而漂珠粒径粗，会产生空隙，这就需要粒径达到纳米级的微硅粉加入其中起填充作用，以达到颗粒级配的目的，使浆体稳定且水泥石致密。

微硅是一种炼钢时产生的矿渣废料，从气相沉淀出的二氧化硅微粒属于高级火山灰，它是电弧炉中炼钢时加入物的副产品，不能胶凝，但若达到一定细度(粒径小于100nm)，则在常温下与石灰相互作用水化形成具有胶凝性的化合物，完成水泥的水化反应。另外，微硅的细小粒子在水泥浆中做布朗运动，引起扩散，保持了浆体的稳定性。其平均粒径只有0.15μm，小于100nm的粒子占了体积的15%，能很好地充填在空隙中，达到紧密堆积的目的。

三、水泥浆体系

1. 防漏高强低密度水泥浆体系

（1）体系组成

由于二开钻遇盐层，钻井液密度设计为1.40~1.50g/cm³，为压稳及获得更好的顶替效率，低密度领浆密度应比钻井液高0.05~0.10g/cm³，所以低密度设计为1.45~1.55g/cm³。漂珠的加入可减少水的比例，两者之间存在一定关系，若漂珠过多，水就会过少，浆体流动性就不好；若漂珠过少，水就会过多，浆体就会过稀，稳定性及强度就会受到影响。通过试验，确定各密度点漂珠的加量及水灰比，再加入适量降失水剂降低失水，适量早强剂提高水泥石强度，适量分散剂改善浆体流变性，适量缓凝剂调节水泥浆稠化时间，适量微硅提高浆体稳定性，适量纤维增韧剂以防漏堵漏。

防漏高强低密度配方：

G级+17%~25%漂珠+6%~9%微硅+0.4%~0.6%分散剂+2.0%~2.5%降失水剂+2%~3%早强剂+0.3%~0.5%缓凝剂+0.1%~0.2%纤维+0.1%~0.2%消泡剂

对防漏高强低密度水泥浆进行性能评价，根据地温测试将稠化、失水、游离液、流变试验温度定为70℃，二开技套高密度水泥浆设计返高为1700~1800m，低密度水泥浆设计返至地面，故强度养护温度定为室温和60℃。

（2）性能评价

1）稳定性评价。对于低密度来讲，浆体稳定是最重要的。由于加入大量的水，多余的水易析出形成水带，另外由于漂珠和水泥密度相差过大，易造成明显分层，形成不连续的水泥柱，严重影响固井质量。为此首先评价浆体的稳定性。

将配制好的浆体，放入70℃常压稠化仪中养护20min，倒入500mL量筒，记录下初始刻度，封住口，置平稳处，2h后观察，水泥浆上部无析出液体，即游离液为0，测浆体上下密度差为0.02g/cm³，具有很好的稳定性，防止了浆体在环形空间静止时的离析，保证了水泥环的连续。

2）流变性评价。浆体在具有良好稳定性的同时必须具有良好的流动性，才能易于泵送，形成紊流，提高顶替效率。配制1.45~1.55g/cm³水泥浆，用六速旋转黏度计测试流变。

表5-3-25　防漏高强低密度流变性能

转速/(r/min) 水泥浆密度/(g/cm³)	φ3	φ6	φ100	φ200	φ300	φ600
1.45	5	8	62	110	153	279
1.50	5	8	64	112	155	276
1.55	5	9	65	115	158	285

通过综合性能测试评价，该体系具有良好的稳定性和流变性。

3）稠化性能评价。通过控制缓凝剂的加量，水泥浆稠化时间在200~400min内可任意调节，选取缓凝剂加量为0.4%，在70℃、40MPa、30min实验条件下测试不同密度水泥浆稠化时间，结果见表5-3-26和图5-3-11。

表5-3-26 防漏高强低密度稠化性能

水泥浆密度/(g/cm³)	初始稠度/Bc	40Bc时间/min	稠化时间/min
1.45	15	338	353
1.50	15	305	318
1.55	16	264	278

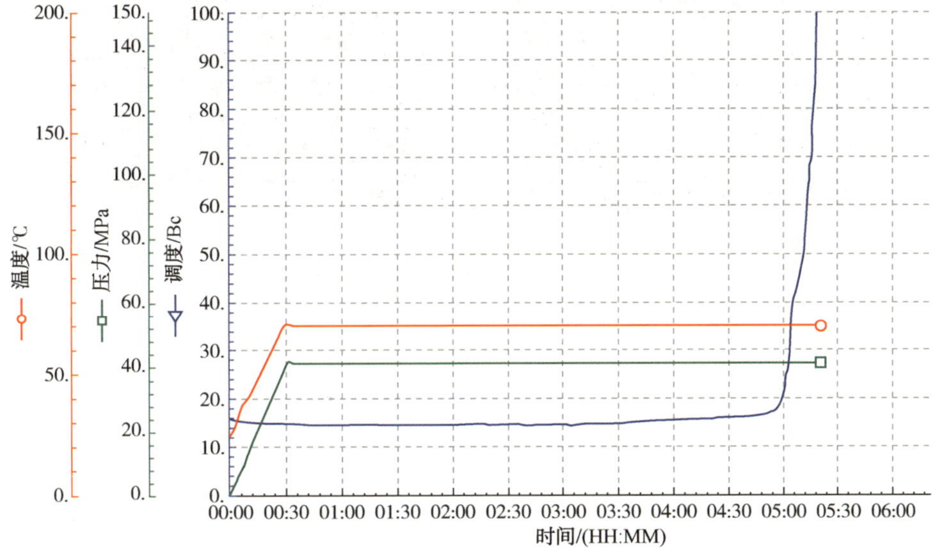

图5-3-11 防漏高强低密度水泥浆稠化实验测试(ρ=1.50g/cm³)

防漏高强低密度实验曲线正常，稠化时间可调，过渡时间短，缩短了气侵危险时间，利于防窜。

4）抗压强度评价。按照GB/T 19139中顶部强度的测试方法，将配制好的浆体经过70℃、20min的常压稠化仪养护，倒入准备好的试模，放至室内平稳处，常温常压养护，养护时间由70℃养护时算起。底部强度养护温度按静止温度降低10℃即60℃养护，测试不同时间的抗压强度，结果见表5-3-27和图5-3-12。

从测试结果可知，水泥石均匀饱满，水泥浆返至地面部分24h抗压强度即大于5MPa，在低于底部温度10℃的情况下24h抗压强度即大于10MPa，7天强度能持续发展，保证了水泥环的长期使用寿命，满足设计要求。

表 5-3-27　低密度水泥石顶部及底部抗压强度

水泥浆密度/(g/cm³)	顶部强度(常温，常压)/MPa			底部强度(60℃，常压)/MPa		
	24h	48h	7d	24h	48h	7d
1.45	5.1	10.7	13.3	10.6	16.3	20.1
1.50	5.8	12.3	15.6	13.9	19.0	22.4
1.55	8.6	15.8	18.0	16.0	22.2	24.5

图 5-3-12　防漏高强低密度水泥石

5）失水量评价。配制 1.45g/cm³、1.50g/cm³、1.50g/cm³的水泥浆，在 70℃常压稠化仪中养护 20min，移至失水仪浆筒中加压 6.9MPa，测试 API 失水，结果见表 5-3-28。

表 5-3-28　防漏高强低密度稠化试验结果

水泥浆密度/(g/cm³)	1.45	1.50	1.55
水泥浆失水量/mL	40	36	36

从测试结果可知，水泥浆失水量均小于 50mL，可以有效地降低水泥浆通过盐层时对盐层的溶蚀。

由室内评价可以看出：防漏高强低密度水泥浆体系具有高稳定、高强度、低失水、稠化时间易调等特点，各项性能均能满足储气库固井需要，是一种可与常规密度水泥浆相媲美的性能优良的水泥浆体系。

2. 盖层抗盐弹韧性水泥浆体系

在 G 级油井水泥中加入弹性剂 MJ-1、降失水剂 SRJ-1、分散剂、膨胀剂、增韧剂 XW-1 及促凝剂或缓凝剂 SRH-1，经过配伍性实验，形成抗盐弹韧性水泥浆体系，配方为：G 级油井水泥+0.2%~0.4%分散剂+5.0%~7.0%降失水剂+1.0%膨胀剂+4.0%~

6.0%弹性剂+0.1%纤维增韧剂+适量促凝剂/缓凝剂，液固比0.44，水泥浆密度(1.88±0.03)g/cm³。根据水泥批次不同，微调分散剂的加量保证水泥浆的流动性良好；根据封固盐层的具体性状，调节降失水剂SRJ-1的加量，调节SRJ-1加量的同时也需要进行分散剂的相应调节。

(1) 水泥浆常规性能评价

按API规范对抗盐弹韧性水泥浆体系不同井况下的稠化时间、失水、游离液、稳定性性能进行测试，测试结果见表5-3-29和图5-3-13。

表5-3-29 抗盐弹韧性水泥浆常规性能评价

实验条件	稠化时间/min	初始稠度/Bc	失水量/mL	游离液/mL	上下密度差/(g/cm³)	SPN值
70℃，40MPa	113	22	22	0	0.01	1.53
80℃，55MPa	120	22	23	0	0.01	1.65
85℃，70MPa	117	23	23	0	0.02	1.57

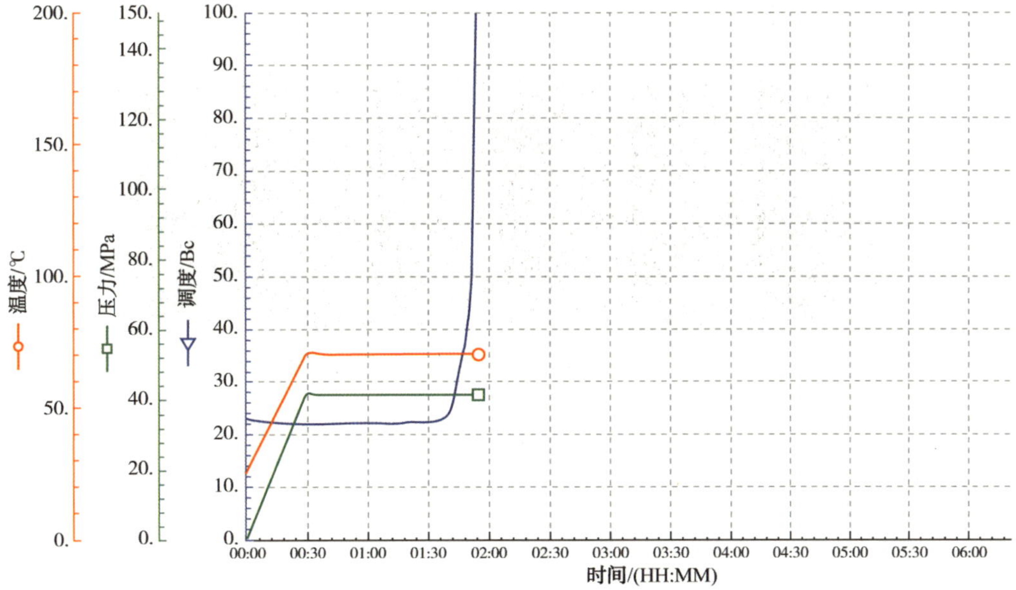

图5-3-13 抗盐弹韧性水泥浆稠化曲线

可以看出，常规密度抗盐增韧水泥浆体系，稠化时间可调，加入促凝剂后稠化时间110~120min，能够较快稠化，同时，零游离液，失水量小于30mL，在封固盐层时可以减少盐溶，缓解盐溶对水泥浆性能的影响，浆体稳定，SPN值小于3，防窜性能良好，符合设计要求。

(2) 水泥石力学性能评价

1) 抗压强度。按SY/T 7648要求测试抗盐弹韧性水泥石48h和7d的抗压强度，结果见表 5-3-30。

表 5-3-30　水泥石抗压强度评价

实验条件	48h 抗压强度/MPa	7d 抗压强度/MPa
70℃，45MPa	18.4	29.9
90℃，55MPa	20.8	31.2
110℃，70MPa	21.5	31.8

测试数据表明，抗盐弹韧性水泥浆体系的水泥石抗压强度均符合储气库固井水泥石指标“48h 抗压强度≥16.0MPa”和“7d 抗压强度≥28.0MPa”的要求。

2）弹性模量。将配制好的水泥浆倒入养护模具中，放入设定好温度和压力的高温高压养护釜中，养护到期龄后取出脱模，将得到的圆柱体水泥试块两端打磨平整后（图 5-3-14）放在弹性模量测试仪上进行水泥石弹性模量的测试，与仪器相连的电脑采集系统实时采集水泥石的加载受力情况，并通过位移传感器采集水泥石在应力下的压缩值，再计算出水泥石的弹性模量值，如图 5-3-15 所示，试验结果见表 5-3-31。

图 5-3-14　养护并打磨平整的水泥石弹性模量试块

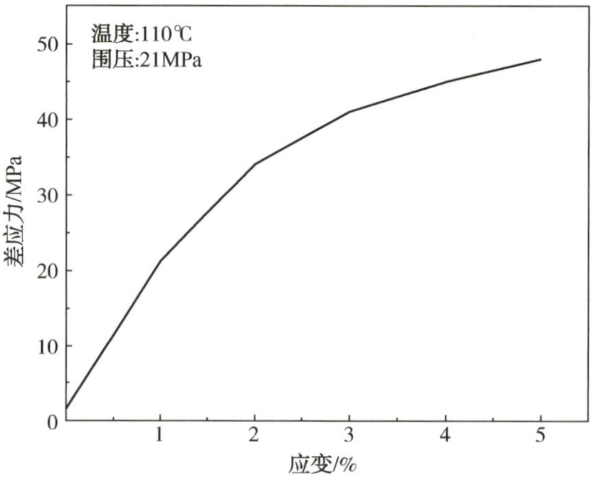

图 5-3-15　水泥石弹性模量测试曲线

表 5-3-31 水泥石弹性模量

水泥石类型	养护条件	弹性模量/GPa
常规配方水泥石	70℃，21MPa，7d	9.50
抗盐弹韧性水泥石	70℃，21MPa，7d	5.69
	90℃，21MPa，7d	5.81
	110℃，21MPa，7d	5.75

测试数据表明，抗盐弹韧性水泥浆体系的水泥石硬脆性得到明显改善，水泥石弹性模量降低了 40%。弹韧性水泥石的弹性模量均符合储气库固井水泥石指标“7d 弹性模量≤6GPa”的要求。

3）抗拉强度评价。将配制好的水泥浆倒入相应的模具中养护，放入设定好温度和压力的高温高压养护釜中，养护到期龄后取出脱模（图 5-3-16）。按照 SY/T 6466 采用劈裂试验法来测试水泥石抗拉强度，劈裂测试后效果如图 5-3-17 所示，计算抗拉强度，抗盐弹韧性水泥浆体系的抗拉强度为 2.6MPa，满足储气库固井水泥石指标“7d 抗拉强度≥1.9MPa”的要求。

图 5-3-16 养护后的抗拉强度水泥试块

图 5-3-17 水泥试块劈裂效果

4）气体渗透率评价。对弹韧性水泥石进行气体渗透性试验。将抗盐弹韧性水泥浆倒入模具中，在 90℃、21MPa 试验条件下养护圆柱状水泥石 7d，并切割成合适的长度，在试验温度 100℃，进口压力>3MPa 的试验条件下，测试水泥石的气体渗透率，结果见图 5-3-18 和表 5-3-32。

表 5-3-32 试验结果表明，弹韧性水泥石具有良好的防气体渗透能力，满足储气库固井水泥石指标“7d 气体渗透率≤$0.05\times10^{-3}\mu m^2$”的要求。

5）线性膨胀率评价。水泥体积膨胀既弥补了其自身水化过程的收缩，膨胀所产生的化学预应力也增强了环空与套管、地层的胶结力。按照石油天然气行业标准 SY/T 6466—

2016《油井水泥石性能试验方法》用水泥收缩/膨胀仪对净浆水泥石和抗盐弹韧性水泥石进行线性膨胀率的测定，测试结果见图 5-3-19 和表 5-3-33。

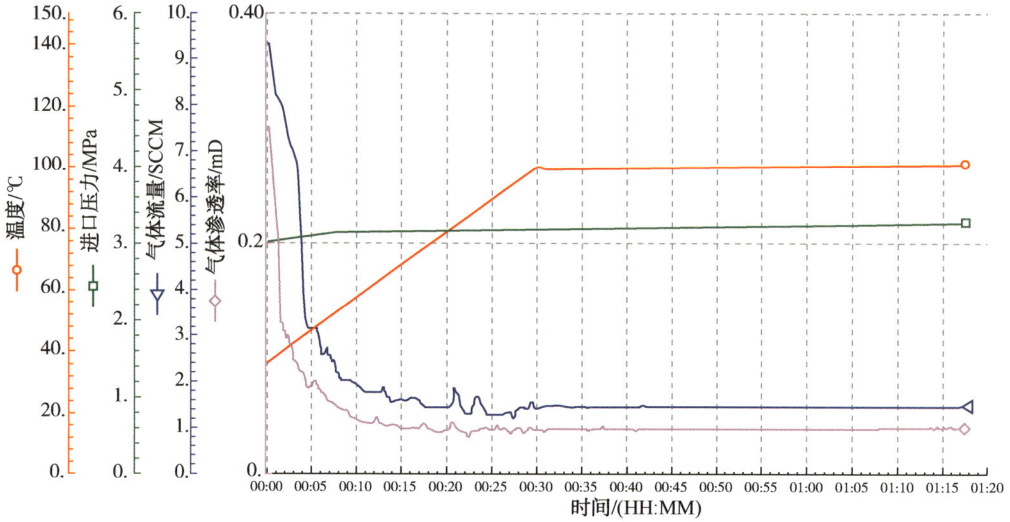

图 5-3-18　抗盐弹韧性水泥石气体渗透率测试曲线

表 5-3-32　抗盐弹韧性水泥石气体渗透率测试

样品编号	试验温度/℃	进口压力/MPa	测试时长/min	渗透率/mD
1#	100	3. 2	105	0. 034
2#	100	3. 2	92	0. 032
3#	100	3. 3	96	0. 028

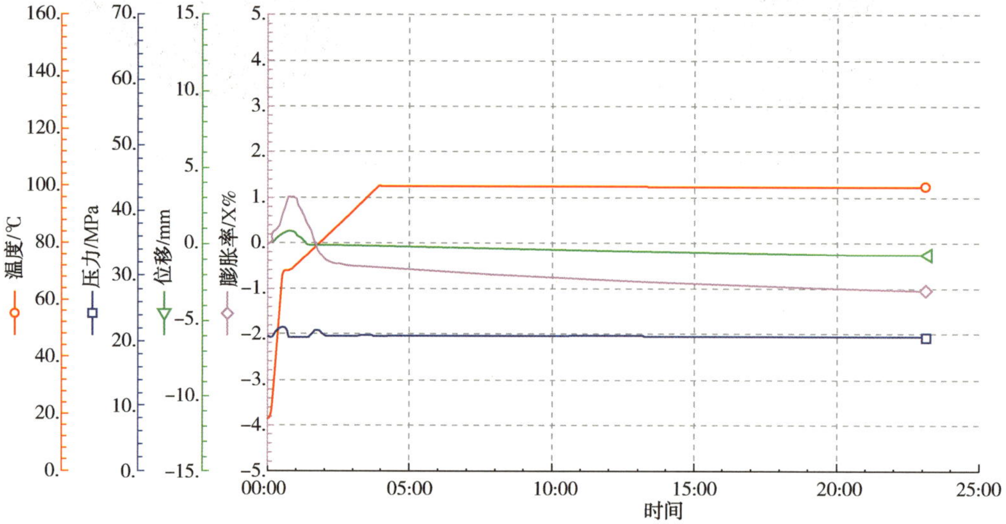

图 5-3-19　抗盐弹韧性水泥石线性膨胀率测试曲线

表 5-3-33 水泥石线性膨胀率

配方	试验条件	测试膨胀率/%	线性膨胀率/%
净浆水泥石	100℃，21MPa，24h	-3.71	—
弹韧性水泥石		-2.18	0.17

从膨胀测试图中可以看出，水泥浆经过初期的短暂膨胀后，体积持续收缩，且随着时间延长，收缩量增大，收缩速度逐渐放缓，水泥石的线性膨胀率是个相对膨胀率，即相对净浆水泥石的收缩而言其是膨胀的。通过公式计算得到弹韧性水泥石的线性膨胀率为0.17%，符合储气库固井水泥石指标"7d 线性膨胀率0~0.2%"的要求。

(3) 水泥浆抗盐能力评价

1) NaCl 对抗盐弹韧性水泥浆稠化时间的影响。在制备好的水泥浆里加入不同比例的NaCl(占水泥的质量分数，BWOC)，测试水泥浆的稠化时间，测试结果见表 5-3-34。

表 5-3-34 NaCl 对稠化时间的影响

NaCl 加量/%	0	5	8	10
稠化时间/min	292	274	307	325

从表 5-3-34 可以看出，NaCl 的加入对于稠化时间影响不大，稠化时间在正常稠化时间±40min 范围内，对抗盐弹韧性水泥浆体系的影响在可控范围内，不影响安全施工。

2) NaCl 对抗盐弹韧性水泥浆失水量的影响。在制备好的水泥浆里加入不同比例的NaCl(BWOC)，测试水泥浆的失水量，所得结果如表 5-3-35 所示。

表 5-3-35 NaCl 对失水量的影响

NaCl 加量/%	0	5	8	10
失水量/mL	22	23	25	28

从表 5-3-35 可以看出，随着 NaCl 的加量逐步增加，抗盐弹韧性水泥浆体系的 API 失水量略有增加趋势，但增幅较小，体系的失水量仍可控制在 30mL 以内，表明该体系在失水性能方面具有良好的抗盐能力。

3) NaCl 对抗盐弹韧性水泥浆流变性的影响。在制备好的水泥浆里加入不同比例的NaCl(BWOC)，测试水泥浆的流变性，测试结果见表 5-3-36。

从表 5-3-36 可以看出，NaCl 加入导致水泥浆流动指数逐渐降低，稠度系数逐步增加，总体影响幅度较小，即在 NaCl 不同加量下，抗盐弹韧性水泥浆体系的流变性受影响较小，浆体仍具有较好的流动性。

表 5-3-36　NaCl 对流变性能的影响

NaCl 加量/%	$\phi600$	$\phi300$	$\phi200$	$\phi100$	$\phi6$	$\phi3$	流动指数 n	稠度系数 $K/(Pa \cdot s^n)$
0	—	271	193	101	12	10	0.89	0.51
5	—	256	183	100	10	9	0.86	0.63
8	—	245	181	98	9	8	0.83	0.69
10	288	232	176	93	8	7	0.83	0.66

4）NaCl 对抗盐弹韧性水泥浆抗压强度的影响。在制备好的水泥浆里加入不同比例的 NaCl（BWOC）后进行强度养护，测试 48h 水泥石抗压强度，测试结果见表 5-3-37。

表 5-3-37　NaCl 对抗压强度的影响

NaCl 加量/%	0	5	8	10
抗压强度/MPa	25.2	26.3	24.5	23.8

从表 5-3-37 可以看出，NaCl 加量为 5%时，水泥石抗压强度略有增加，加量 8%及以上时，水泥石抗压强度有所降低，但总体变化不大，即 NaCl 对水泥石抗强度基本无不利影响。

从常规性能、抗盐性能评价及脆性改善情况可以看出，抗盐弹韧水泥浆通过复合型外加剂的协同作用，使不收缩水泥石、不渗透水泥石及韧性水泥石成为现实，保证了水泥环的长期密封性；通过严格控制滤液及提高浆体的抗盐能力使之具备良好的综合性能，适用于盐层固井；该体系还具备良好的稳定性和发展迅速的低温强度，使之适用于双套管环空封固，适用于中原储气库固井。

（4）水泥石与盐层胶结强度评价

为了评价水泥石与盐层胶结强度，研制了一套能够模拟不同温度及压力条件下水泥石与盐层进行胶结并能准确测试其胶结强度的测试评价装置。

1）水泥石胶结强度。水泥石在接触面可形成胶结效果的原因有：a. 水泥石与耦合对象之间的化学键；b. 水泥石固化过程中的膨胀效果；c. 附着力；d. 因表面粗糙度形成的机械啮合。

水泥石的胶结强度指的是水泥石与岩层接触面在受到外部压力、拉力或剪切力影响时抵抗滑动或剥离的能力。胶结强度可理解为垂直于在静止状态下产生接触的两个物体表面的相互作用力。

在附着性能测试中，一个矢量力作用于接触面上，并试图将两个物体分离开来。矢量力的方向决定了附着能力的类型。垂直作用于接触面的力被称为黏结抗拉强度，并可用于测量真正的黏附系数。当力作用于接触面方向时（与接触面平行），物体间会产生相对运动，这种类型的受力作用称为黏结剪切强度，也就是滑动阻力。与固井有关的胶结强度归属于剪切强度的定义范围，胶结强度即指黏结剪切强度。

2）胶结强度的测试方法。水泥石胶结强度测试目前尚无统一的标准，其中主要的方法都是测试水泥与岩层的剪切胶结强度，即模拟试样在外力作用下，界面滑脱的剪切应力大小，然后通过公式换算成胶结强度。

对于水泥石与盐岩胶结强度测试，可以采用盐环模拟盐层井筒，在盐环内壁灌注水泥浆，在特定条件下养护至水泥浆凝固为水泥石后，再用压力测试仪器将水泥石从模拟井筒压脱，测量最大压脱力，然后再依据胶结面积计算胶结强度。计算公式为：

$$\sigma_A = \frac{N}{C \times h} \times 10$$

式中 σ_A——胶结强度，MPa；

N——最大压脱力，kN；

C——水泥柱横切面周长，cm；

h——水泥柱高，cm。

3）装置结构。

① 养护装置结构。养护模具主要由顶盖、底盖、外套三部分组成，顶盖为圆板形结构，其两侧均设置台阶，以便于和外套定位，其中心设置小直径通孔，以便于压力传递。底盖也为圆板形结构，其中心设置圆形凹槽，以便于和外套之间相互定位，外套为圆筒状结构，其内容纳圆环形盐芯。单个养护模具结构如图 5-3-20 所示。

使用时，先将盐环放入模具内腔中，倒入水泥浆后盖上顶盖，为了充分利用养护设备釜体以提高试验效率，可将三个养护装置叠加后放入筒体内，最后使用挂钩钩住筒体上部侧壁的小孔将其放入养护设备釜体中养护，如图 5-3-21 所示。

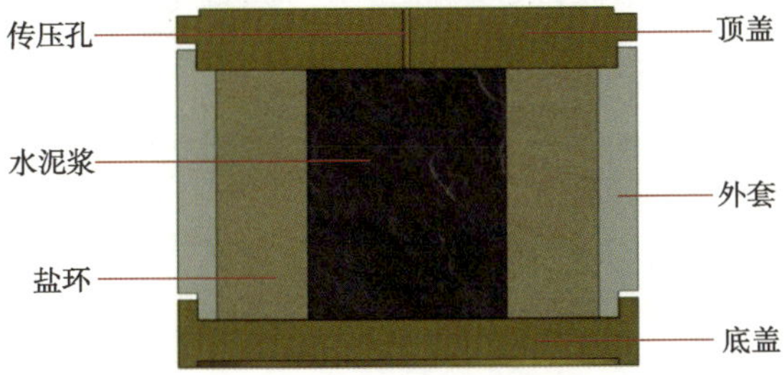

图 5-3-20 剪切胶结强度试模养护模具

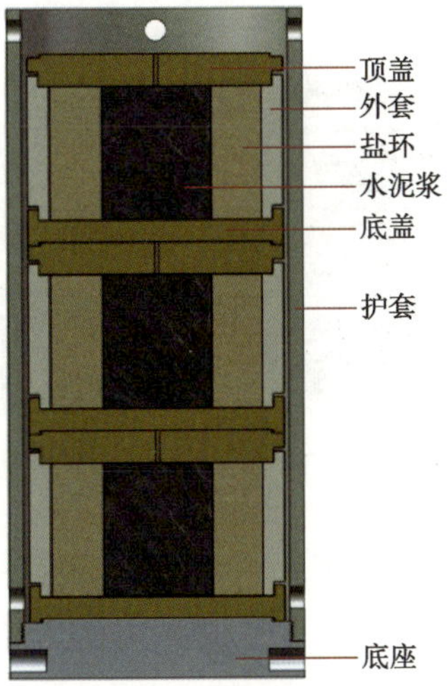

图 5-3-21 三联试模养护装置

② 测试装置结构设计。胶结强度测试装置主要由支撑座、外套、导向盘、压头等组成。支撑座为筒状结构，其上端设置端面，用以支撑盐环，上端面中心设置通孔，通孔直径大于水泥石柱直径，以便水泥石柱被压出时不被阻挡；外套为套筒结构，其内径等于盐环外径，主要用以固定盐环位置，以使水泥石柱与支撑座上端面中心的通孔同轴，其上部设置台阶，用以定位导向盘；导向盘为圆盘状结构，其中心设置通孔，以便于压头压出水泥石柱，其内径略小于水泥石柱外径，主要用以定位压头以使其与水泥石柱同轴；压头为圆柱状结构，主要用以借助压力试验机的力量将水泥石柱压出盐套，其外径等于导向盘中心孔内径，二者相互配合以确保压头与水泥石柱同轴，防止在压出水泥石柱时碰触盐环影响测量精度。胶结强度测试装置结构如图 5-3-22 所示。

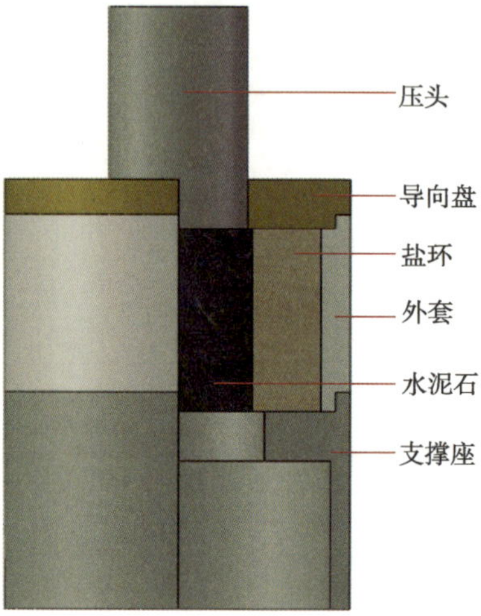

图 5-3-22　剪切胶结强度测试装置

使用时，将测试装置组装好之后置于压力试验机测试头之间，启动压力试验机，测量压头将水泥石柱从盐环内壁压脱时的最大力，然后根据水泥石柱与盐环的接触面积，计算二者之间的胶结强度。

4）胶结强度测试评价方法。

① 胶结强度试模养护。进行胶结强度试模养护时，首先将加工好的盐环置入养护装置中(图 5-3-23)，然后在盐环内部注满水泥浆，将顶盖安装在装置顶部(图 5-3-24)。将三个养护装置叠放在一起后置入护套中形成三联试模养护装置，外表涂抹一层黄油以起到密封的作用(图 5-3-25)，将其置入高温高压养护釜中进行养护。

图 5-3-23　胶结强度养护装置(含盐环)

图 5-3-24　胶结强度试模养护装置

② 胶结强度测试。进行胶结强度测试时，将养护好的水泥石模置入测试装置中(图 5-3-26)，然后采用压力试验机将水泥石从盐环内部压脱，测量最大压脱力，最后依据胶结面积计算胶结强度。

图 5-3-25 胶结强度三联试模养护装置

图 5-3-26 胶结强度测试装置

5）评价水泥石与盐层的胶结强度。水泥石与盐层的胶结强度直观反映了固井质量的好坏，较高的胶结强度才能降低储气库注井采气过程中发生的气窜风险，保证储气库工程顺利运行。图 5-3-27 所示为室内模拟水泥石与盐层胶结强度测试实验，实验结果见表 5-3-38。

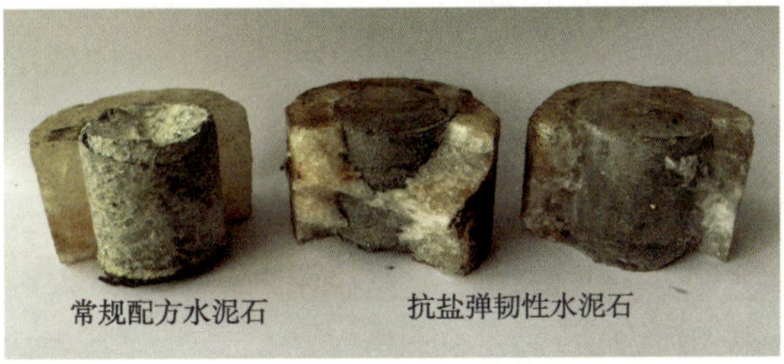

图 5-3-27 水泥石与盐层的胶结强度测试实验

表 5-3-38 水泥石胶结强度

温度/℃	60	70	80	90
常规水泥石胶结强度/MPa	1.86	1.61	1.23	0.92
抗盐弹韧性水泥石胶结强度/MPa	2.48	2.87	4.08	5.25

从胶结强度测试实验可以看出，破型后，常规配方水泥柱与盐环分离得较彻底，并且水泥柱凹陷说明水泥石有所收缩，发生了部分盐溶，抗盐弹韧性配方破型后水泥柱与盐环仍能紧密胶结，并且水泥柱饱满无收缩。

由上述实验评价可以看出，抗盐弹韧性水泥浆低失水、零析水、抗盐性能好，水泥石弹性模量低、微膨胀，适用于中原储气库盐盖层固井。

3. 储层低渗弹韧耐腐蚀水泥浆体系

在 G 级油井水泥中加入弹性剂 MJ-1、降失水剂 SRJ-1、分散剂、防气窜剂、膨胀剂、增韧剂 XW-1 及促凝剂或缓凝剂 SRH-1，经过配伍性实验，形成低渗弹韧耐腐蚀水泥浆体系，配方为：G 级油井水泥+0.4%～0.6%分散剂+4.0%～6.0%降失水剂+3.0%～5.0%防气窜剂+1.0%膨胀剂+4.0%～6.0%弹性剂+0.1%纤维增韧剂+适量促凝剂/缓凝剂，液固比 0.44，水泥浆密度 1.88g/cm^3±0.03g/cm^3，根据水泥批次不同，微调分散剂的加量保证水泥浆的流动性良好，尤其是水平井中需要水泥浆摩阻低、流动性好。

（1）水泥浆常规性能评价

按 API 规范对低渗弹韧耐腐蚀水泥浆体系不同井况下的稠化时间、失水、游离液、稳定性性能进行测试，测试结果见表 5-3-39。

表 5-3-39　低渗弹韧耐腐蚀水泥浆常规性能评价

实验条件	稠化时间/min	初始稠度/Bc	失水量/mL	游离液/mL	上下密度差/(g/cm^3)	SPN 值
80℃，55MPa	119	15	30	0	0.01	1.65
100℃，60MPa	131	15	32	0	0.02	2.14

可以看出，常规密度低渗弹韧耐腐蚀水泥浆体系，稠化时间可调，稠度低，利于泵送和通过套管窄间隙，同时，零游离液，失水量小于 35mL，浆体稳定，SPN 值小于 3，防窜性能良好，符合设计要求。

（2）水泥石力学性能评价

对低渗弹韧耐腐蚀水泥石进行抗压强度、抗拉强度、弹性模量、渗透率、线性膨胀率测试，测试结果见表 5-3-40。

表 5-3-40　低渗弹韧耐腐蚀水泥石力学性能评价

密度/(g/cm^3)	48h 抗压强度/MPa	7d 抗压强度/MPa	7d 抗拉强度/MPa	7d 弹性模量/GPa	7d 气体渗透率/($10^{-3}\mu m^2$)	7d 线性膨胀率/%
1.88	20.6	31.8	2.5	5.9	0.02	0.16

（3）水泥石耐腐蚀性能评价

文 23 气田 CO_2 含量为 0.31%～1.51%，地层水为高矿化度盐水，Cl^- 含量为(16～18)×10^4mg/L。文 23 储气库的气源为新粤浙管道的新疆煤制气，气源中含有 CO_2(2%、分压 0.7MPa)和 H_2(3%、分压 1MPa)。通过腐蚀前后抗压强度、X-衍射检测，分析强度和产物变化。

根据文 23 气田生产实际，确定腐蚀试验方案如下：

实验温度点：100℃、120℃；

实验时间：7 天；

CO_2分压：3MPa；

水泥浆体系：低渗增韧耐腐蚀水泥浆体系；

实验用水：Cl^-含量为 18×10^4mg/L 文 23 地层水；

实验仪器：室内模拟评价 CO_2腐蚀水泥石实验装置，该装置组成主要包括高温高压试验釜、温度控制系统和 CO_2分压控制装置，如图 5-3-28 所示。

1）抗压强度。设计加工了腐蚀试块模具 16 套及支架 1 个，结构如图 5-3-29 所示。

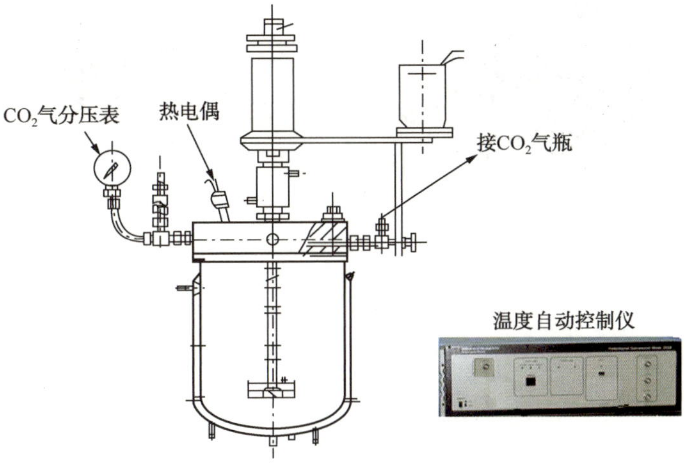

图 5-3-28　CO_2腐蚀水泥石实验装置

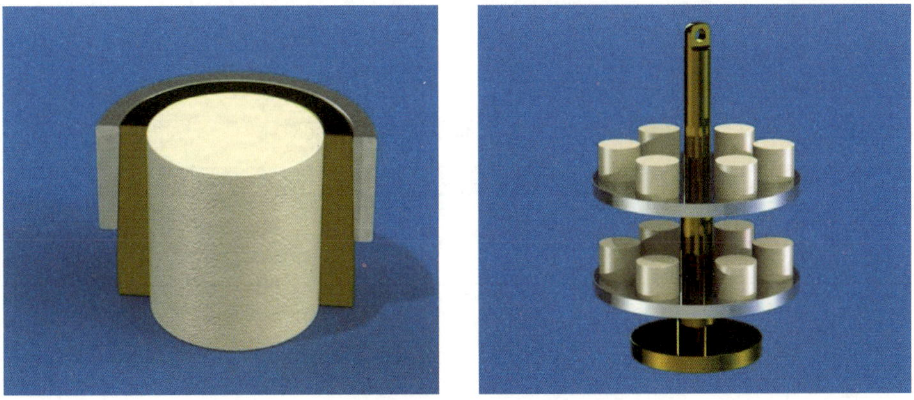

图 5-3-29　腐蚀模具及支架结构

模具及支架由不锈钢制成，模具由内外两层组成，内层纵向分为两半，内侧为 25mm×25mm 空心正圆柱，外侧有一定锥度；外层内侧与内层外侧锥度一致，外侧无锥度。使用时将内层断面、内壁及外层的内壁均匀薄涂密封脂，仔细对接，将内外层紧密扣合在一起，置于已涂好密封脂的底座上，将水泥浆用搅拌棒引流入内，赶净气泡，盖上盖板，置于养护釜或水浴箱中养护至规定期龄，拆模后将水泥柱用 240 目砂纸打磨，放入支架上，进行腐蚀试验的养护。支架分为可拆卸的两层，每层可放 6 块试块，其间隔大于 20mm。实物如图 5-3-30 所示。

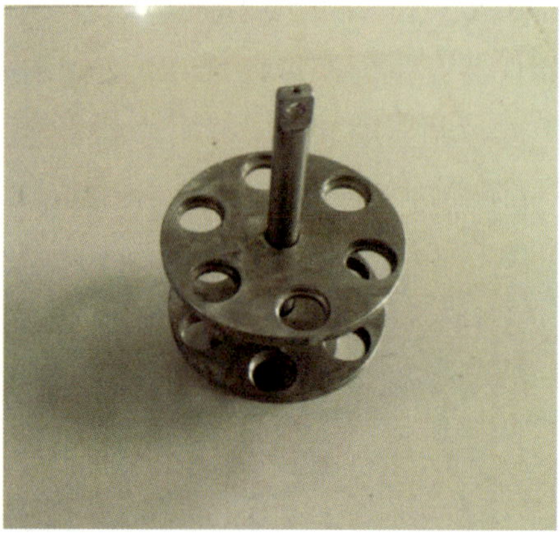

图 5-3-30　腐蚀模具及支架实物

文 23 储气库二开钻至 2760m，三开钻至 3150m，裸眼段为 2760~3150m，水泥环与地层流体接触发生在裸眼段，所以将腐蚀的养护温度设定为 100℃及 120℃，水泥石养护按 80℃常压、100℃及 120℃加压、48h 进行。

采用三组配方配浆，将其与 JHG 净浆(4#)倒入试模内，按 80℃常压、120℃、21MPa 养护，另两块按 100℃、21MPa 养护，期龄为 48h，每个温度每个配方均做腐蚀前后抗压强度及衍射图谱分析对比，评价不同温度不同配方抗腐蚀能力，结果如表 5-3-41、图 5-3-31~图 5-3-36 所示。

表 5-3-41　水泥石腐蚀前后强度对比

		腐蚀前抗压强度/MPa	腐蚀后抗压强度/MPa	抗压强度增减/MPa/变化率/%
80℃	1#	33.3	37.7	4.4/13.21
	2#	28.19	25.3	-2.89/-10.25
	3#	23.22	27.1	3.88/16.71
	4#	36.56	22.4	-14.16/-38.73
100℃	1#	28.11	27.0	-1.11/3.95
	2#	26.73	24.0	-2.73/-10.21
	3#	26.02	29.74	3.72/14.3
	4#	40.97	25.2	-15.77/-38.49
120℃	1#	38.6	35.7	-2.9/-7.5
	2#	26.88	24.1	-2.78/-10.34
	3#	17.62	22	4.38/24.86
	4#	26.88	24	-2.88/-10.71

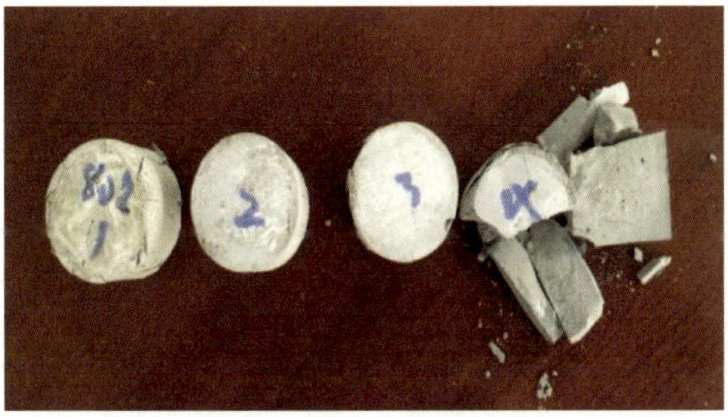

图 5-3-31　80℃养护水泥石腐蚀前破型后

图 5-3-32　80℃养护 120℃腐蚀水泥石破型后

图 5-3-33　100℃养护水泥石腐蚀前破型后

图 5-3-34　100℃养护 120℃腐蚀水泥石破型后

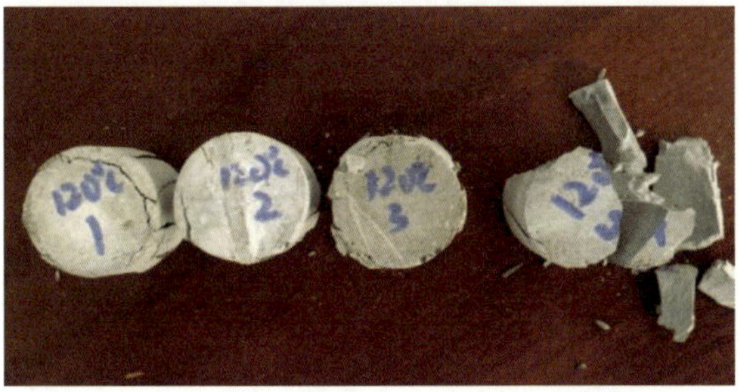

图 5-3-35　120℃养护水泥石腐蚀前破型后

图 5-3-36　120℃养护 120℃腐蚀水泥石破型后

2）X-射线衍射分析。X-射线衍射图谱如图 5-3-37～图 5-3-42 所示。

从衍射峰位置可分析出腐蚀前水泥石中的主要物相为 $Ca(OH)_2$、C-S-H 凝胶，腐蚀后增加了 $CaCO_3$和 NaCl，说明 CO_2与水泥的水化产物 $Ca(OH)_2$反应生成 $CaCO_3$。4#试样中 NaCl 的衍射峰较高，说明净浆水泥石的孔隙率高，渗透性强，矿化水中的 NaCl 更易渗透进入，易被 CO_2腐蚀。

与 80℃常压养护腐蚀前后对比，100℃加压养护后进行腐蚀，腐蚀前后水泥石的物相并没有较大的变化，因为加压养护，水泥石比较密实，CO_2难以渗透进水泥石，腐蚀程度较低，腐蚀产物较少，$CaCO_3$衍射峰不明显。而且腐蚀后水泥石中 $Ca(OH)_2$的峰仍较强，说明其含量较多，腐蚀程度低。

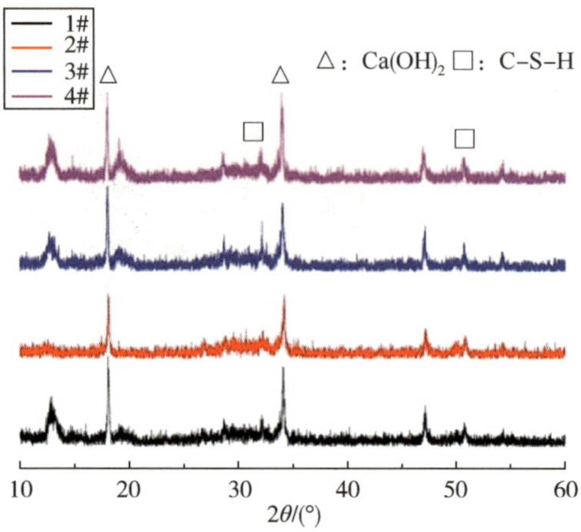

图 5-3-37　80℃养护腐蚀前水泥石衍射图谱

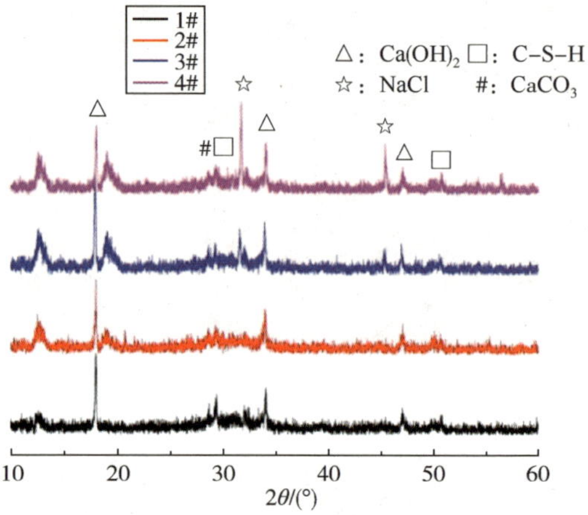

图 5-3-38　80℃养护腐蚀后水泥石衍射图谱

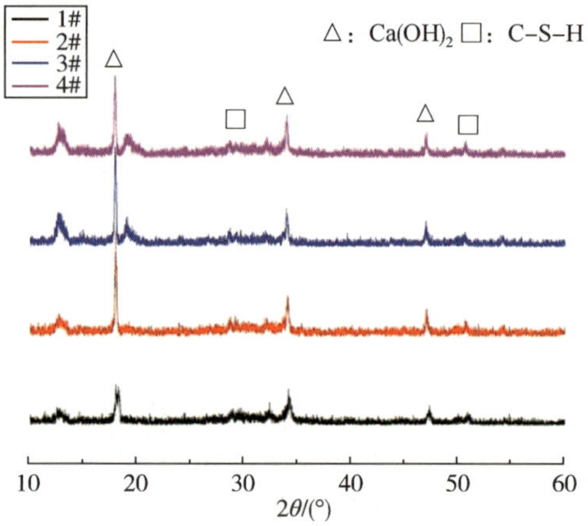

图 5-3-39　100℃养护腐蚀前水泥石衍射图谱

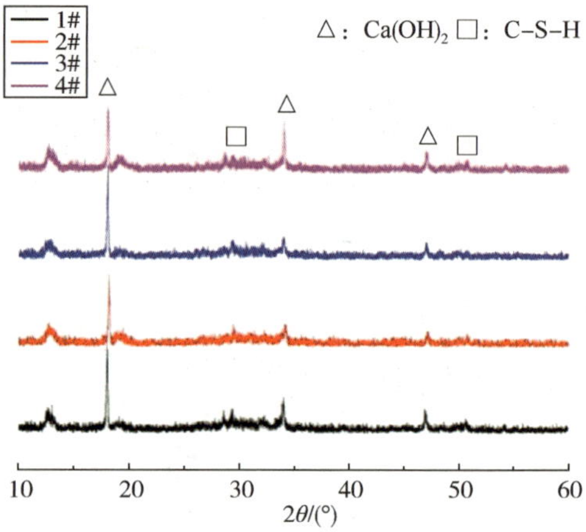

图 5-3-40　100℃养护腐蚀后水泥石衍射图谱

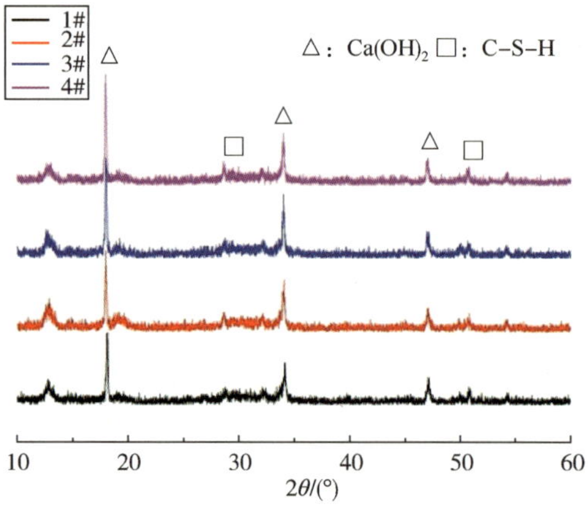

图 5-3-41　120℃养护腐蚀前水泥石衍射图谱

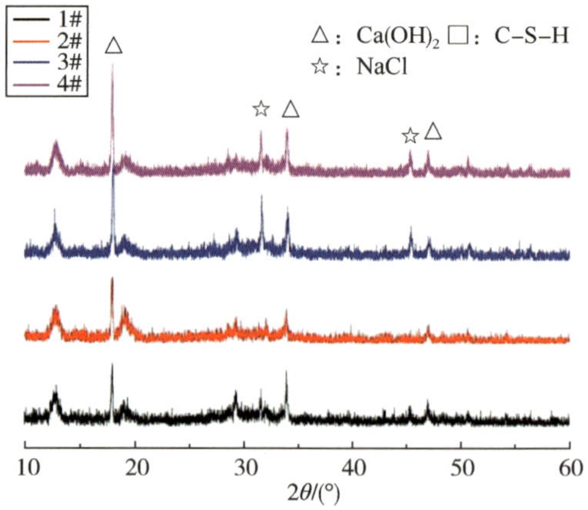

图 5-3-42　120℃养护腐蚀后水泥石衍射图谱

120℃养护水泥石密实，腐蚀程度较低。

通过上述各项性能评价分析，低渗弹韧耐腐蚀水泥浆体系将胶乳防气窜剂、弹性剂颗粒、纤维增韧剂三种材料有机结合在一起，与其他外加剂共同作用，常规性能优良，弹性模量低，水泥石致密，渗透率仅 0.02mD，耐腐蚀性能良好，适用于中原储气库储层固井。

（4）交变应力下水泥环密封性评价

1）高温高压水泥环完整性评价仪。综合分析国内外水泥环完整性评价方法及装置的优缺点后，通过建立理论模型，并利用 MathCAD 计算套管等效应力，使用等效物理装置，使其能够将实际井筒中的水泥环在井下的承载过程等效到本装置的水泥环中，通过本装置模拟水泥环在后期开采的承载过程，采用气测方式测试水泥环完整性。测试装置如图 5-3-43 和图 5-3-44 所示。

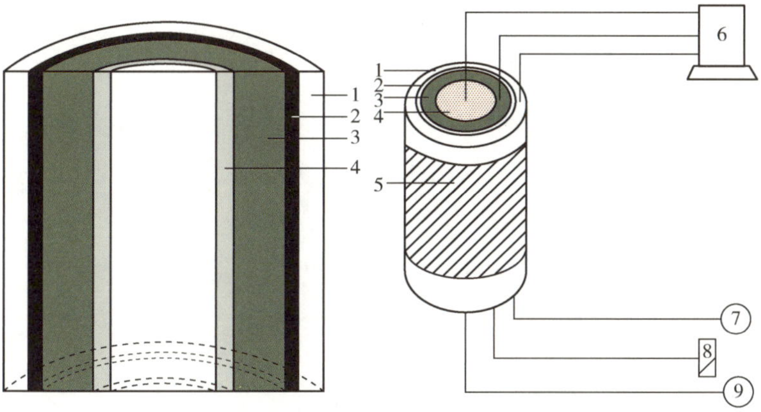

图 5-3-43　水泥环力学损伤模拟装置及原理图

1—釜体壁；2—橡胶套；3—水泥环；4—套管；5—加热套；

6—计算机；7—围压泵；8—高压氮气瓶；9—内压泵

图 5-3-44　高温高压水泥环完整性评价仪

该装置的工作原理是首先将养护成型的水泥环放入橡胶套内，利用加压泵将流体(油或水)注入橡胶套与釜体的环形空间内，通过橡胶套将实际的温度、压力传递给水泥环，模拟地层压力对水泥环的作用；利用釜体壁上加热套设定温度模拟地层温度；利用加、泄压泵向套管内注入流体(油或水)，模拟套管内压力的变化对水泥环的作用；利用注入氮气通过水泥环端面，动态检测水泥环在真实环境下的封固状态；通过压力表的读数，气体流量计的显示值，验气瓶有无气泡冒出，来判断水泥环是否在该条件下发生损伤甚至破坏。

2）水泥环完整性装置等效机理。

① 几何相似原理。根据实际的井眼尺寸按比例缩小，使模拟井筒装置的尺寸与实际井筒尺寸成一定比例。

② 等效应力原理。将所建立的水泥环完整性模型推导三应力值(径向、周向、轴向)，根据 Von. Mises 应力计算出等效应力值。

$$\sigma=\frac{1}{\sqrt{2}}\sqrt{(\sigma_\theta-\sigma_z)^2+(\sigma_z-\sigma_r)^2+(\sigma_r-\sigma_\theta)^2} \tag{5-3-1}$$

候凝结束后，在初始状态的基础上，水泥环界面应力变化主要来源于井筒内应力、地层应力的改变。从而可根据叠加原理，对水泥环应力状态的求解可以分解为以下三个应力状态：a. 初始应力状态；b. 井筒内压力；c. 地层应力。

水泥环物理模型如图 5-3-45 所示，水泥环受力模型如图 5-3-46 所示。

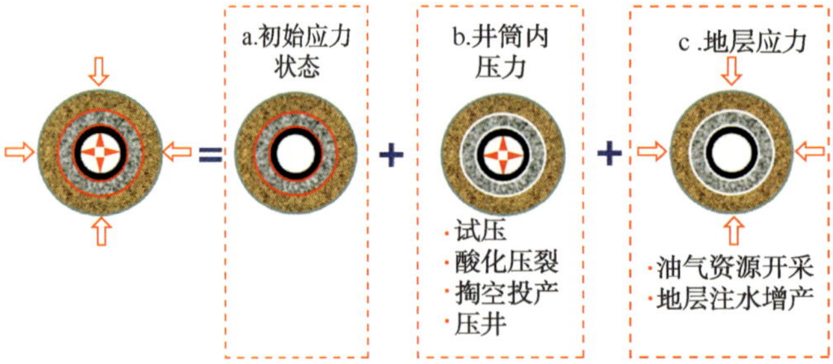

图 5-3-45　水泥环物理模型

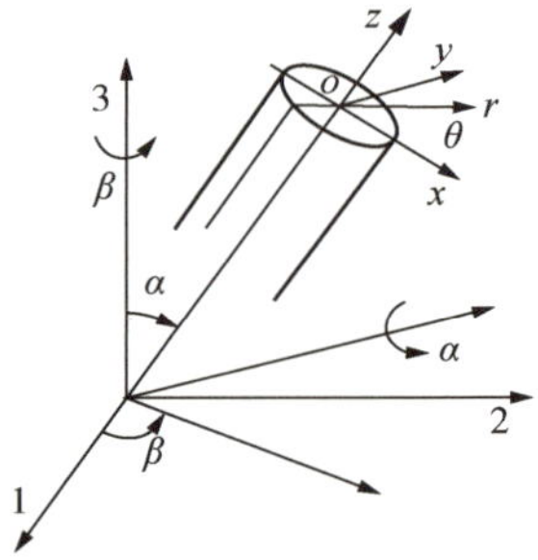

图 5-3-46　水泥环受力模型

模型的建立考虑井斜角、方位角，具有更广泛的适用性，对原始坐标系进行转换。将界面初始应力状态、套管内压力和地层应力对水泥环产生的应力增量进行叠加，即可得到水泥环应力分布的理论解。

$$\sigma_{r1}=-\frac{r_2^2r_3^2}{r_3^2-r_2^2}\left\{\begin{aligned}&\left(\frac{1}{r^2}-\frac{1}{r_3^2}\right)\left[P_{2i}+g_1\Delta P_1+g_2\left(\frac{\Delta\sigma_{xx}}{2}+\frac{\Delta\sigma_{yy}}{2}+\frac{v_f\Delta\sigma_{zz}}{(1-2v_f)(1+v_f)}\right)\right]\\&+\left(\frac{1}{r_2^2}-\frac{1}{r^2}\right)\left[P_{3i}+g_3\Delta P_1+g_4\left(\frac{\Delta\sigma_{xx}}{2}+\frac{\Delta\sigma_{yy}}{2}+\frac{v_f\Delta\sigma_{zz}}{(1-2v_f)(1+v_f)}\right)\right]\end{aligned}\right\}$$

$$+\frac{h_1}{h_2}\left(1-4\frac{r_1^2}{r^2}+3\frac{r_1^4}{r^4}\right)\left[\left(\frac{\Delta\sigma_{xx}}{2}-\frac{\Delta\sigma_{yy}}{2}\right)\cos2\theta+\Delta\sigma_{xy}\sin2\theta\right] \tag{5-3-2}$$

$$\sigma_{\theta\theta}=-\frac{r_2^2r_3^2}{r_3^2-r_2^2}\left\{\begin{array}{l}\left(\frac{1}{r^2}+\frac{1}{r_3^2}\right)\left[P_{2i}+g_1\Delta P_1+g_2\left(\frac{\Delta\sigma_{xx}}{2}+\frac{\Delta\sigma_{yy}}{2}+\frac{v_f\Delta\sigma_{zz}}{(1-2v_f)(1+v_f)}\right)\right]\\-\left(\frac{1}{r_2^2}+\frac{1}{r^2}\right)\left[P_{3i}+g_3\Delta P_1+g_4\left(\frac{\Delta\sigma_{xx}}{2}+\frac{\Delta\sigma_{yy}}{2}+\frac{v_f\Delta\sigma_{zz}}{(1-2v_f)(1+v_f)}\right)\right]\end{array}\right\}$$

$$-\frac{h_1}{h_2}\left(1+3\frac{r_1^4}{r^4}\right)\left[\left(\frac{\Delta\sigma_{xx}}{2}-\frac{\Delta\sigma_{yy}}{2}\right)\cos2\theta+\Delta\sigma_{xy}\sin2\theta\right] \tag{5-3-3}$$

$$\sigma_{zz}=v_s\cdot(\sigma_{rr}+\sigma_{\theta\theta}) \tag{5-3-4}$$

③ 模拟装置中水泥环等效应力值的获取。根据所建水泥环完整性数理模型得到的水泥环应力分布的理论解，利用 MathCAD 软件，分别作出实际井筒全尺寸水泥环内壁等效应力与模拟井筒水泥环内壁等效应力的两条直线，它们两者的交点即是等效应力点，即模拟装置内压的调节值，如图 5-3-47 所示。

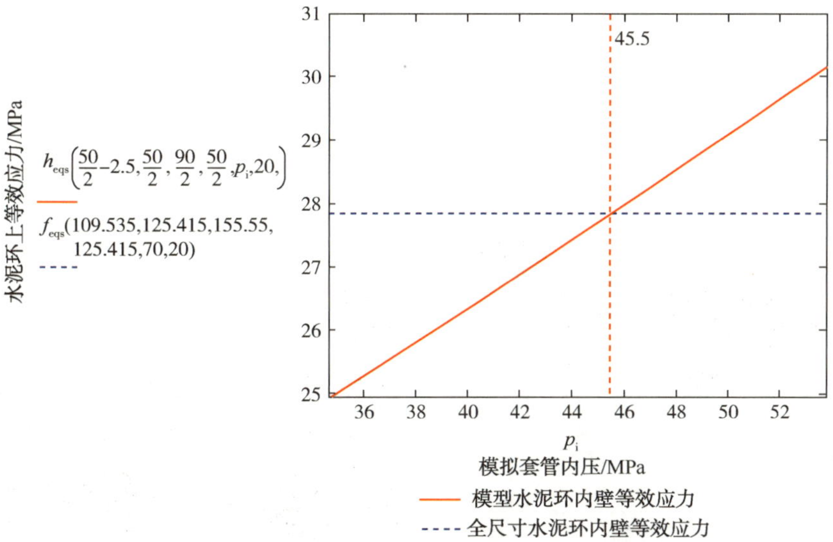

图 5-3-47 水泥环等效应力图

④ 实际井筒转化到模拟井筒的设计思路(图 5-3-48)。

通过几何相似与等效应力原理，利用 MathCAD 软件，建立水泥环完整性数学模型，计算等效应力值，最终实现将实际井筒下水泥环的承载过程等效到模拟井筒装置上。

3）水泥环密封性测试。

将配制好的水泥浆倒入水泥环模具中，将模具放在养护釜中，在 110℃ 和 21MPa 的条件下养护 48h，取出模具。将制备好的样品装入完整性评价仪器中，试压 20MPa，试压过程未发生明显气窜现象，则卸载压力，将温度升高至 110℃，按照既定的工况进行测试。

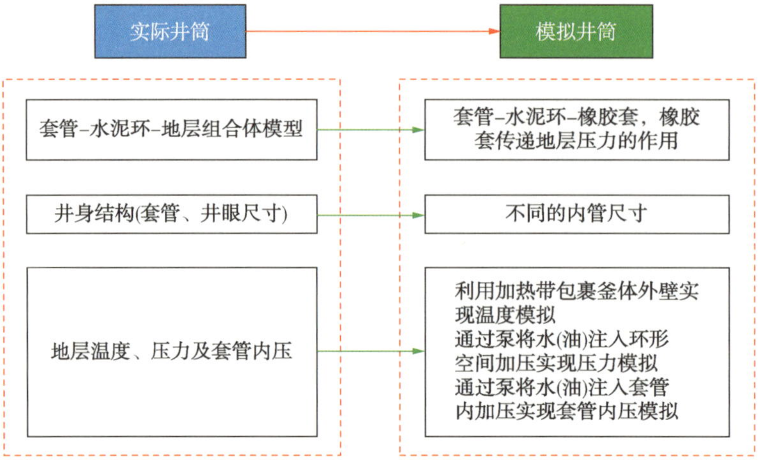

图 5-3-48　实际井筒转化到模拟井筒的设计思路

测试实验前(图 5-3-49)，水泥环完好，端面平整，没有裂缝。常规水泥浆测试结果如图 5-3-50 所示，在第一工况(内压 17.8MPa，围压 15MPa)的恒压阶段，第 35min，开始出现气窜，第二工况随着内压升高 63MPa，出现明显气窜，说明此时试样已经遭到完全的破坏，取出后发现水泥环试样开裂，套管与水泥石脱离，如图 5-3-51 所示。

图 5-3-49　常规水泥浆试样测试前

非渗透弹韧性水泥浆配方的测试结果如图 5-3-52 所示。

实验结果表明，非渗透弹韧性水泥石在既定工况下没有发生气窜，具有较好的密封完整性。

4) 水泥环循环载荷密封能力评价模拟试验。中原储气库设计最高注气压力为 34.5MPa，所以将套管内压定为 35MPa，进行 35MPa 下疲劳测试。

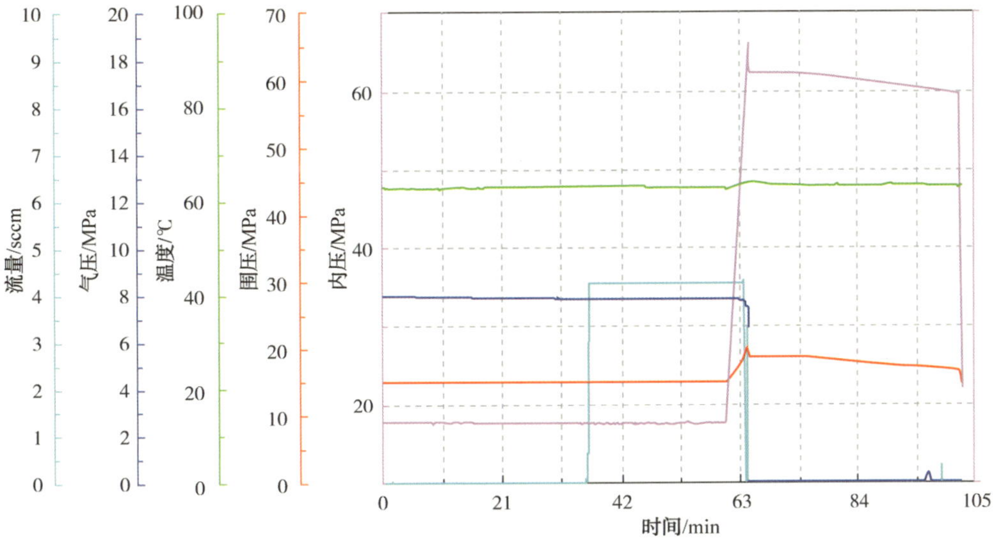

图 5-3-50 常规水泥浆配方完整性测试数据

图 5-3-51 常规水泥浆配方试样测试后

低渗弹韧耐腐蚀水泥环在套管内最大压力为 35MPa，交变应力加载方式下测试的压力变化与出气量如图 5-3-53 所示。

套管内最大压力 35MPa 循环加载 100 次，没有发生气窜现象，水泥环密封性保持完好。在该压力作用下，水泥环中产生的应力水平较小，周向的拉应力没有超过水泥环的抗拉强度，没有产生径向的拉伸破坏裂缝；径向的压应力没有达到水泥环的屈服强度，水泥环没有产生塑性变形，最大内压作用下，水泥环仍然处于弹性受力阶段，卸载时，弹性变形能够完全恢复。在加载和卸载时，套管和水泥环能够协调变形，界面处没有出现微环隙。

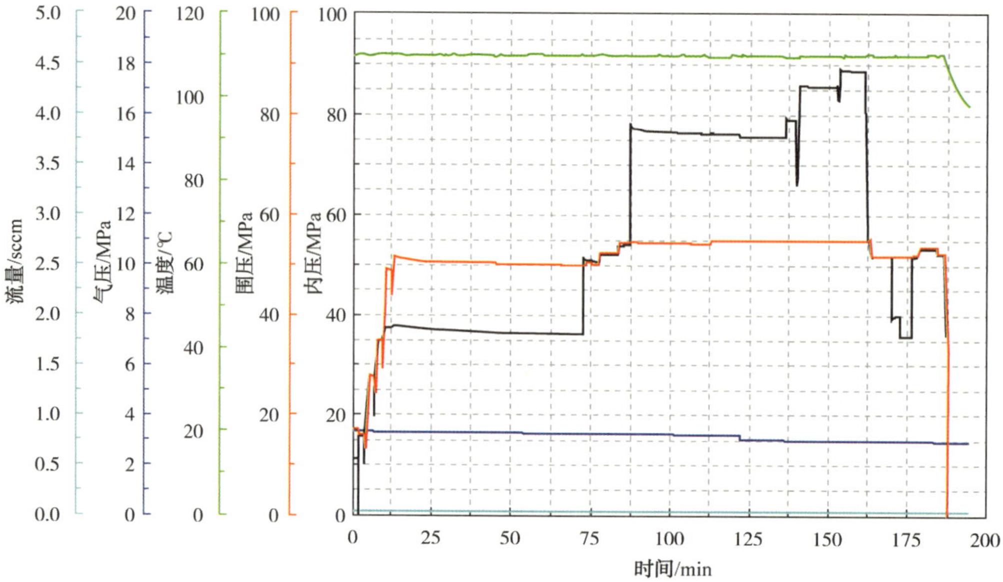

图 5-3-52　非渗透弹韧性水泥浆完整性测试数据图

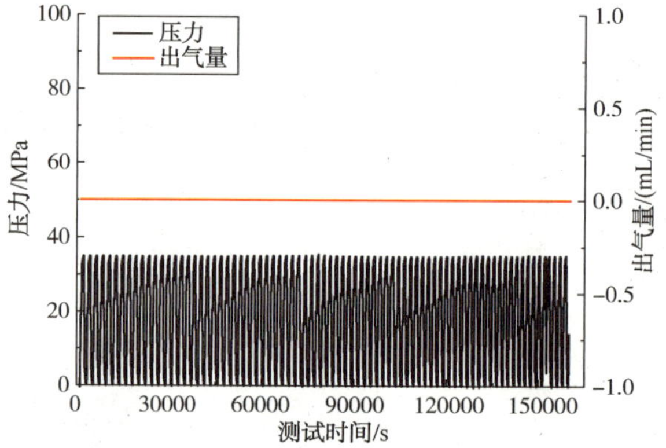

图 5-3-53　非渗透弹韧性水泥环 35MPa 交变应力的压力变化与出气量

根据试验结果可知，低渗弹韧耐腐蚀水泥浆体系形成的水泥环在套管内压为 35MPa 条件下循环加载卸载 100 个周期未发生气窜，水泥环保持完整，未因应力变化发生失效，即在最大注气压力 35MPa 条件下，水泥环依然能够满足周期性注采需要。

第六章

中原储气库固井综合配套技术

第一节　储气库固井难点

中原储气库以盐层、盐膏层为主要盖层，保证巨厚盐层段的优质封固给固井施工带来巨大挑战。储层气藏均为枯竭型气藏，受东濮凹陷特有的地质构造影响，地质条件复杂，具有地层孔隙度高、渗透率变化大、压力系数低、地层亏空严重等特点，且经过多轮次压裂注水开发，井下储层压力系统紊乱，造成了固井防漏与防窜的巨大矛盾。因此中原储气库固井施工的技术难点主要有以下几点：

一、固井漏失风险大

由于储气库长久运行的安全需求，要求每层套管水泥浆返至地面，盖层开次裸眼段较长且存在多套压力系统，易发生漏失；枯竭气藏储层经过 30 多年的开发，气田主块储层地层压力较低，固井过程中环空液柱压力高，注替水泥浆过程中易发生漏失。以漏失最为严重的文 23 储气库为例，钻井过程中多数平台都发生不同程度的漏失。根据统计，漏失原因主要为断层发育引起的渗透性漏失和裂缝性漏失，以及文 23 盐上部文 10 块油层亏空引起的失返性漏失。具体漏失情况详见表 6-1-1。

表 6-1-1　文 23 储气库漏失情况统计

漏失影响因素	井场	漏失井深/m	漏失层位
断层发育导致漏失	3#	2400~2700	沙一段/沙二下亚段/沙四上亚段
	4#	2500~2600	沙三下亚段
	6#	2800~2900	沙四上亚段
	7#	2200~2300	沙三中亚段
	8#	2350~2700	沙三中亚段
	9#	2000~2100	沙一段
产层亏空	7#	2200~2250	沙三上亚段
	8#	2300~2700	沙三中亚段/沙三下亚段
	10#	2300~2400	沙三中亚段
	11#	2300~2500	沙三中亚段/沙三下亚段

1. 渗透性漏失和裂缝性漏失

文 23 气田主要发育文西、文 68、文 104、文 105 等 4 条主要断层，将气田划分为主块、东块、西块、南块 4 个断块区，其中文西、文 68、文 104、文 105 等 4 条断层围成的断块区为主块，在气田主块区域内建设储气库，而主块区域内部发育有断层共 26 条，其中原始状态下 3 条+2 个半条为封闭断层，9 条+2 个半条为弱封闭断层，12 条断层不具有封闭作用。从文 23 储气库一期钻井施工看，发育的断层圈闭了不同地层压力，极易诱发钻井漏失发生，特别是在区域东部、东南部内部断层更为发育，从东营组到沙四钻井穿过断层更多，漏失概率更高，漏失量更大。

2. 注采层位亏空造成的失返性漏失

漏失具体表现为文 23 盐层上部文 10 块亏空油层导致的失返性漏失。较为严重的漏失主要集中在文 23 主块东南区域，7#、8#、10#、11#平台，二开钻进至沙二至沙三段普遍发生漏失，特别是南部 11#平台，已钻 8 口井，其中 6 口井发生漏失，5 口井发生严重的失返性漏失，主要原因为文 23 主块东南部与文 10 块平面重叠，文 10 块老井多达 100 余口，经过多年开发及储层改造造成地层压力紊乱，二开穿盐过程中极易发生漏失。

二、井眼清洁困难

大斜度井段和水平段井壁应力稳定性差，岩屑在自重作用下沉降到贴底边难以有效清除。

储气库注采井钻进过程中对钻井液性能的要求与提高固井质量的钻井液性能要求两者间存在一定的矛盾性。在钻进过程中，为满足井控、钻速、防漏防卡、安全起下钻等生产需要，要求钻井液密度适当过平衡、低滤失量、强抑制能力，具有较高黏度和切力，具有高悬浮和高携屑能力以及具有优质泥饼、优良流变性和粗分散(絮凝)特性；而在固井时，为提高井眼净化程度和第二界面胶结质量，必须对钻井液性能进行调整。希望钻井液密度适当过平衡、低滤失量、强抑制能力，但具有较低黏度、低切力、高悬浮、高携屑能力及优质泥饼、优良流变性和细分散(反絮凝)特性。因此钻井液性能调整具有一定的难度及风险性，导致固井过程中的井眼清洁程度不良，井壁上遗留大量附着胶凝物，第二界面胶结质量也无法得到保证。

泥饼性能关系到井壁稳定也严重影响到固井第二界面的胶结质量，钻井液所形成的泥饼质量差是致命弱点，特别是未注意泥饼造壁保护作用，在进行体系转换过程中未能及时形成优质泥饼，井下会出现因井壁不稳定被迫提高体系黏度、切力保证电测和下套管安全，以及电测、下套管后不敢降低钻井液黏度、切力、触变性的情况。此外，不重视清除井壁附着泥饼，劣质泥饼混入水泥浆将影响水泥胶结和声幅测井的质量，在固井后胶结质量不良，无法实现层间封隔。

三、套管居中度低

个别储气库在建设过程中部分井段井眼条件较差，存在井径不规则，有“大肚子”“糖葫芦”井眼的情况，套管居中度难以保证，导致部分井段环空间隙小或套管紧贴井壁，难以实现有效顶替和层间封隔。

四、套管安全下入困难

中原储气库注采井多为大斜度定向井或水平井，最大井斜达到92.88°，最大水平位移1564.58m，裸眼段长达1066m，水平井段套管与井壁发生长段大面积的接触，使井壁的侧向力增加，导致下套管摩阻增大，套管下入困难，同时套管受到自身重力影响，造成低边贴向井壁，导致套管难以居中。因此，长裸眼段易漏失井的套管安全下入面临巨大的挑战。

五、顶替效率不高

受地层易漏失影响，钻井液安全密度窗口窄，难以做到防漏与紊流顶替兼顾。由于部分注采井井眼条件较差，存在“大肚子”“糖葫芦”井段，螺纹井眼(图6-1-1)情况较为严重，导致泥浆及堵漏剂沉积在“大肚子”内形成死泥饼，无法有效替除。

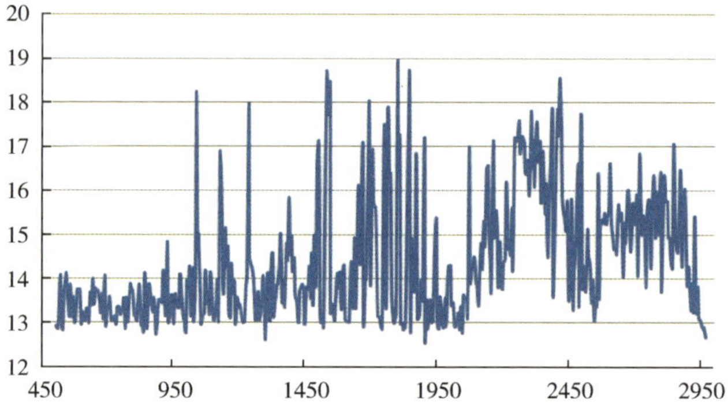

图6-1-1 典型的“螺纹”型井眼

第二节 防漏堵漏技术

储气库建设具有建设成本高、寿命周期长、安全性要求苛刻等特点，固井工程是储气库建设的核心技术。中原储气库的固井防漏堵漏技术由三部分组成，以钻进过程中随钻防漏技术和漏失层专项堵漏为基础、完钻地层承压堵漏为依据、以平衡压力固井技术为保障。

一、随钻防漏技术

以漏失较为严重的文23储气库为例，为给固井提供良好的井眼条件，需从根本上增强地层抗破能力，首先应在钻进过程中提高钻井液封堵性能，并进行随钻堵漏，增加地层抗破能力。

1. 优选防漏材料

通过室内评价与现场应用，选择具有一定强度和不同粒度大小的骨架材料、填充材料、活性胶结材料，提高防漏、堵漏材料的驻留强度。为保证钻井过程中的正常钻进，以与钻井液的配伍性和防漏、堵漏能力为依据，对刚性骨架材料、柔性拉筋材料和变形填充材料进行了优选评价。

根据堵漏材料在漏层发挥堵漏作用的原理，应用于优选防漏材料，提高防漏封堵效果。选择刚性架桥材料、柔性拉筋材料和填充材料。

（1）刚性架桥材料

依据 1/3~2/3 架桥理论，要求架桥颗粒在岩石较浅部位就能找到适合于架桥的孔隙尺寸，也就是架桥发生在什么地方以及效果如何，取决于打开地层瞬间钻井液中的颗粒尺寸分布，如果颗粒尺寸与孔隙尺寸不匹配，就不能有效形成架桥封堵，钻井液就会侵入储层深处。因此，架桥颗粒粒度的级配是随钻堵漏成功与否的关键，室内对刚性材料 QS−2 进行了优选，见表 6−2−1。结果表明，材料与钻井液的配伍性好，以 QS−2 作为架桥材料为宜。

表 6−2−1 刚性架桥材料优选

材料类型	材料及加量/%	AV/(mPa·s)	PV/(mPa·s)	40~60 目砂床中 0.7MPa 漏失量/mL
空白	空白	15.5	13	400
刚性架桥材料	1.0%QS−2	6	5	400
	2.0%QS−2	5.5	5	360
	3.0%QS−2	5.5	5	85

注：基浆 = 4%坂土浆+0.3%CPS2000。

（2）柔性拉筋材料

为了提高防漏材料拉筋填充造壁能力，提高形成防漏封堵层的抗破能力，优选随钻高强封固剂和微裂缝随钻堵漏剂作为柔性拉筋材料，并对其进行了配伍性和防漏能力评价，见表 6−2−2。结果表明，随钻高强封固剂及微裂缝随钻堵漏剂在加量 2%−3%具有良好的防漏失效果。

（3）填充材料

根据堵漏材料填充和抗温能力要求，选用可变形的沥青类、石墨粉作为变形填充材料，并对其进行了与钻井液的配伍性评价，结果见表 6−2−3，沥青粉、石墨粉作为变形填充材料其漏失量都较小，加量在 2%~3%都可显著提高防漏效果，两种材料都可作为变形填充材料，加量范围都在 2%~3%之间。

表 6-2-2　柔性拉筋材料优选

材料类型	材料及加量/%	AV/(mPa·s)	PV/(mPa·s)	40~60 目砂床中 0.7MPa 漏失量/mL
空白	空白	15.5	13	400
柔性拉筋材料	1.0%随钻高强封固剂	12.5	10	370
	2.0%随钻高强封固剂	13	11	102
	3.0%随钻高强封固剂	12.5	11	63
	1.0%微裂缝随钻堵漏剂	11	14	400
	2.0%微裂缝随钻堵漏剂	21	15	60
	3.0%微裂缝随钻堵漏剂	26	19	10

注：基浆=4%坂土浆+0.3%CPS2000。

表 6-2-3　变形填充材料

材料类型	材料及加量/%	AV/(mPa·s)	PV/(mPa·s)	40~60 目砂床中 0.7MPa 漏失量/mL
空白	空白	15.5	13	400
变形填充材料	1.0%石墨粉	10	9	400
	2.0%石墨粉	9.5	8	67
	3.0%石墨粉	8.5	7	36
	1.0%磺化沥青	11	8	400
	2.0%磺化沥青	9.0	7	58
	3.0%磺化沥青	8.0	5	30

注：基浆=4%坂土浆+0.3%CPS2000。

根据上述试验分析，防漏材料以 QS-2、随钻高强封固剂、微裂缝随钻堵漏剂、石墨粉、磺化沥青为主。

2. 防漏钻井液

防漏封堵材料加入钻井液中，能有效封堵岩石表面的孔喉，在井壁岩石表面形成致密低渗透封堵膜，有效封堵不同渗透性地层，降低钻井液滤失量，增强泥饼的致密性和韧性，提高薄弱地层的抗破能力，有效预防井漏的发生。

根据上述试验分析，确定随钻防漏剂配方，基浆加入 QS-2、随钻高强封固剂、微裂缝随钻堵漏剂、石墨粉、磺化沥青，进行了钻井液配伍性评价和漏层承压能力评价。

(1) 与钻井液的配伍性

基浆配方：

清水+0.2%Na_2CO_3+0.4%NaOH+1.0%LV-PAC+0.3%HV-CMC+1%CFL+0.3%HP+0.4%液体 150+0.1%XCD+NaCl，在该基浆的基础上加入试验确定的防漏材料(表 6-2-4)，评价与钻井液的配伍性。

表 6-2-4 防漏材料与基浆配方

序号	钻井液配方
1	基浆
2	基浆+2.0%QS-2+1.0%随钻高强封固剂+1.0%微裂缝随钻堵漏剂+1.0%石墨粉+1.0%磺化沥青
3	基浆+2.0%QS-2+1.5%随钻高强封固剂+1.5%微裂缝随钻堵漏剂+1.5%石墨粉+1.5%磺化沥青
4	基浆+3.0%QS-2+2.0%随钻高强封固剂+2.0%微裂缝随钻堵漏剂+2.0%石墨粉+2.0%磺化沥青
5	基浆+3.0%QS-2+3.0%随钻高强封固剂+3.0%微裂缝随钻堵漏剂+3.0%石墨粉+3.0%磺化沥青

注：将基浆的钻井液密度调至 1.20g/cm^3。

从表 6-2-5 各数据可看出，配方 2~4 与基浆的配伍性都较好，配方 4 和 5 的滤失量降低较多，但是配方 5 引起基浆黏度和切力升高，综合现场应用成本来看，配方 4 是较好的选择。

表 6-2-5 防漏剂配伍性评价

编号	AV/(mPa·s)	PV/(mPa·s)	YP/Pa	FL/mL
1#	55.5	29.0	26.5	4.8
2#	59.0	33.0	26.0	4.0
3#	64.0	24.0	40.0	4.0
4#	54.0	30.0	32.0	3.8
5#	66.0	35.0	30.0	3.0

注：将基浆的钻井液密度调至 1.20g/cm^3。

(2) 承压能力实验

评价方法：将评价井浆倒入如图 6-2-1 所示的模拟井筒中，密封管线，用配制好的防漏剂挤注。

选择 20~40 目为模拟漏层，考察防漏封堵剂在不同挤注量下的承压能力。

从漏层适应性评价中可看出，配方 3.0% QS-2+2.0%随钻高强封固剂+2.0%微裂缝随钻堵漏剂+2.0%石墨粉+2.0%磺化沥青能较好地适应漏层，故在 20~40 目砂床中评价 150℃/16h 老化后的 3.0%QS-2+2.0%随钻高强封固剂+2.0%微裂缝随钻堵漏剂+2.0%石墨粉+2.0%磺化沥青防漏剂封堵、承压能力。配制 3.0%QS-2+2.0%随钻高强封固剂+2.0%微裂缝随钻堵漏剂+2.0%石墨粉+2.0%磺化沥青防漏浆（800mL4%坂土浆+0.3%

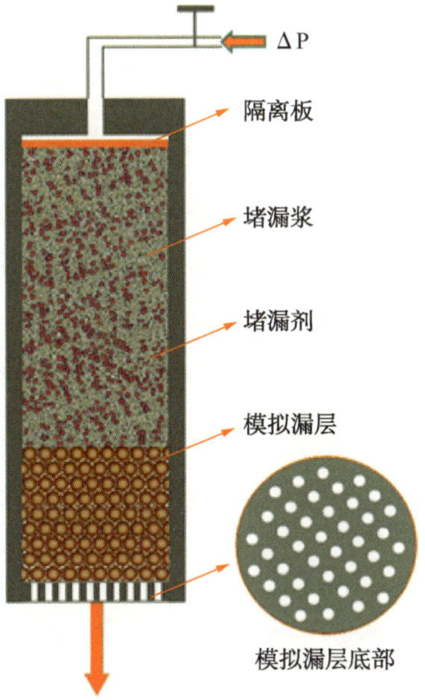

图 6-2-1 封堵实验评价示意图

CPS2000+3.0%QS-2+2.0%随钻高强封固剂+2.0%微裂缝随钻堵漏剂+2.0%石墨粉+2.0%磺化沥青)，用20~40目砂床做模拟漏层，记录不同挤注量下的挤注压力，挤注结束后，倒出防漏井浆，装入4%坂土浆重复挤注实验，挤注压力最高值即为形成防漏封堵层的承压能力，结果见图6-2-2。

根据以上实验形成二开防漏配方：3%QS-2+2%FD-1+2%随钻高强封固剂+2%微裂缝随钻堵漏剂+2%石墨粉。

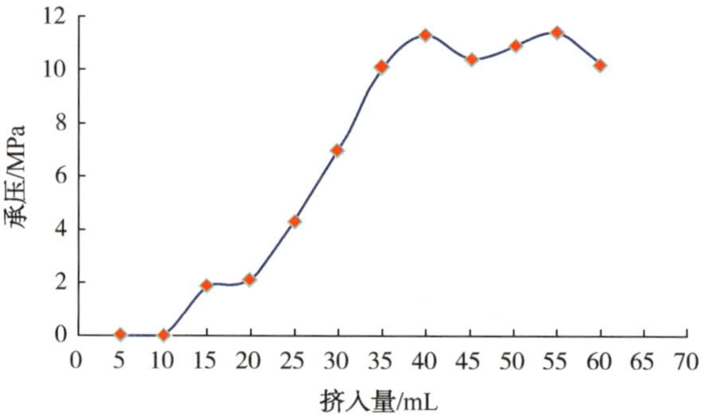

图6-2-2 150℃/16h老化后的配方1的随钻防漏封堵层承压实验结果

3. 防漏工艺

(1) 转换盐水钻井液时防漏

1) 优选防漏钻井液配方。经过优选钻井液配方，由原井浆混入量的40%增加到50%，坂含由原来的50g/L提高到55g/L，增强了钻井液造壁能力；护胶剂LV-CMC或PAC-LV由0.5%增加到1.0%，增强了钻井液护胶能力以形成致密的泥饼；优选微裂缝随钻堵漏剂代替FD-4，同时增加了各种封堵剂的加量，进一步提高钻井液的防漏能力。

2) 创新饱和盐水钻井液转换方法。传统转换方法是先在地面配制饱和盐水复合胶液，密度为1.20~1.22g/cm^3，大于井浆1.12g/cm^{3}的密度，当与井浆混合时增稠严重，由于密度、黏度的高低不均匀往往在替浆时造成漏失。

转换钻井液时，要求密度与井浆相同，保持顶替时压力均衡。调整氯根含量和提高钻井液密度在钻进过程中逐渐实施，具体方法为：井浆与胶液循环基本均匀后再逐步加盐，防止钻井液黏切变化大，增大环空流动阻力；钻井液密度逐渐提高，有利于提高地层承压能力，防止井漏发生。

(2) 钻遇低压层、断层井段防漏

钻至已知易漏失井段，补加部分随钻堵漏、封堵剂(超细目碳酸钙、磺化沥青粉、石墨粉、高强封固剂、微裂缝随钻堵漏剂按配方加入)，同时加入3%~5%复合堵漏剂，振动筛布更换10目筛布，随着堵漏剂的筛除并及时补充，保证堵漏剂含量，预防失返性井漏的发生。

（3）下套管防漏

下套管前通井，裸眼段加入3%～7%FD-4细颗粒复合堵漏剂，防止下套管或开泵循环时发生井漏。

（4）工程措施防漏

① 进入漏层前必须拉好井壁，保持井眼畅通，起下钻无阻卡，确保在发生井漏时安全顺利起出钻具。

② 严格控制下钻速度，分段循环，小排量顶通，正常后再逐渐增大排量，循环时应避开漏层。下钻遇阻要划眼，不能硬压，防止地层发生漏失。

③ 每次开泵前先启动转盘转动钻具1～3min，以破坏钻井液结构，降低开泵时的激动压力。

④ 对于可预知的漏失层段，在加入堵漏剂后，用小排量钻进，并合理控制钻时钻穿漏层。

⑤ 拉完井壁、下完套管后，由于钻具或套管扶正器刮井壁破坏泥饼，采用缓慢开泵，逐步增大排量的方法，以利于形成泥饼，巩固井壁，预防井漏。

⑥ 认真执行坐岗制度，专人观察井口及钻井液液面的变化情况，无论钻进还是下钻时，及早发现井漏，立即起钻至套管内，并连续向井内灌入钻井液，同时做好堵漏准备。

二、专项堵漏技术

针对钻完井过程中的恶性漏失，随钻堵漏效果不明显的情况，需采取专项堵漏以便为下步固井作业的高顶替效率和一次成功率奠定基础。根据液面高度确定不同的堵漏方法，液面高度由高到低采用以下堵漏方法：

1. 复合桥浆堵漏

井浆+10%桥塞堵漏剂

注入漏层，根据地层情况，适度进行憋压，静止堵漏8～24h。

2. 桥塞堵漏

井浆+15%～20%桥塞堵漏剂

光钻杆下入漏层上部50～100m，将堵漏浆泵入井内，根据地层情况，进行适度憋压，静止堵漏10～24h。

3. 中原速堵

水∶快速封堵剂=1∶（0.5～0.7），复合3%～5%片状架桥材料（3～5mm∶1～3mm=2∶1）

光钻杆下入漏层上部50~100m，将堵漏浆泵入井内，根据地层情况，进行适度憋压；堵漏结束起钻、下钻扫塞恢复钻进。

三、承压堵漏技术

为降低下套管和固井过程中环空静液柱压力增加，导致地层发生漏失的风险，需按照固井施工设计的要求分别做静态和动态地层承压试验。若不满足要求则进行堵漏，直至满足固井设计要求后方可进行下套管作业。

1. 动态地层承压

钻井液筛除堵漏剂后，要求动态承压循环排量不低于替浆时盖层段的环空返速，循环一周以上不漏失为合格。若未达到要求则针对漏失层段进行专项堵漏后，再次做地层承压试验，直至满足要求。

2. 静态地层承压

地层静态承压值计算：

$$P=P_z+P_g+P_s+P_f \tag{6-2-1}$$

式中　P——注水泥结束瞬间，环空压力最大值，MPa；

P_z——注水泥结束瞬间，环空钻井液液柱压力值，MPa；

P_g——注水泥结束瞬间，环空隔离液液柱压力值，MPa；

P_s——注水泥结束瞬间，环空水泥浆浆柱压力值，MPa；

P_f——循环压降，MPa。

在最终确定环空最大压力值基础上计算井底当量密度：

$$\rho_d=\frac{P}{H_c \times g} \tag{6-2-2}$$

式中　ρ_d——井底当量密度，g/cm³；

H_c——井底垂深，m；

g——动常数。

地层静态承压值：

$$P_c=(\rho_d+0.05g/cm^3-\rho_z)\times H_c \times g \tag{6-2-3}$$

式中　ρ_z——钻井液密度，g/cm³。

静态承压要求先将井筒内钻井液中的堵漏剂筛除后再关井进行地层承压，承压值以固井时井底当量密度附加0.05g/cm³ 不漏为合格。若堵漏效果不理想，可采用胶凝水泥浆进行堵漏，然后钻塞做承压实验。承压要求：下钻通井到底大排量循环洗井，待井眼稳定正常后，起钻具至上层套管内，关封井器，进行分段加压，每次加压后稳压至少10min，井底当量密度达到设计值且无漏失为合格。中原各储气库的地质条件差异较大，具体静态地层承压情况见表 6-2-6。

表 6-2-6 中原储气库地层承压实验情况 MPa

静态地层承压层位	卫 11 储气库	文 24 储气库	白庙储气库	文 23 储气库	文 13 储气库
盖层	—	—	3~3.5	2.5~3.5	6~7
储层	8.5~9	5~8	9~10	8~10	19~20

四、正注反挤工艺

通过随钻堵漏、专项堵漏和地层承压堵漏后，易漏失层的承压能力已得到了大幅提高，但针对个别储气库注采井二开下完套管开泵循环时发生漏失，经堵漏仍无效果的井或固井施工过程中发生漏失，水泥返高达不到设计要求的井，采用正注反挤固井工艺。先按正常注水泥施工，待中浆初凝后从井口环空进行反挤水泥作业。该工艺在漏失最为严重的文 23 储气库 10 号平台应用，有效满足了盖层的封固要求，实现了正注水泥浆和反挤水泥浆的有效对接。反挤作业施工程序如下：

① 套管头下部环空返出口安装好反挤快速接头。

② 环空试挤：采用水泥车进行试挤，排量大于 200L/min(8MPa)，方可进行挤堵作业。

③ 挤注隔离液(配浆水)，再挤入计算好的常规密度水泥浆，反挤水泥浆量达到 80% 时，停泵一段时间，再间歇式挤入剩余的水泥浆。注浆过程中一旦起压，立即停止注浆作业。

④ 关环空闸门，候凝 48h，缓慢开井放压。

第三节 井眼清洁技术

按照注采井大流量注采的储气库建库理念，坚持打高产井、少打井的思路，为增大储层接触面积，进一步提高建库效率，国外枯竭气藏储气库井逐渐推广应用丛式井、水平井，并普遍采用大直径井眼。中原储气库注采井的井型也由卫 11、文 13 等储气库的常规定向井向文 24 储气库和文 23 储气库二期工程的大斜度定向井和水平井发展，面临着井眼清洁困难的技术难题。通过分析影响井眼清洁主要因素，优化大斜度、大尺寸井眼净化技术，降低套管安全下入的安全风险，为固井质量的提高奠定良好的井眼基础。

一、影响井眼清洁的主要因素

1. 井斜

井斜是影响大位移井眼清洁的主要因素之一。为岩屑床的形成提供了条件，受重力影响，岩屑颗粒容易在井眼低边聚积形成岩屑床，环空岩屑总浓度、临界返速均随井斜增大而增大，井眼净化程度则随井斜角增加而下降。研究人员根据井斜大小将环空斜井段分为三个区域，即第一净化区（0°～30°±5°），第二净化区（30°±5°～60°±5°），第三净化区（60°±5°～90°）。在第一净化区，井斜角达到第一临界 25°～30°时，岩屑会在重力作用下沉至低边并滑向井底方向，井眼净化基本类似直井携岩要求；在第二净化区，井斜角达到第一临界 55°～65°时，在相同排量和环空几何条件下，岩屑消除率最低也极易形成岩屑床，并且在停泵时岩屑床极易向低边滑动而导致井眼堵塞和卡钻事故的发生；在第三净化区，岩屑颗粒在环空易形成岩屑床但不再下滑，呈稳定状态。由此可见，井斜角在 30°～65°井段内最易形成岩屑床、最易发生井下复杂情况。

斜井中岩屑的运移特性如图 6-3-1 所示。

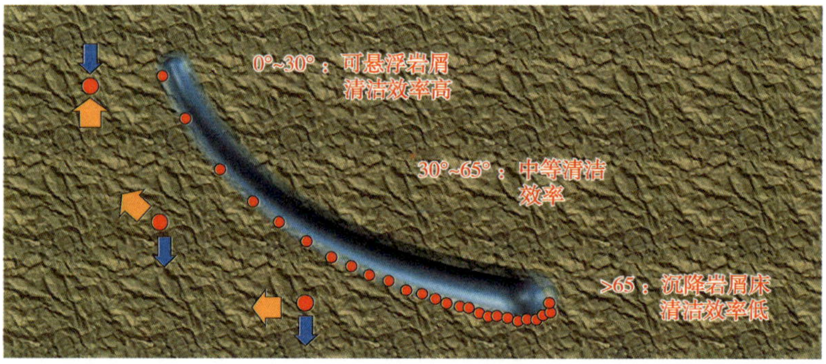

图 6-3-1　斜井中岩屑的运移特性

2. 环空返速与流态

钻井液的环空返速是影响井眼净化的主导因素之一，其大小直接影响环空岩屑的运移方式、状态和环空岩屑浓度。钻井液环空返速直接决定环空流态，大斜度井段岩屑床在环空钻井液处于紊流时比层流时更容易被破坏。提高钻井液的环空返速有利于井眼清洁，当钻井液的环空返速大于某一临界值时，岩屑床处于沉积与被冲蚀破坏交迭发生的动态平衡状态，岩屑床不固定且易破坏。但是，提高环空返速又受到机泵能力限制，造成当量循环密度升高、井壁受水力冲刷失稳等负面影响。

3. 钻井液性能

钻井液流变性是改善井眼清洁主要的可控因素之一。国内外研究均认为井斜低于 45°时，在层流情况下，高切力、高动塑比可降低环空岩屑浓度，提高携屑能力。Okrajni 等认为在层流状态下，屈服应力对井眼清洁影响显著，增加动塑比可以改善岩屑运移效果，但在紊流状态下，钻井液流变性对岩屑运移影响很小。实验研究和现场应用表明，大位移井中，低黏度流体以高速湍流流态泵入比高黏度流体以层流流态泵入有更高的井眼清洁效率，但是高黏度流体对于防止岩屑沉降有较好的效果。并且，低剪切速率下六速旋转黏度计读数较高的钻井液能明显减小岩屑的垂沉现象，提高携砂效果，可大大改善井眼清洁状况。

提高钻井液密度，可提高上返钻井液拖拽岩屑的能力和钻井液静态时的岩屑悬浮能力，有利于岩屑的携带。但对于大位移井来说，钻井液的密度越高，当量循环密度越高，井漏风险越高，形成重晶石塞的风险也越高。因此，提高密度受到井下安全的限制。

二、井眼净化技术

针对现场作业实际特点，大斜度井段井眼的清洁存在客观的不可调因素，例如井身结构、井斜等完钻后难以调整的工况。例如文 23 储气库 12 平台，该钻井平台二开采用 ϕ330. 2mm 钻头，井深 3100～3200m，最大井斜 65°～66°，且第二净化区(井斜 30°～65°)井段长达 660～700m，极易形成长且厚的岩屑床，岩屑清除难度大，是井眼净化的危险区。通过优化流体清扫段塞、增大环空返速、通井钻具组合、调整钻井液流变性等一系列措施达到在下套管前对大斜度、大位移、大尺寸井眼的清洁的目的。

1. 流体清扫段塞

常用的清洁井眼的流体段塞可分为 4 类：高黏清岩流体、低黏清岩流体、纤维清扫液和高密度清岩流体，在具体施工时，不同类型的段塞可以进行组合。一般情况下，在环空能形成一段 50～150m 的流体段塞即能达到较好的效果，采用正常排量进行循环，观察振动筛返出钻井液和岩屑状态，待加重清扫液返出地面，充分循环后才能停泵；在泵注清扫段塞和循环顶替过程中，尽量使钻具处于较快转动的状态。

高黏流体具有很强的悬浮岩屑能力，主要起到防止岩屑的再沉积作用；低黏流体易于达到较高的速度梯度，并在岩屑床处形成较高的水力作用力，这将有利于岩屑再运动，并起到对岩屑的举升和再悬浮作用，但是它不能阻止岩屑的再沉积。在实际应用中，可以采用低黏清岩流体(稀塞)和高黏清岩流体(稠塞)配合的方式，利用稀塞紊流冲砂和稠塞层流携岩来冲刷井壁并将冲刷下来的钻屑带至地面，起到了辅助净化井眼的效果。

中原储气库注采井根据单井实际工况，下套管前最后一次通井循环正常后，采用黏度 120～150s 稠钻井液 30m^{3}携砂一周。该稠浆携砂技术在文 24 储气库二开井斜 40°～50°井段成功应用后逐步推广至文 23 储气库二期工程的大斜度定向井和水平井，清除岩屑床，提高井眼净化效果明显。

2. 强化通井钻具组合，增大环空上返速度

有效控制钻井液返速和钻柱转速的临界变化是井眼有效净化的关键。合理控制钻井液返速和钻柱转速的大小是改善井眼净化的重要手段。大位移井转速和排量经验规则见表6-3-1。

表6-3-1 转速和排量经验规则

钻头尺寸/mm	444.5	311.2	250.8	215.9
转速/(r/min)	150~180	120~180	120~150	70~100
	≥120	≥120	≥100	≥60
排量/(L/min)	7500~5700	3000~3800	1700~2450	325~1900

通井时的循环排量应和机械转速相匹配，即在某一排量下应保持一个合理的机械钻速，避免瞬时岩屑浓度过高导致产生岩屑床。卫11、文13、文24、文96、白庙储气库盖层开次采用 ϕ311.2mm钻头，文23储气库二期工程盖层开次采用 ϕ330.2mm钻头，通过优化循环排量和机械转速，各储气库通井期间清砂效果突出。具体清砂钻具组合如下：

ϕ311.2mm井眼清砂钻具组合：ϕ311.2mm牙轮钻头+ϕ228mm钻铤×1根+ϕ306mm钻柱扶正器+ϕ228mm钻铤×2根+ ϕ203mm钻铤×3根+ ϕ177.8mm钻铤×3根+ϕ127mm钻杆

主要技术措施：分段循环下钻，到底后循环排量≥65L/s、转速130r/min进行循环清砂，循环不低于两周。

ϕ330.2mm井眼清砂钻具组合：ϕ330.2mm牙轮钻头+ϕ228.6mm钻铤×1根+ϕ325mm螺杆扶正器+ϕ228.6mm钻铤×2根+ϕ203.2mm钻铤×3根+ϕ177.8mm钻铤×3根+ϕ139.7mm钻杆

主要技术措施：分段循环下钻，到底后循环排量≥70L/s、转速130r/min进行循环清砂，循环不低于两周。

3. 合理调整钻井液流变性

适宜的流变参数是提高钻井液携带岩屑、清洁井眼能力的有效途径。根据钻井液密度和环空钻井液流态设计合理的流变参数。当环空流态为紊流时，紊流较层流容易携带岩屑，不易形成岩屑床，流变性对携岩的影响较小；当环空流态为层流时，要调整钻井液流变性，形成用平板型层流来改善钻井液的携岩能力，保持合适的动塑比，提高井眼清洁效果。如果体系动塑比过低，会导致尖峰型层流；如动塑比过高，往往会因动切力的增大引起泵压显著升高。

根据大位移井和水平井的钻井经验，保持适当的低剪切速率黏度（范氏黏度读数 $\varphi3=6\sim12$），提高钻井液的松弛力（范氏黏度计静止时读数不回零），可以很大程度地改

善钻井液的悬浮能力；保持钻井液有较高 $\varphi3$ 读数的同时，还应将表观黏度控制在合适的范围内，否则钻井液黏度过高，容易导致环空循环当量密度和环空压耗增加，影响井下安全。

第四节　套管居中技术

中原储气库井型多为丛式定向井和大斜度井，部分为水平井。套管在井眼中会产生不同程度的偏心，形成宽窄不一的环空，窄间隙处的钻井液流动速度低于宽间隙处的钻井液流动速度，造成窄间隙处顶替不完全。套管偏心越严重，水泥浆达到紊流的临界排量越大，窄边浆体越难以流动，越容易造成钻井液窜槽，形成不均匀顶替。研究结果显示，在套管居中度大于80%时水泥浆顶替效率可超过95%，而套管居中度为50%时水泥浆顶替效率仅为70%，从而影响固井质量。合理安放扶正器不仅可以提高套管的居中程度、有效防止水泥浆窜槽，而且还能提高顶替效率，在管外形成具有良好封隔作用的水泥环，保障储气库持久安全地运行。

一、扶正器类型

要保证造斜井段和水平井段套管的居中度，扶正器的选择和安放间距设计至关重要。弹性扶正器具有较高的复位力，不同尺寸的井眼使用不同规格的扶正器，扶正器弓高决定着扶正效果，也影响下入能力。刚性扶正器具有很大的支撑力、较小的启动力和移动力，能够使套管柱顺利地下入同时又保持较高的居中度。虽然弹性扶正器是应用最为广泛的扶正器，能够满足常规井的下套管要求，但是由于弹性扶正器的扶正条刚性小，在旋转下套管时极易失效，所以在旋转下套管井尽量减少或者不使用弹性扶正器。此外，单弓型扶正器受压极易变形，应避免在水平井段中单独使用，在水平井和大位移井中，井斜角较大处一般选用刚性扶正器。由于常规弹性扶正器启动力大、复位力小、易变形，已不再使用，改用整体式弹性扶正器。储气库井的弹性扶正器一般采用整体式无焊缝强弹性扶正器，刚性扶正器均为铸铝旋流扶正器。

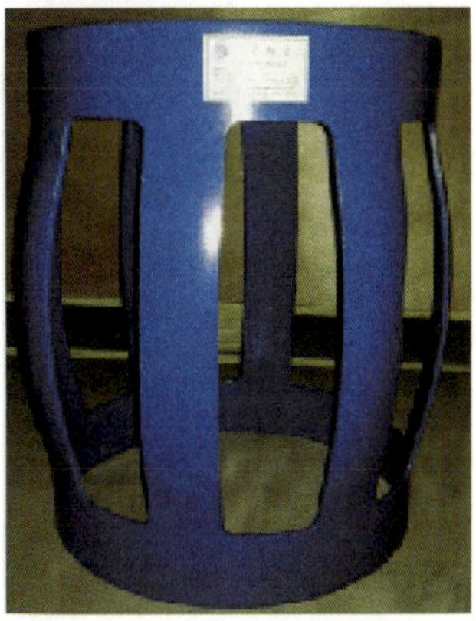

图 6-4-1　整体式弹性扶正器示意图

1. 整体式弹性扶正器

整体式弹性扶正器是由无缝管激光切割，再使用专用的模具冲压成型的弹性扶正器，如图 6-4-1 所示。它无任何分离组件和焊接点，具有较强的结构应力和韧性。通常，在制造工艺中添加稀有元素硼，使得其复位力比 API 标准提高了约 10%，同时外径设计与钻头尺寸保持一致，具有零启动力、高复位力的特点。整体式弹性扶正器在降低下套管摩阻、增强变径段通过能力、提高环空过流面积以及耐磨性方面具有突出优势。

2. 旋流弹性扶正器

旋流弹性扶正器是在单弓弹性扶正器的基础上发展而来，即直接将弓片设计成螺旋状，如图 6-4-2 所示，当水泥浆通过扶正器时，水泥浆会在环空中形成旋流场，改变水泥浆的流动状态，提高顶替效率；并且，在下套管过程中，对旋流扶正器会产生一个横向扭转分力，使扶正器转动而减小下套管阻力，同时能刮削掉过厚的泥饼。其缺点是容易形成泥饼堆积，发生阻卡现象。

3. 刚性扶正器

刚性扶正器的主要优点在于，支撑力较高，而启动力较低，这一特点能使套管顺利下入又保持较高的居中度。但其自身也有一定的缺陷，易刮削井壁、增加下套管阻力，会增加管柱的刚度，增加下入难度；造价较高，制造工艺复杂；一般不能在缩颈和大肚子井段的不规则井眼中使用，因而其用量受到限制，但在大位移井、水平中应用非常广泛，刚性旋流扶正器如图 6-4-3 所示。

图 6-4-2　旋流弹性扶正器示意图

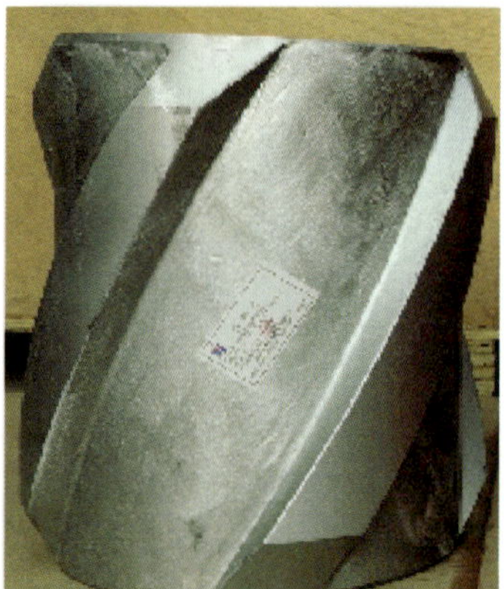

图 6-4-3　刚性旋流扶正器示意图

二、套管居中设计

1. 套管居中度描述

居中度描述的是套管轴线与井眼轴线之间的位置关系，如图 6-4-4 所示。当居中度为 100%时，套管轴线与井眼轴线完全重合，此时的水泥浆顶替效率最好；当居中度为 0 时，套管贴靠在井壁上，此时的水泥浆顶替效率最差。

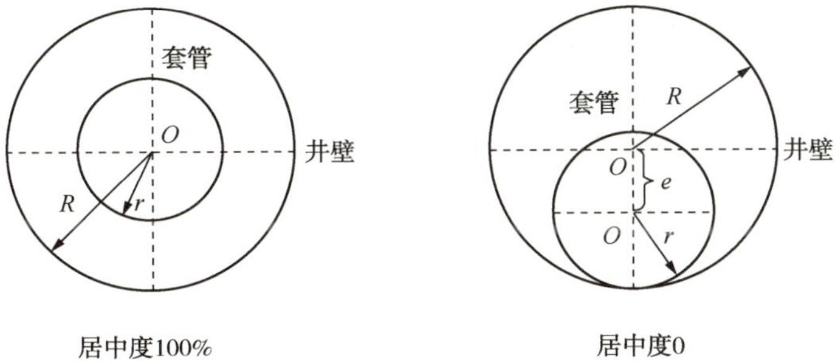

图 6-4-4 套管居中度示意图

图6-4-4中R、r分别是井眼半径和套管外半径，e是偏心距，则居中度ε可用式(6-4-1)表示。

$$\varepsilon=\frac{R-r-e}{R-r}\times100\% \tag{6-4-1}$$

由式(6-4-1)可见，在井眼半径和套管外半径一定的条件下，居中度主要取决于偏心距，偏心距越大居中度越小。针对套管偏心国内外学者做过的大量研究表明，套管偏心越严重，水泥浆达到紊流的临界排量越大，窄边浆体越难以流动，易造成钻井液窜槽，形成不均匀顶替。因此，研究套管的最大偏心距，确定合理的居中度范围，对于提高水泥浆顶替效率，提高固井质量至关重要。

国内外行业对套管居中度没有统一的标准，国内规定的居中度是不低于67%，斯伦贝谢规定不低于70%，苏联规定不低于75%。按照SY/T 7648《储气库井固井技术要求》的要求，套管居中度不低于67%，即套管许可偏心距取值为同心环间隙的1/3时，$e=1/3(R-r)$。

2. 不同类型扶正器偏心距计算

(1) 刚性扶正器

刚性扶正器处的偏心距取决于自身外径与井径，计算式如下：

$$e_{rc}=\frac{D_h-D_{rc}}{2} \tag{6-4-2}$$

式中 e_{rc}——刚性扶正器处的偏心距，mm；

D_h——井径或上层套管内径，mm；

D_{rc}——刚性扶正器的外径，mm。

(2) 弹性扶正器

弹性扶正器处的载荷挠度曲线由试验获得，其偏心距公式如下：

$$e_{ec}=f(F_s) \tag{6-4-3}$$

式中 e_{ec}——弹性扶正器处的偏心距，mm；

F_s——扶正器处的径向载荷，kN；

$f(F_s)$——弹性扶正器载荷挠度曲线函数式，mm。

（3）两刚性扶正器或两弹性扶正器

两刚性扶正器或两弹性扶正器之间的套管的偏心距等于自身挠度加上扶正器的偏心距，其公式如下：

$$e=e_{rc}+\delta \text{ 或 } e=e_{ec}+\delta \tag{6-4-4}$$

式中 δ——套管挠度，mm。

（4）刚性扶正器和弹性扶正器

刚性扶正器和弹性扶正器之间的套管的偏心距计算公式为：

$$e=\frac{e_{rc}+e_{ec}}{2}+\delta \tag{6-4-5}$$

3. 扶正器的优化设计

在直井套管扶正器设计安放过程中，为使套管达到足够的居中程度，API推荐标准是控制套管的变形不能超过套管许可偏心距。但是，在大斜度井段和水平井段，仍按这一标准安装扶正器会使得扶正器的数量过密，导致套管串的整体刚度大大增加，特别是在弯曲井段和井眼曲率变化较大的井段，过大的刚度值有可能使套管难以下入到预计的深度。套管居中的优化与下套管的安全应统筹考虑，鉴于东濮凹陷储层上部地层较软，并总结中原储气库前期扶正器选型经验，为降低下入大尺寸高强度套管的风险，技术套管固井选用高复位力的整体弹性扶正器较为适宜。而枯竭气藏固井的裸眼段较短，绝大多数井段位于上层技套内，套管遇阻遇卡风险较小，选用刚性扶正器或综合使用刚性与弹性扶正器较为适宜。

为了确定大斜度井和水平井套管扶正器的合理安放位置，首先要通过不断改变两扶正器之间套管的长度，计算出两扶正器之间套管的变形，然后根据变形值来判断套管是否与井壁发生接触，一旦发现两扶正器之间套管与井壁接触，则缩短两扶正器之间套管长度，并根据实钻井眼数据对扶正器进行优选，直至得到最佳优化安放位置。利用固井施工设计软件模拟井下情况，优选扶正器尺寸、安放位置及数量来提高套管的居中度。

（1）大尺寸技术套管扶正设计

选取W23C2-1井井眼轨迹为大尺寸、高强度技术套管居中模拟典型实例，井径扩大率分别按5%和15%，扶正器的加放位置分别为11m、22m、33m。模拟结果见表6-4-1、图6-4-5和图6-4-6。

表 6-4-1 大尺寸套管居中度模拟

井径扩大率/%	扶正器尺寸/mm	扶正器安放间距/m	套管居中度/%
5	330	11	72.10
5	330	33	47.80
15	330	11	51.62
15	330	33	34.10

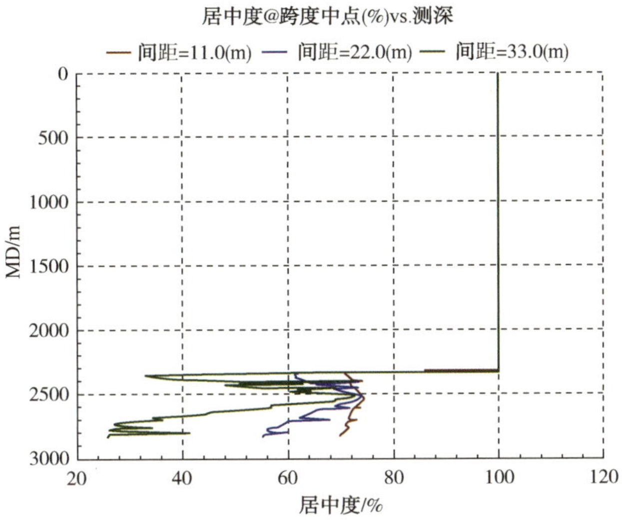

图 6-4-5 井径扩大率为 5%时套管居中度

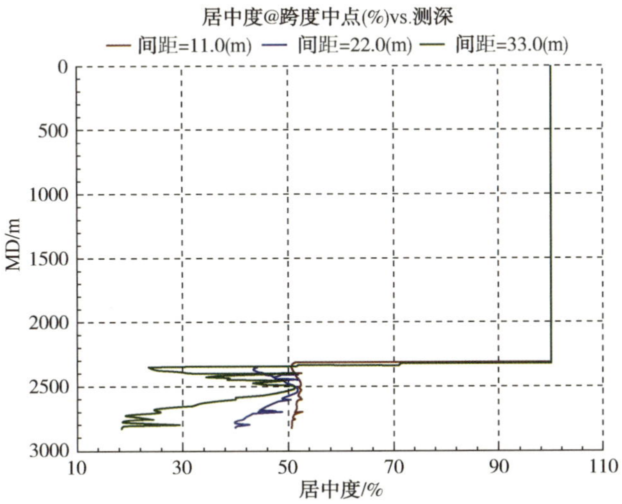

图 6-4-6 井径扩大率为 15%时套管居中度

通过模拟结果可以看出，井斜的大小不直接影响套管的居中效果，井径扩大率和扶正器的安放距离影响套管的居中度。对盖层段扶正器进行最大化优化，即：井斜小于 30°的井段采用 ϕ330mm 一体式弹性扶正器，每 2 根加 1 只，井斜大于 30°采用 ϕ330mm 一体式弹性扶正器，每 1 根加 1 只，套管居中度均>67%。

（2）水平井生产套管扶正设计

选取 W23C12-2 井井眼轨迹为大位移水平井生产套管居中模拟典型实例，实测井径扩大率为 11.79%，选用 ϕ230mm 刚性旋流扶正器和复位力 7500N 的 ϕ230mm 整体式无焊缝强弹性扶正器。模拟结果显示：当水平井段每根套管安放 1 只扶正器，并且刚性旋流扶正器与弹性扶正器交替安放时，水平段套管居中度达到 70%以上（见图 6-4-7）。最终确定裸眼段每根套管加 1 只扶正器，刚性旋流扶正器和整体式弹性扶正器交替加入，进重叠段每根套管加入 1 只旋流刚性扶正器，使套管由面接触改为点接触；水平井段采用高复位力的整体式无焊缝强弹性扶正器与刚性旋流扶正器交替加入，并严格控制弹性扶正器入井数量，解决了下套管过程中因刚性扶正器使用过多导致的套管刚性增大问题，同时强复位能力使得套管居中度在一定程度上得到提高。

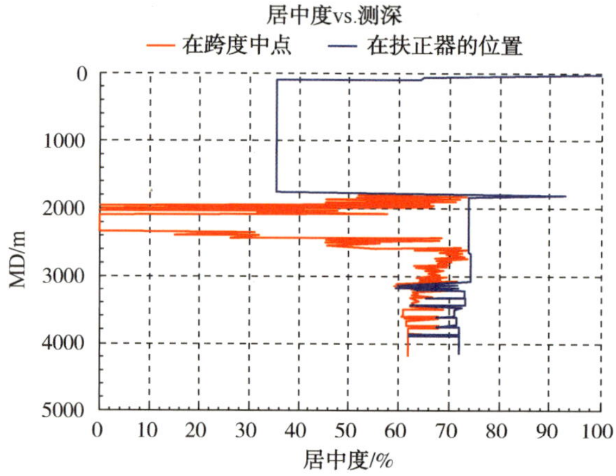

图 6-4-7　文 23 储 12 平 2 井生产套管居中度

第五节　套管安全下入技术

中原储气库的盖层主要以盐膏层为主，防止盖层套管损坏的方法归根结底是要有效地增大套管强度，常用的解决方法是盐膏层井段下入高刚度套管。为实现储气库注采井“大进、大出”的大流量注采气量要求，高刚度套管外径比常规套管外径更大，在造斜段下入阻力大，下入难度高，尤其是在大井眼、大井斜的条件下给大尺寸高刚性套管的顺利下入带来了极大挑战。以文 23 储气库 12 平台为代表的水平井，产层套管外径均为 ϕ177.8mm，相对于常规产层套管钢性大，套管入井长度达1600~2200m，受到套管自身重力影响与井壁形成长段大面积的接触，对井壁的侧向力增大，导致下套管时地层对套管的摩阻增大，存在下套管遇阻甚至卡套管风险。为此，针对大尺寸高强度套管、大斜度注采井和水平注采井的特点，通过井眼轨迹控制、钻井液性能调整、模拟套管刚性通井、优化扶正器设计等一系列措施确保套管下至设计井深。

一、套管安全下入主控因素

1. 地层因素

井眼缩径或坍塌会严重影响下套管作业。地层中盐岩、泥岩、页岩等岩石遇水易水化蠕变或坍塌，钻遇至盐膏层段，受钻井液性能影响会导致井眼缩径，后续下套管时，造成缩径卡套管，而在泥岩、页岩层段会由于井壁失稳坍塌而卡套管(图6-5-1)。

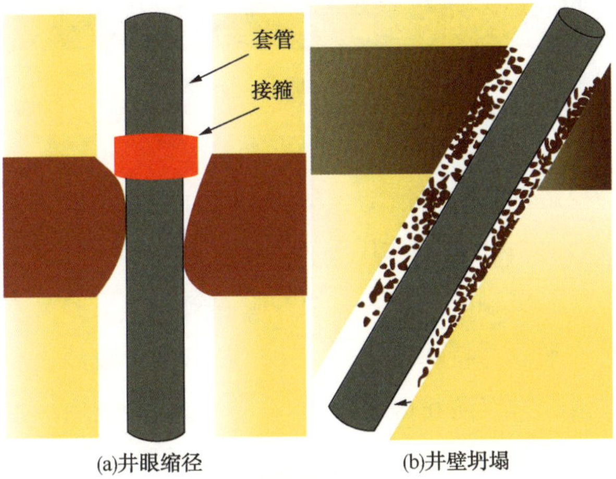

图6-5-1 井壁缩径或坍塌引起的卡套管

2. 井眼轨迹

套管下入时与井壁的接触形态分为自由状态、点接触、线接触和面接触，如图6-5-2所示。井眼轨迹直接影响套管与井壁接触形态，在直井段，套管与井壁的接触形态在自由状态与点接触之间变换，当套管下入到造斜段时，套管与井壁之间的接触形态由点接触向线接触转换，井眼曲率越大，套管与井壁之间的线接触程度越大，下套管的摩阻就越大；当下至水平段后，套管与井壁之间的接触形态快速由点接触或线接触向面接触转变，且接触面积随着井斜角增加而增大，套管受到的摩阻也随之增加。同时，水平段钻进过程中，由于地层结构、钻头侧向力、钻头处岩屑沉积等因素导致实钻水平段井眼轨迹发生三维空间上的连续小幅偏斜波动，改变了套管与井眼的接触形态及其自身的弯曲形态，对套管下入也会产生影响。

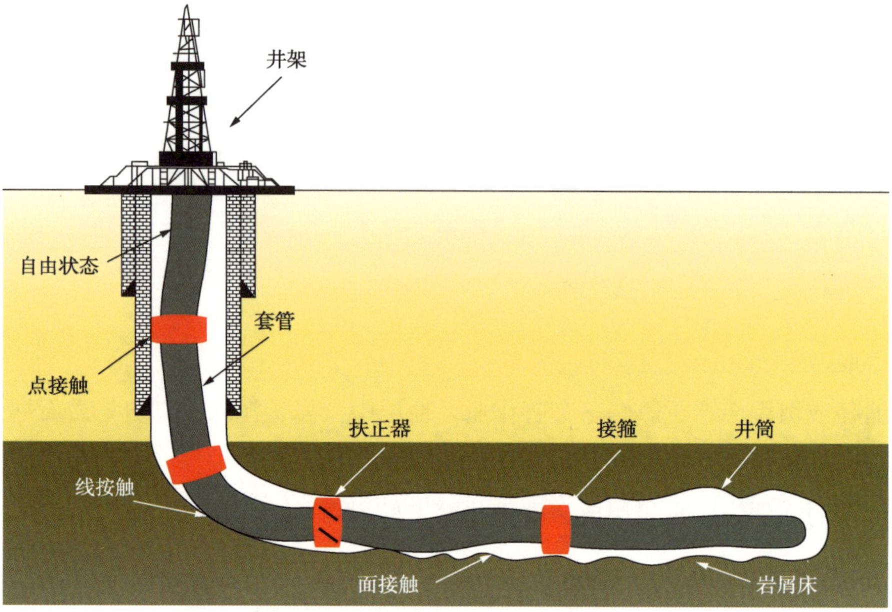

图 6-5-2　井眼轨迹示意图

3. 钻井液性能

钻井液性能对井壁稳定性、井眼清洁、套管摩阻有着重要影响。当钻井液性能不好形成较厚的“虚泥饼”时，在钻井液压差作用下，可能会发生压差卡套管，如图 6-5-3 所示。特别是大尺寸套管，与井壁接触的面积大，当井眼倾斜时，更容易发生压差卡套管，对于大斜度井、大位移井、水平井等特殊工艺井，不仅要求钻井液滤失量低、携岩效果好，还要求泥饼具有良好的润滑性，以防止因黏附压差、井壁缩径或坍塌造成卡套管。

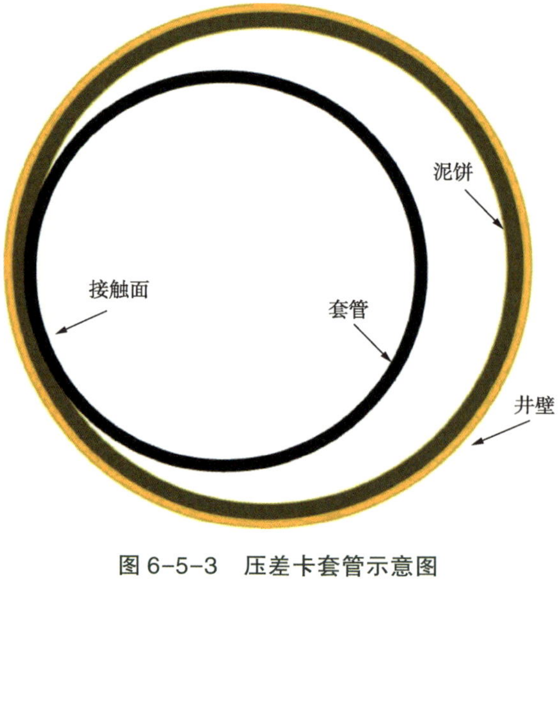

图 6-5-3　压差卡套管示意图

二、大尺寸高强度套管安全下入技术

1. 井眼轨迹控制

以文23储气库一期注采井为例，多为双靶定向井，设计为“直-增-稳”三段制定向井或“直-增-稳-降-稳”五段制定向井两种井眼轨迹类型，后者居多。井眼轨迹设计为二开完成定向施工，三开为稳斜段，两个靶点都在三开井段，三开稳斜中靶。

为了保证技术套管安全下入，首先要优化井眼轨迹，使轨迹平滑，没有大的“狗腿度”。井眼轨迹优化如下：

（1）优化钻具组合

① 上部直井段采用牙轮钻头1柱9寸钻铤加 ϕ316mm 钻柱扶正器刚性大“钟摆”钻具组合，防斜打直。馆陶组地层全程吊打，防止产生螺旋井眼。

钻具组合：ϕ320mm 钻头+ϕ228.6mmDC×3 根+ϕ316mm 稳定器+ϕ203.2mmDC×6 根+ϕ177.8mmDC×6 根+ϕ139.7mmDP

② 定向段采用1.25°单弯螺杆施工，造斜段全角变化率控制在3.6°/30m以内，降斜段控制在1.2°/30m以内，采用复合钻进增斜，使井眼轨迹平滑。

钻具组合：ϕ320mmPDC 钻头+ϕ216mm1.25°单弯单扶螺杆+ϕ203.2mmNDC×1 根+ϕ177.8mmDC×3 根+ϕ139.7mmDP

③ 稳斜段采用1°双扶螺杆，通过优选螺杆上扶正器尺寸，优化钻井参数复合钻进稳斜。

钻具组合：ϕ320mmPDC 钻头+ϕ216mm1°单弯双扶螺杆+ϕ(208~212)mm 螺杆扶正器+ϕ203.2mmNDC×1 根+ϕ177.8mmDC×3 根+ϕ139.7mmDP

④ 降斜段一般采用定向钻具组合，通过定向钻进降低井斜。钻具组合：ϕ320mmPDC 钻头+ϕ216mm1°单弯单扶螺杆+ϕ203.2mmNDC×1 根+ϕ177.8mmDC×3 根+ϕ139.7mmDP

如果降斜段在二开下部，由于裸眼段长、定向托压、工具面不易控制，可以采用直螺杆钟摆钻具复合钻进降斜，这样降斜段全角变化率低，井眼轨迹平滑。

钻具组合：ϕ320mmPDC 钻头+ϕ216mm 直螺杆+ϕ316mm 螺杆稳定器+ϕ203.2mmNDC×1 根+ϕ177.8mmDC×3 根+ϕ139.7mmDP

（2）优化轨迹剖面

井型为“直-增-稳-降-稳”的五段制定向井，如果两个稳斜段井斜相差不大，要充分利用两个靶的靶圈半径，第一靶中近边，第二靶中远边，尽量将“五段制”优化为“三段制”或“四段制”，降低施工难度，保证轨迹平滑。

例如：文23储7-9井设计为“直-增-稳-降-稳”的五段制定向井，通过轨迹优化变为

“直-增-稳”三段制定向井，施工难度降低，井眼轨迹平滑。

井眼轨迹剖面如图 6-5-4 所示，水平投影如图 6-5-5 所示。

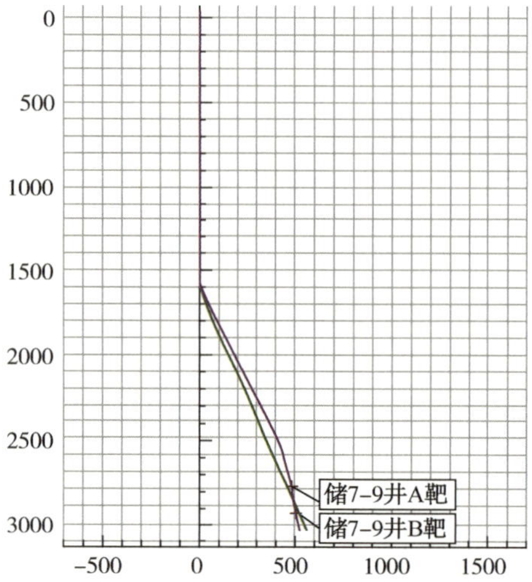

图 6-5-4 文 23 储 7-9 井垂直剖面图

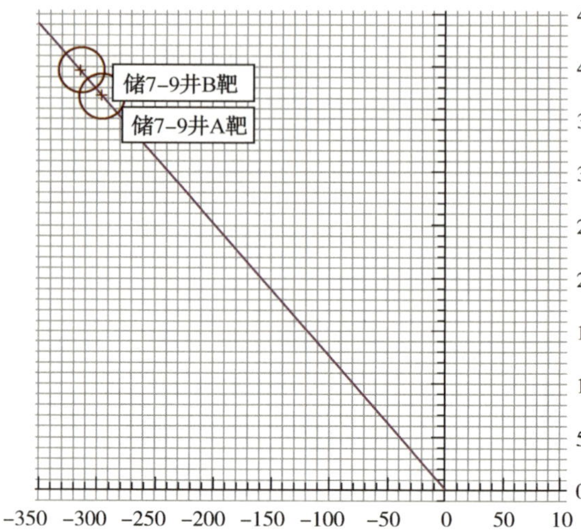

图 6-5-5 文 23 储 7-9 井水平投影图

（3）优化全角变化率

① 根据设计造斜点井深和上部井段实钻井眼轨迹，确定造斜点位置，一般提前 50~80m 造斜，提前产生正向位移，降低施工最大井斜。

② 定向时控制全角变化率，造斜段设计全角变化率为 3.6°/30m，施工时控制在 3°/30m 以内，同时增斜段尽量利用单扶螺杆复合钻进增斜，降斜段尽量采用“钟摆”钻具复合钻进降斜，即减少了定向工作量，又保证了井眼轨迹平滑。

③ 要充分利用靶圈半径，减少定向工作量，同时降低施工难度。“三段制”定向井采用第一靶中远边，第二靶中近边，降低稳斜段最大井斜。“五段制”定向井采用第一靶中近边，第二靶中远边，增加第二稳斜段最大井斜，减少降斜工作量。

例如：W23C7-8 井设计剖面为“直-增-稳-降-稳”五段制定向井，设计造斜点 1570m，造斜率 3.6°/30m，增斜至井深 1758m、井斜 22.58°，稳斜钻进至井深 2415m，然后定向降斜至井深 2812m、井斜 6.71°、降斜率 1.2°/30m，最后稳斜至完钻井深。施工中采用提前 50m 造斜，降低造斜率和第一稳斜段井斜，增加第二稳斜段井斜，这样施工难度降低，井眼轨迹平滑。实际井眼轨迹优化为造斜点 1520m，造斜率 3°/30m，造斜至井深 1610m、井斜 9°，复合钻进增斜至井深 1840m、井斜 19.5°、增斜率 1.35°/30m，稳斜钻进至井深 2600m，然后采用“钟摆”钻具复合钻进降斜至井深 2810m、井斜 14°、降斜率 0.8°/30m，最后稳斜至完井。

井眼轨迹剖面如图 6-5-6 所示，水平投影如图 6-5-7 所示。

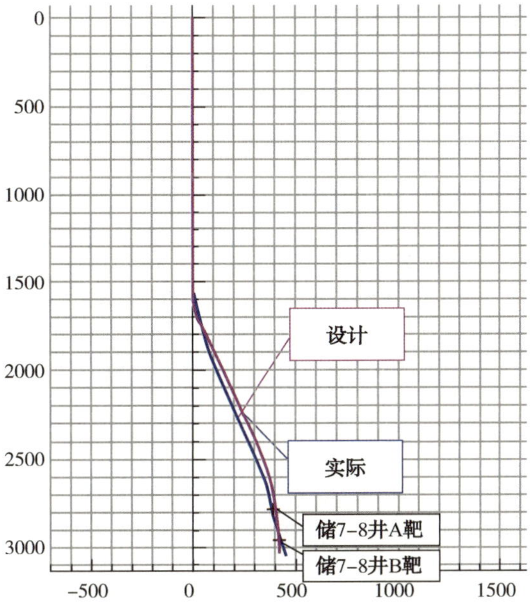

图 6-5-6　文 23 储 7-8 井垂直剖面图

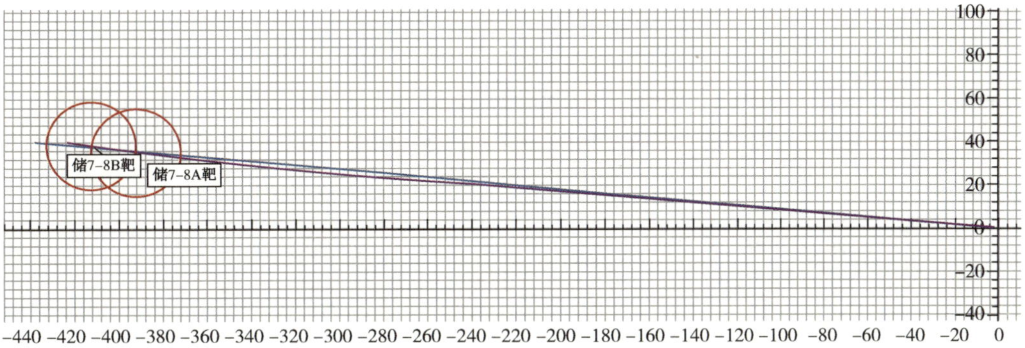

图 6-5-7　文 23 储 7-8 井水平投影图

2. 优化钻井液性能

① 东营组井段施工时有意放大钻井液的失水，使井眼人为变大。

② 过东营组后转换盐水钻井液体系，增强抑制性，防止井壁失稳。

③ 穿盐层时，钻井液氯根含量不低于 170000mg/L，防止文 23 盐盐溶形成“大肚子”井眼。要求钻井液密度达到 1.48~1.50g/cm^3，防止盐层蠕动变形形成小井眼。

3. 模拟套管刚性钻具通井

为了保证下技术套管施工安全，建立了通井钻具组合刚度匹配计算方法，评价了不同尺寸钻铤与储气库厚壁套管的刚度比。

刚度比公式：

$$m=\frac{K_{钻柱}}{K_{管柱}}=\frac{EI_{钻柱}}{EI_{管柱}}=\frac{I_{钻}}{I_{管}}=\frac{D_{钻}^4-d_{钻}^4}{D_{管}^4-d_{管}^4}$$

当 m>1 时，钻柱的刚度大于套管柱的刚度，能够模拟套管柱下入。

当 m<1 时，则需重新设计刚度更大的通井钻具组合。

不同尺寸的常用钻具刚度比计算数据如图 6-5-8 所示。

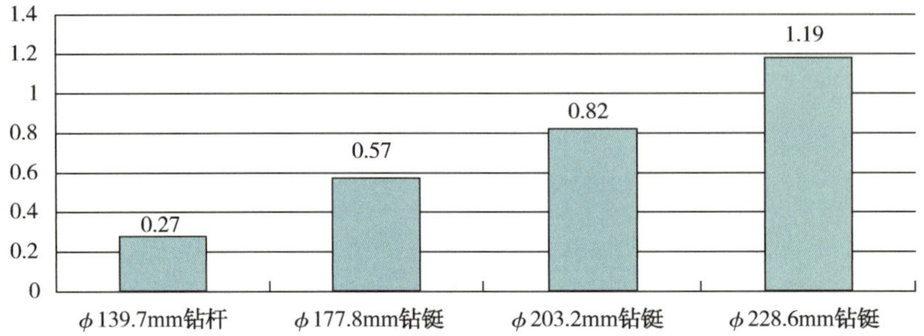

图 6-5-8　钻具刚度比计算数据

根据图 6-5-8 计算数据 ϕ228. 6mm 钻铤的刚比度大于 1，钻柱的刚度大于套管柱的刚度，能够模拟套管柱下入。具体通井程序如下：

① 第一趟清砂(单螺扶)：ϕ320mm 牙轮钻头+ϕ228mmDC×1 根+ϕ316mm 螺杆扶正器+ϕ228mmDC×2 根+ϕ203mmDC×6 根+ϕ177. 8mmDC×3 根+ϕ127mmHWDP×15 根+ϕ139. 7mmDP

技术措施：分段循环下钻，到底后排量≥70L/s、转速 130r/min 进行循环清砂，循环不低于两周。

② 第二趟钻钻具组合(单钻扶)：ϕ320mm 牙轮钻头+ϕ228mmDC×1 根+ϕ316mm 钻柱扶正器+ϕ228mmDC×2 根+ϕ203mmDC×6 根+ϕ177. 8mmDC×3 根+ϕ127mmHWDP×15 根+ϕ139. 7mmDP

技术措施：分段循环下钻，对下钻有显示井段及明化镇、馆陶、东营组井段划眼修整井壁，到底后排量≥70L/s、转速 130r/min 循环清砂。

③ 第三趟钻钻具组合(双扶)：ϕ320mm 牙轮钻头+ϕ228mmDC×1 根+ϕ316mm 钻柱扶正器+ϕ228mmDC×1 根+ϕ316mm 钻柱扶正器+ϕ228mmDC×1 根+ϕ203mmDC×6 根+ϕ177. 8mmDC×3 根+ϕ127mmHWDP×15 根+ϕ139. 7mmDP

技术措施：用双扶(钻柱扶正器，9m+18m)分段循环下钻通井，根据电测数据对井径接近钻头直径的井段进行扩眼，到底后排量≥70L/s、转速 130r/min 循环清砂，短起下至直井段通畅后，打入封闭液(封闭液以润滑和封堵为主，严禁提粘切)进行下套管作业。

三、水平井高强度套管安全下入技术

水平井段下套管除采取优化井眼轨迹、下套管前钻井液性能和模拟套管刚性通井等措施外，还通过固井设计软件对套管安全下入进行模拟，文23储气库水平井模拟结果显示：当钻具输送 ϕ177.3mm套管进入裸眼段后摩阻逐步增大，当套管下至设计井深后摩阻增加至313.8kN(表6-5-1、图6-5-9)。通过对下套管所产生的侧向力进行模拟，发现2300m时套管侧向力增加(最高达到660.9kgf/length，图6-5-10)，本井段为造斜井段，当套管出上层套管鞋后，随着井斜的增加及狗腿度的变化侧向力趋于波动状态，当套管进入A靶点之后，随着井斜及狗腿度均趋于平缓，侧向力随之降低(330.7kgf/length)。通过模拟下套管所受载荷显示，当套管下至井底时，悬重剩余550kN，说明套管可以安全下入至井底(图6-5-11)。

表6-5-1 下套管模拟摩阻

井深/m	3200	3250	3300	3350	3400	3450	3500	3550	3600	3650	3700	3750	3800	3850	3900
摩阻/kN	190.3	197.4	204.1	209.9	218.1	228.2	234.5	241.4	251.8	262.2	270.8	279.5	291.8	303.6	313.8

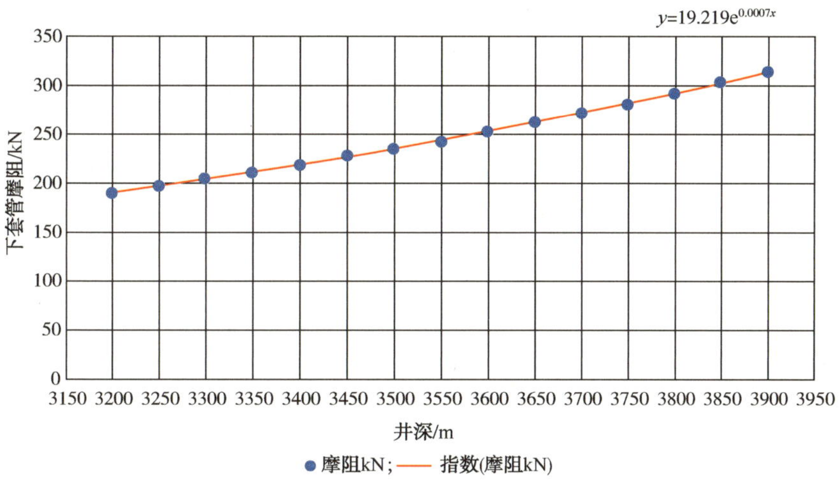

图6-5-9 模拟套管安全下入摩阻图

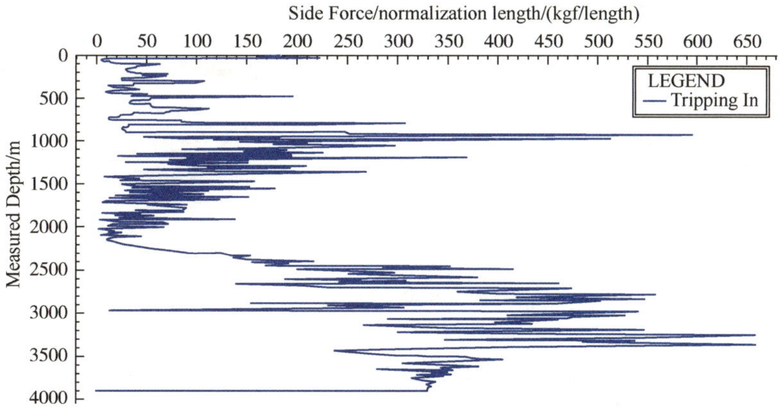

图6-5-10 模拟套管安全下套管侧向力图

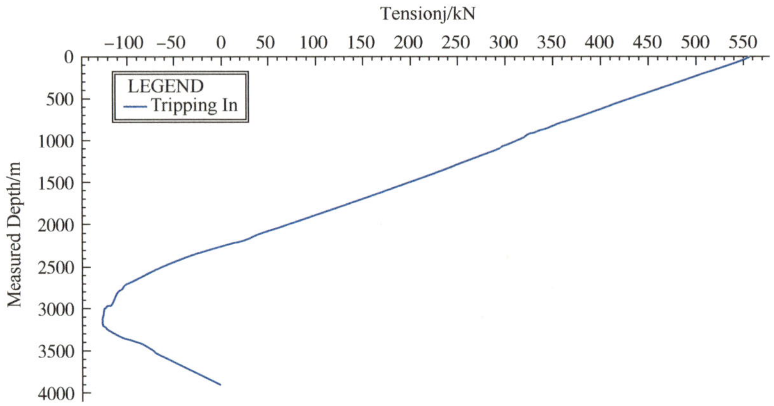

图 6-5-11　模拟套管安全下套管载荷图

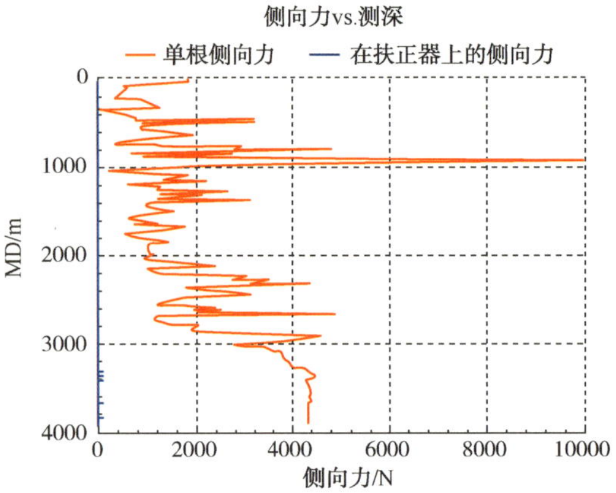

图 6-5-12　优化前套管侧向力模拟

扶正器可以减少套管下入时所受摩阻，辅助套管顺利下入预定深度。通过固井设计软件对下套管摩阻进行模拟，在加入弹性扶正器后下套管过程中侧向力由 4400N 降低至 3900N，加入刚性扶正器后下套管过程中侧向力由 4400N 降低至 1600N，经模拟对比，采用大坡度刚性旋流扶正器并优化设计，可有效降低下套管过程中所产生的侧向力（图 6-5-12 ~ 图 6-5-14）。

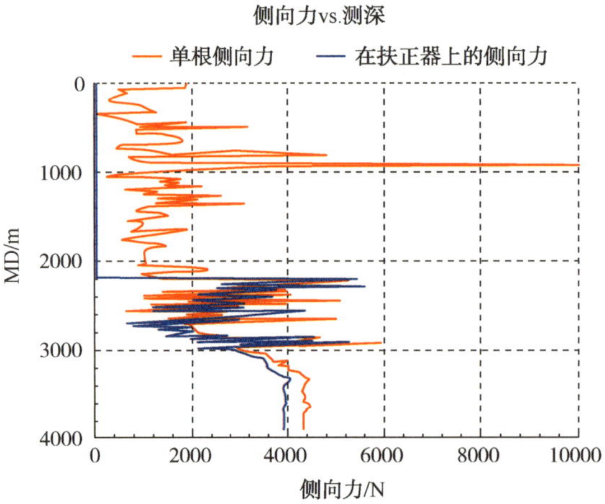

图 6-5-13　弹扶套管侧向力模拟

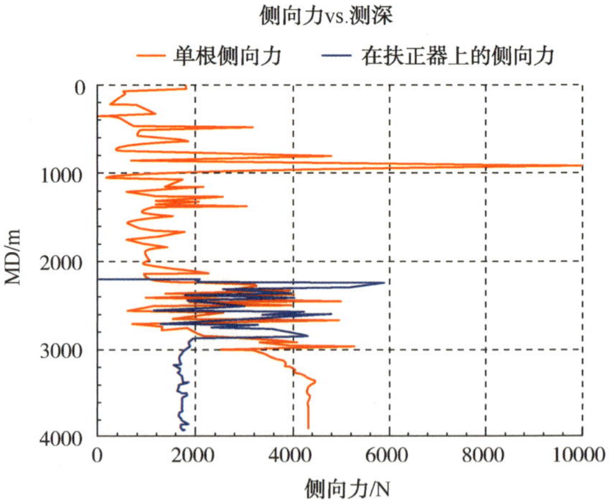

图 6-5-14　刚扶套管侧向力模拟

四、下套管准备工作

1. 套管准备

① 送井套管应符合钻井设计及套管柱设计要求，长度附加量不少于 3%，并附有套管质量检验合格证。

② 套管运输过程和现场检验，按 SY/T 5396 的规定执行。

③ 井场套管应整齐平放在管架上，码放高度不宜超过三层。

④ 入井套管应使用标准通径规逐根通径，检查外观螺纹伤痕，清洗螺纹，丈量长度，地质、工程人员应分别校核，确定入井套管的直径、钢级、壁厚、螺纹类型及长度无误，并及时剔除受损套管。

⑤ 按套管柱设计排列下井顺序并编号，编写下井套管记录，对备用套管和不合格套管做出明显标记，与下井套管分开排放。

2. 套管附件及固井工具准备

① 根据钻井设计及井下情况制定合理的管串结构，附件包括浮箍、浮鞋和扶正器等。

② 送井套管附件应符合设计要求，并有质量检查清单；与套管柱相连接的螺纹应进行合扣检查。

③ 下井套管附件应记录其主要尺寸和钢级，绘制草图，并将其长度和下井次序编入套管记录。

④ 套管附件强度应不小于套管强度要求。

3. 下套管工具准备

① 下套管工具应配备齐全，易损部件应有备用件。

② 送井工具应有质量检验合格证。

③ 钻井工程人员对所有工具进行规格、尺寸、承载能力、工作表面磨损程度、液压套管钳扭矩表的准确性及套管钳使用灵活性、安全可靠性的检查。

4. 设备和器材的准备

① 井架及底座。

② 刹车系统。

③ 提升系统：绞车、天车、游动滑车、大钩吊环、大绳及固定绳卡等。

④ 动力系统：柴油机、钻井泵、空气压缩机、发电机及传动系统等。

⑤ 钻井参数仪表：指重表、泵冲数表、泵压表及扭矩表等。

⑥ 循环系统：振动筛、循环罐及储备罐等。

⑦ 井控系统：防喷器、内防喷工具等。

⑧ 井口：吊卡、套管卡瓦、安全卡瓦、转盘和套管钳等。

⑨ 钻井液：加重钻井液及加重剂等。

⑩ 普通套管螺纹密封脂应符合 GB/T 23512 的规定，特殊螺纹密封脂应符合设计要求。

五、下套管技术措施

1. 下技术套管措施

① 为确保套管串密封性，浮箍上下相连套管及其下部套管丝扣涂抹密封脂。

② 套管柱的连接使用扭矩仪进行检测。

③ 前 20 根入井套管，每根套管均灌满清洁钻井液，后续入井套管在每根下套管间隙灌钻井液一次，每 20 根灌满。

④ 下套管过程中，全过程防止井口落物。静止时间超过 3min 应活动套管，活动距离应不小于套管柱伸缩量的两倍。上下活动时，上提负荷不能超过套管抗拉强度的 70%。

⑤ 控制套管下放速度，减小井内激动压力，防止井漏。直井段控制下放速度不低于 60s/根，斜井段控制下放速度不低于 100s/根。并安排专人观察井口钻井液返出情况，定时灌满钻井液。

⑥ 套管下至预定深度，应复查入井、备用套管根数与送井套管总数是否相符。

2. 下生产套管措施

① 下套管前应压稳地层，确保油气上窜速度小于 10m/h。

② 采用不同作用力的浮鞋和浮箍，确保浮鞋、浮箍密封效果。

③ 采用微牙痕和气密封检测技术下生产套管，下套管前确保井口正直，防止因井口偏斜导致 P110-S13Cr 套管损坏。在连接气密封套管时每根套管上扣都要求公扣“△”符号的平面与套管母扣端面平齐或上扣扭矩达到规定值，严格控制上扣速度(小于 25 圈/min)，逐根进行气密封检测，并用自动记录仪进行记录。

④ 根据完井尾管组合，配接完井管柱并依次下入井中，严格按规定扭矩上扣。由于悬挂器需进行倒扣丢手作业，因此，悬挂器入井以后，严禁旋转入井管柱。

⑤ 接完悬挂器后记录管柱的悬重，用钻具将其送入井中。

⑥ 完井管柱进入到裸眼井段后，控制好下放速度，每根立柱下放时间不少于 3min，将管柱平稳下放到设计位置。若中途遇阻可小幅度上下活动管柱，遇阻加压不超过 5t。

⑦ 下到设计深度后，记录管柱的悬重。

⑧ 坐挂悬挂器：正打压 11MPa，稳压 3min 后泄压，如此反复 3 次。

⑨ 下压 10~15t，验证悬挂器是否成功坐挂。

⑩ 悬挂器丢手：正打压 20~25MPa，憋通球座，建立循环。正向旋转钻柱 12~20 圈进行倒扣作业，上提钻具，并与坐挂前悬重进行对比，验证尾管悬重完全释放。

第六节 储气库固井工艺

储气库注采井在后期运行开发期间井筒要承受注采作业产生的周期性交变应力载荷，一般30~50年，储气库窜气、环空带压处理难度大、成本高、危险性大，甚至会影响整个库群的安全运行，固井质量与储气库的寿命及长期安全运行紧密相关，因此储气库注采井与常规油气开发井的不同在于以固井为核心的思路贯穿于整个钻完井周期之中。中原储气库固井技术通过运用平衡压力固井原理，形成环空浆柱结构优化技术、高效紊流前置液技术、替净技术和预应力固井技术，与抗盐弹韧水泥浆体系和低渗弹韧耐腐蚀水泥浆体系配套，保证井筒的密封完整性。

一、平衡压力固井原理

通过专项堵漏提升安全密度窗口后，仍不满足静态承压要求时，为避免长时间堵漏造成井壁失稳、形成“大肚子”井眼、虚泥饼增多等一系列井下复杂情况的发生，平衡压力固井成为防漏的关键。

平衡压力固井设计的核心是“高效顶替、整体压力平衡”，就是在保证高效顶替和减少漏失风险的前提下，使整个注、替水泥浆过程中，井下不同深度固井流体所形成的环空总液柱压力小于对应深度地层的破裂压力。当水泥浆被顶替到设计的环空井段，在水泥浆凝固阶段，环空液柱压力仍能保持大于地层压力。固井过程中环空压力由流体的静液柱压力与流动阻力组成：

$$p_{\mathrm{p}}<p_{\mathrm{h}}+p_{\mathrm{af}}<p_{\mathrm{f}} \tag{6-6-1}$$

式中 p_{p}——地层孔隙压力，MPa；

p_{h}——环空静液柱压力，MPa；

p_{af}——环空流动阻力，MPa；

p_{f}——地层破裂或漏失压力，MPa。

地层孔隙压力、地层破裂或漏失压力在特定的地层为常量，平衡压力固井着重优化环空静液柱压力和环空流动阻力的设计。

环空静液柱压力的计算公式如下 ：

$$p_{\mathrm{h}}=\sum_{i=1}^{m}H_i\rho_i \tag{6-6-2}$$

式中 H_i——表示某段流体在环空中的垂直高度，m；

ρ_i——该段流体的密度，g/cm³。

根据公式(6-6-2)，可通过调整流体结构(各段液体的密度及其在环空中的高度)来调整静液柱压力。

根据排量计算环空返速，公式如下：

$$\nu_a=\frac{12.742Q}{D_H^2-D_P^2} \tag{6-6-3}$$

式中 ν_a——环空返速，m/s；

Q——排量，L/s；

D_H——环空直径，cm；

D_P——环空中套管直径，cm。

根据流体力学，层流紊流临界环空返速计算公式如下：

$$\nu_{ac}=0.00508\left[\frac{20626n^{0.387}K2.54^n}{(D_H-D_P)^n\rho_m}\right]^{\frac{1}{2-n}} \tag{6-6-4}$$

式中 ν_{ac}——层流紊流临界环空返速，m/s；

n——流动指数，无量纲；

K——稠度指数，$N \cdot s^n/cm^2$。

若 $\nu_a \leqslant \nu_{ac}$，则流体在环空中形成层流，层流环空流动阻力计算公式如下：

$$p_{af}=\left[\frac{1600(2n-1)Q}{n(D_H-D_P)^2(D_H+D_P)}\right]^n\frac{LK}{2500(D_H-D_P)} \tag{6-6-5}$$

式中 L——计算井段长度，m。

若 $\nu_a>\nu_{ac}$，则流体在环空中形成紊流，紊流环空流动阻力计算公式如下：

$$p_{af}=\frac{0.12336P_V^{0.2}\rho_m^{0.8}Q^{1.8}L}{(D_H-D_P)^3(D_H+D_P)^{1.8}} \tag{6-6-6}$$

式中 P_V——流体塑性黏度，mPa·s；

ρ_m——流体密度，g/cm^3。

根据公式(6-6-5)、式(6-6-6)，可通过调节排量和流体性能(密度、流变性能)来控制环空流动阻力。运用平衡压力固井原理进行固井作业是一个连续过程，从固井前循环，到注水泥顶替，到候凝都必须考虑环空压力变化。

二、浆柱结构优化技术

面对地层承压能力不足时，如果能让环空流动阻力波动范围增大，其固井期间的压力安全便能够得到有效控制。若要提高 p_{af} 的允许变化范围，降低环空静液柱压力 p_h 便是一个主要的或者唯一可行的途径，且 p_h 值降低得越多，其允许的环空流动阻力变化 p_{af} 范围就越大，即是允许的环空流动速度的变化范围也越大。这样，不但可以提高注水泥作业排量，而且可以保证顶替效率，从而保证固井质量。在不考虑井口回压的条件下，环空压力的当量密度，即为循环当量密度(ECD)。

根据中原储气库前期井漏情况建立裸眼井段的压力剖面，利用固井工程软件根据固井施工过程中循环当量密度(ECD)的分布(图6-6-1)进行环空流体当量密度设计，即在注水泥前及过程中有计划地降低环空流体的静液压当量密度来实现平衡压力固井。

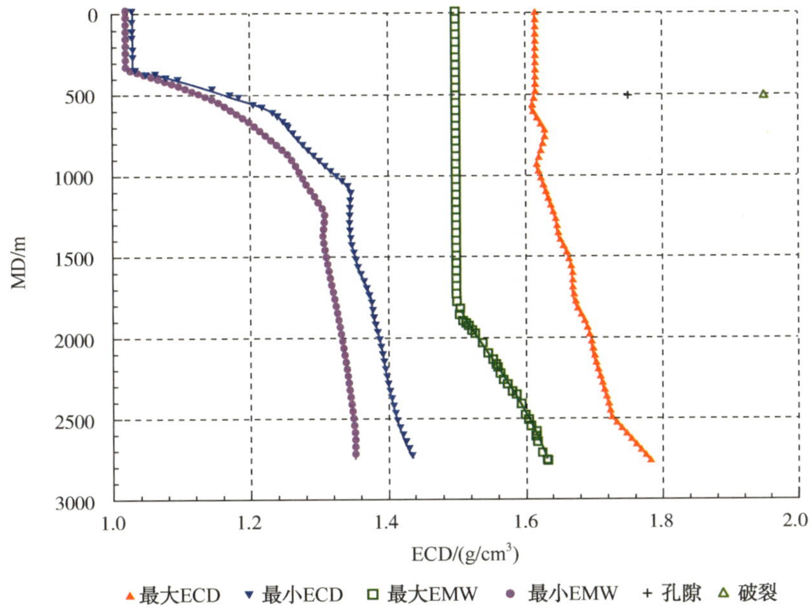

图 6-6-1 固井施工过程中循环当量密度分布

1. 先导钻井液

钻井过程中对钻井液性能的要求与提高固井质量的钻井液性能要求两者间存在一定的矛盾性。在完井作业期间为保持井壁稳定性，很难实现对井筒内的钻井液性能进行大幅度调整。为实现环空液压当量密度的有效降低，可在原钻井液的基础上单独配制一定数量的先导钻井液，根据不同区块的地质特性要求先导钻井液密度比原钻井液密度下调0.1~0.2g/cm^3，同时降低先导钻井液的静切力、屈服值和塑性黏度，达到降低环空液压当量密度和环空流动阻力的目的。

2. 前置液的密度和用量

参考SY/T 5374《油气井注水泥前置液使用方法》及《油气井注水泥理论与应用》，目前前置液用量算法可归纳为以下两种：

(1) 环空隔离高度计算法

$$Q = VH \quad (6\text{-}6\text{-}7)$$

式中 Q——隔离液用量，m^3；

V——隔离液井段的单位环容，m^3/m；

H——环空隔离高度，m。

（2）接触时间计算法

目前使用较多的是接触时间计算法。一般紊流接触时间需 5～10min。当套管居中时，可以采用 10min 计算方法。

$$Q=10q \tag{6-6-8}$$

式中 Q——隔离液用量，m^3；

q——顶替排量，m^3/min。

适用于中原储气库盖层固井的前置液一般密度较低，在 $1.02\sim1.30g/cm^3$，占环空高度 400～800m，紊流接触时间大于 10min（图 6-6-2），在降低环空当量密度方面完全满足环空浆柱结构设计的要求。

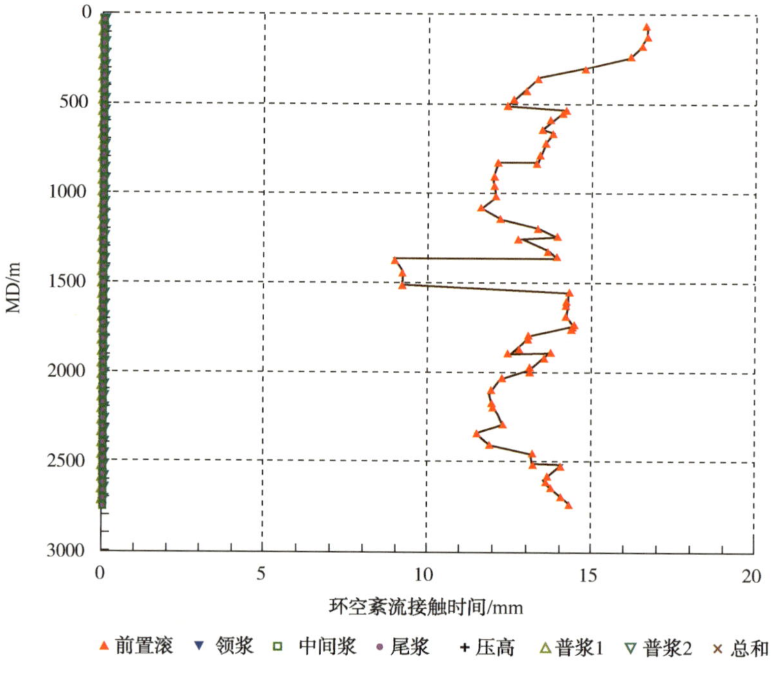

图 6-6-2 环空紊流接触时间

3. 水泥浆浆柱结构

（1）各段水泥浆密度设计

为了平衡环空压力，同时确保环空形成密封完整性优良的水泥环，保障储气库持久安全地运行，环空水泥浆柱通常由不同密度与性能的水泥浆组成，不同密度的水泥浆体系具有不同的力学特性。盖层井段采用密度为 $(1.88\pm0.03)g/cm^3$ 的抗盐弹韧水泥浆体系，非盖层井段采用密度为 1.45~1.55g/cm³ 的防漏高强低密度水泥浆体系。产层井段采用密度为(1.88±0.03)g/cm³ 的低渗弹韧耐腐蚀水泥浆体系。

（2）各段水泥浆长度设计

为保证水泥环长久密封，每开次水泥浆返高至井口。根据各个储气库漏失层位和井深不同，抗盐弹韧水泥浆体系封固井底至盖层顶部以上 100~500m，上部井段采用防漏高强低密度水泥浆。为最大限度降低水泥浆柱的静液压当量密度，抗盐弹韧水泥浆附加量控制在 5%以内，防漏高强低密度水泥浆附加量控制在 30%以内。低渗弹韧耐腐蚀水泥浆体系封固整个产层段，但附加量采用密度 1.50g/cm³ 高强低密度水泥浆（占悬挂器上部套管内 200m），一方面在固井过程中对环空起到二次驱替作用，另一方面降低环空液柱压力预防井漏。

环空浆柱结构优化技术在卫 11、文 13、文 23、文 24、文 96、白庙储气库均有应用，尤其是二开漏失较为严重的文 23 储气库效果较为明显，井底压力较完钻时降低 2MPa 以上，静态当量密度（ESD）较中完时降低 0.08g/cm³ 以上，其浆柱结构为：先导钻井液 30m³+前置液 40~50m³+低密度水泥浆（ρ=1.50g/cm³）+常规密度水泥浆（ρ=1.88g/cm³）。

① 先导钻井液作为降低静液柱压力的平衡液使用，其密度较原钻井液密度下调 0.1~0.15g/cm³，有效降低液柱压力 1MPa。

② 前置液占环空高度为 500~800m，其密度为 1.02~1.30g/cm³，有效降低液柱压力 2~4.8MPa。

③ 采用双密度三凝水泥浆体系，即井底至盐顶以上 100~150m 采用 1.88g/cm³的双凝水泥浆体系封固盖层段，上部井段采用 1.50g/cm³的低密度水泥浆体系，静液柱压力仅增加 3.2MPa。水泥浆体系内加入堵漏纤维，起到预堵漏的效果。

4. 压稳技术

（1）多级水泥浆体系

在盖层固井中为有效压稳下部盐层和能量地层，采用双密度三凝水泥浆体系，加大环空浆柱中领浆、中浆、尾浆稠化时间的间隔时间，实现阶梯式分段压稳。在满足施工时间的前提下，可进一步缩短盐层段尾浆稠化时间，并缩短尾浆静止时的强度发展时间，实现“以快制动”有效控制盐侵。在文 23 储气库二期工程储层固井中为充分压稳处于动态开发的目的层，尾浆失重后，环空浆柱补充压力不低于 3MPa。

（2）分段加回压

在盖层固井中为确保进一步压稳压实盖层，施工结束后，根据水泥浆超声波强度测试结果对环空进行控量分段加回压，回压值控制在表层套管鞋破裂压力范围内。

水泥浆超声波强度测试曲线如图 6-6-3 所示。

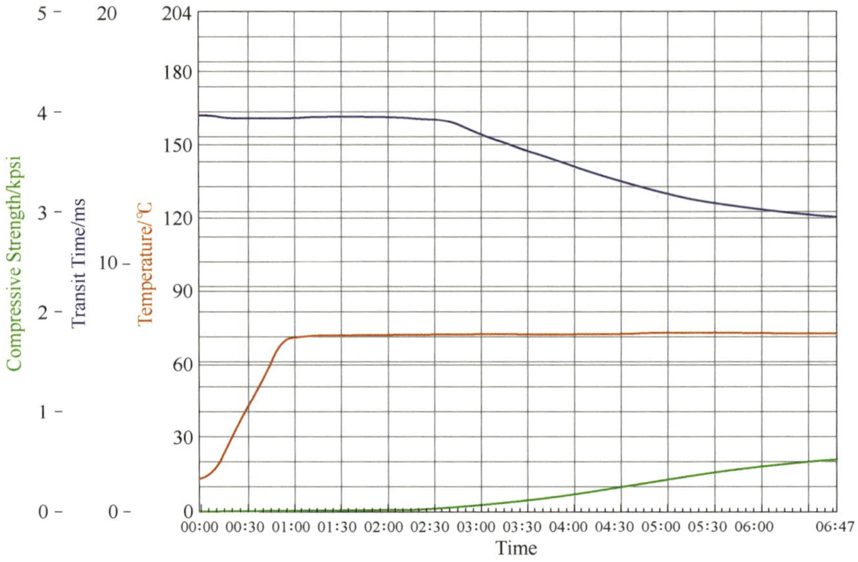

图 6-6-3　水泥浆超声波强度测试曲线

三、高效紊流前置液技术

为解决大斜度井等特殊条件下的井眼清洁问题，通常情况下，钻井液的性能难以大幅度调整，所以必须使用高效的隔离液与冲洗液来达到清洁井筒的目的。

1. 前置液的作用

① 有效地隔开钻井液与水泥浆，或者提供钻井液抗水泥侵入的能力，防止钻井液与水泥浆发生接触污染。

② 与钻井液有很好的相容性，能够稀释钻井液，降低钻井液的黏度和切力，提高对钻井液的顶替效率；与水泥浆有很好的相容性，避免水泥浆发生变稠、絮凝、闪凝等现象。

③ 能够有效地冲洗套管壁和帮助剥离井壁上的疏软滤饼，提高水泥环与套管、井壁的界面胶结强度和密封性能。

④ 要求前置液对套管和井壁的黏附力要小，以利于被水泥浆驱替，保持水泥浆与两界面胶结牢固可靠，不影响甚至能提高水泥浆的胶结质量。

⑤ 具有一定的固相悬浮能力，防止冲蚀的滤饼堆积，特别对大斜度井和水平井尤为重要。

⑥ 能够控制井下不稳定地层，防止井壁坍塌。对易漏井固井，前置液应有防漏或堵漏效果。

⑦ 针对前置液不返出地层的情况，存留在固井环空中的前置液应对套管不发生腐蚀作用。

⑧ 前置液对油气层应不发生或少发生储层损害，或者损害后容易解除。

2. 前置液分类

前置液一般由冲洗液和隔离液构成，冲洗液的作用侧重于冲洗井壁，提高环空的顶替效率。而隔离液的作用主要侧重于分隔水泥浆与钻井液，防止水泥浆与钻井液相互发生污染。当前隔离液与冲洗液的用量选取还未有一个较为科学的方法，在某些前置液设计中，前置液甚至全部使用隔离液，这无疑将增大固井成本。合理设计冲洗液用量与隔离液用量既能保证固井质量、提高顶替效率，也能降低固井成本。

（1）冲洗液

冲洗液侧重于稀释钻井液，冲洗井壁和套管壁，提高钻井液顶替效率和水泥环界面胶结质量，其性能特点主要有：

① 具有较低的基浆密度。密度一般在1.0~1.03g/cm^3，当在流体中加了研磨性固相颗粒时，可不受限制，但要低于水泥浆的密度。

② 有很低的黏度。基浆流型应接近牛顿型，在井底循环温度下，有很低的紊流临界返速，一般在0.3~0.5m/s或更低，用于紊流顶替。

③ 能明显降低钻井液的黏度和切力。特别是化学型冲洗液对环空滞留的静止钻井液，有一定的渗透力，降低黏土颗粒间的连接力，使钻井液或滤饼的结构松弛、拆散，易于顶替。

④ 研磨型冲洗液，是在冲洗液中加了一定细度、一定数量的固相颗粒的物质，配合紊流顶替，高速冲刷井壁和套管壁，提高水泥环界面胶结质量，此冲洗液应有一定的悬浮能力。

因为冲洗液密度、黏度低，对失水量没有严格要求，当存在井喷、井塌等复杂情况时应慎用。

（2）隔离液

隔离的作用侧重于隔离开钻井液和水泥浆，防止其相互接触污染。同时还应有悬浮固相颗粒防止井塌，抑制井漏等多方面作用。隔离液在顶替中，有紊流顶替和塞流顶替两种方式，不同的方式要求隔离液有不同的性能。

① 紊流隔离液适用于紊流顶替，它有较低的黏度和较低的紊流临界返速。在较低的返速下实现紊流顶替，可相应延长紊流接触时间，要求紊流接触时间不低于10min。

② 黏性隔离液适用于塞流顶替，隔离液应有一定的黏度和较大的切力，一般塑性黏度应在40~180mPa·s，动切力τ_0应大于钻井液10Pa左右。

塞流顶替临界返速很低，由于“U”形管效应等原因，一般较难控制。黏性隔离液由于有一定的黏度和较大的动切力，对“U”形管效应能有所控制，因而适用于塞流顶替。

③ 隔离液的密度在较大的范围内可以调节，一般要求介于钻井液和水泥浆之间。特别是在套管不居中的井眼内，用黏性隔离液进行塞流顶替时，使隔离液与钻井液保持一定的密度级差、切力级差，充分发挥隔离液对钻井液的浮力效应，尤为重要。

④ 对于隔离液，特别是加重隔离液，要求有悬浮加重剂和固相颗粒的能力，这不仅有利于固井施工的安全，而且还有利于隔离液的配制存放。

⑤ 隔离液要有控制失水能力，一般失水量应小于150mL(30min，7MPa)。降低失水量对于控制井壁坍塌和减少地层损害有一定作用，并可以在固井施工中大段使用，能更好地发挥作用。

⑥ 黏弹性隔离液，既有黏性流体的特征又有弹性固体的特征。它与黏性流体的主要区别在于外力消除后产生部分的应变恢复，在流动过程中会出现挤出膨胀现象。在固井顶替中，有助于将井壁滞留的钻井液顶替出来。

由于冲洗液与隔离液在性能上各有侧重，因此，应根据井的特点进行选用。有时往往是组合使用，即采用冲洗液在前，隔离液在后的浆柱结构，性能上互相补充，构成组合前置液。

3. 高效紊流前置液

（1）冲洗效率评价方法

评价冲洗顶替效果的方法：使用旋转黏度计法评价冲洗效率。评价原理：通过如图6-6-4所示的2个同轴圆筒体之间的环形空间流动模拟冲洗液在套管和井壁之间环形空间内的流动，以二者剪切速率相等为理论依据，评价冲洗液的冲洗效率。固井作业时可根据冲洗液评价结果优化固井施工参数。

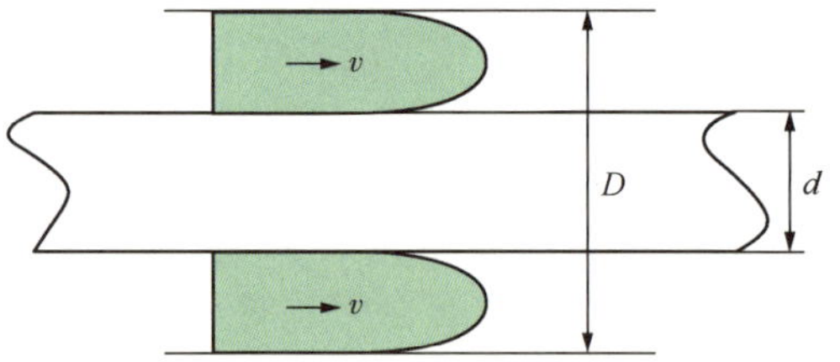

(a)井筒环空模型

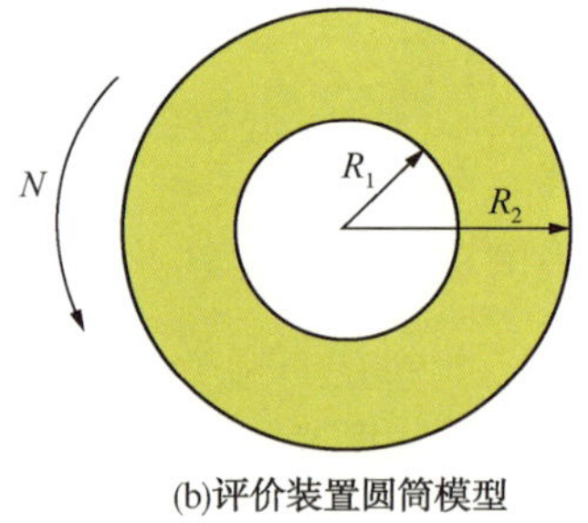

(b)评价装置圆筒模型

图6-6-4　评价模型

固井胶结界面处即套管与井眼环空壁面处的剪切速率为：

$$\gamma_h = \frac{12\nu}{D-d} \tag{6-6-9}$$

式中　γ_h——环空壁面处剪切速率；

v——环空平均返速；

D——井眼直径；

d——套管外径。

评价装置固定内筒外壁面处的剪切速率为：

$$\gamma_1=\frac{0.209NR^2}{R_2^2-R_1^2} \tag{6-6-10}$$

式中 γ_1——内筒外壁面处剪切速率；

N——外筒转速；

R_2——外筒内半径；

R_1——内筒外半径。

试验步骤：如图6-6-5所示，首先在六转速转筒上粘上一层目数为100目的砂纸模拟井壁，然后将附有砂纸的滚筒放入钻井液中浸泡1天，放入冲洗液中，使用300r/min的转速冲洗10min后，再进行计算，冲洗率计算公式如下。

$$冲洗率=(G_{总}-G_{冲})/(G_{总}-G_{原})\times100\% \tag{6-6-11}$$

式中 $G_{冲}$——冲洗实验后砂纸及滚筒的重量；

$G_{总}$——黏附钻井液砂纸和圆筒的总重量；

$G_{原}$——未黏钻井液的砂纸和圆筒净重。

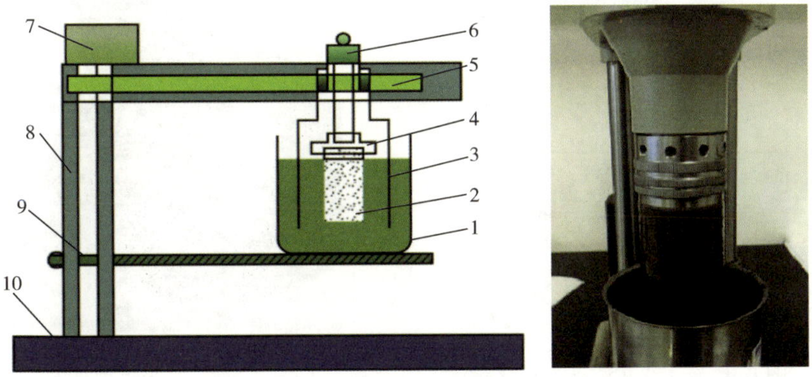

图6-6-5 冲洗实验

（2）四级冲洗前置液体系适应性评价

中原储气库注采井二开钻井周期较长，钻井液浸泡井眼时间较长，环空井眼虚泥饼较厚。通井时对井眼反复进行划眼，导致实际井径数据比前期电测井径数据发生很大变化，钻头在斜井段井壁下部会划出凹槽，部分井眼多呈现不规则的“糖葫芦”“螺纹”型井眼。加之钻井过程中为预防井漏，钻井液中掺入大量的堵漏材料，随着钻井液浸泡时间的增加，堵漏剂逐渐渗入到泥饼之中，进一步增大了驱替难度。

为能有效驱替环空泥饼，提高驱替效率，设计了高效紊流前置液技术。首先，采用了平衡压力固井技术，依据单井承压能力的不同设计 $30m^3$ 的先导钻井液作为平衡液，要求密度为 $1.30 \sim 1.35g/cm^3$，黏度为 40~50s，以有效冲刷隔离，降低环空液柱压力，为提高前期紊流顶替做基础。其次，采用四级冲洗前置液体系，该体系属于复合型前置液。该体系集防漏、冲洗、隔离三者于一体，与钻井液、水泥浆具有良好的相容性，可有效分散泥饼，提高井眼环空的驱替效率。当前置液到达技术套管管鞋时，提高注灰排量，确保前置液能在大排量注替过程中对盖层井段环空进行有效冲洗。

该体系以清水作为基液，以表面活性剂、界面清洗剂和悬浮剂为主，辅助添加液体分散剂、防漏材料。主要组合为：悬浮剂+堵漏纤维+界面清洗剂+液体分散剂。

隔离液冲洗效果评价：室内采用实钻钻井液模拟现场情况进行了冲洗试验，试验方法：将 100 目砂纸固定于旋转黏度计外筒上，浸于钻井液中 1 天后置于干燥箱中干燥，使其固化形成泥饼，装于黏度计上，其直径为 4.25cm，选择 300r/min 的转速，相当于 0.67m/s 的返速，将隔离液 73℃ 养护，再按照实际接触时间对泥饼进行冲洗，评价结果见图 6-6-6、图 6-6-7。

图 6-6-6　钻井液干燥固化后

图 6-6-7　四级隔离冲洗后

针对 7#、8#、11#平台漏失严重的情况，为了更好地起到隔离、防漏效果，在原有前置液体系的基础上又增加了悬浮剂和防漏剂冲洗剂，冲洗隔离效果进一步得到优化。通过现场返出的前置液可以看出，前置液清澈干净，达到了预期效果。

四、防漏紊流替净技术

在固井过程中，提高环空注水泥顶替效率是防止钻井液窜槽、保证水泥胶结质量和提高水泥环密封效果的基本前提。水泥浆在环形空间顶替钻井液的程度，用顶替效率 η 表示。

η_v 为环形空间封固段水泥浆体积 V_{ca} 与环形空间体积 V_{01} 之比，即：

$$\eta_v = \frac{V_{ca}}{V_{01}} \tag{6-6-12}$$

当 $\eta_v = 1$ 时，水泥浆全部替换了钻井液，注水泥质量优良。$\eta_v < 1$ 时，水泥浆部分替换了钻井液，η_v 越低固井质量越差。

图 6-6-8 所示为水泥浆在环形空间顶替钻井液的界面变化情况。从界面变化情况可以看出，其交界面随着顶替时间及顶替量的增加而向前推进；当顶替界面达到某一位置时，该断面的钻井液将被水泥浆顶替。顶替过程是中间部分开始，然后随时间的增加而渐向两边扩大，当两边钻井液厚度为零时，则表示该断面位置的钻井液已被顶替干净。图中断面(a)处为水泥浆刚进入环形空间的时候，此时水泥浆的顶替量为零，顶替时间 $t = 0$，顶替效率 $\eta_v = 0$；当水泥浆顶替量增加到环空位置(b)时，$t = t_b$，环空封固段 L 滞留有较多的钻井液，$\eta_v < 1$；当水泥浆顶替量达到预定位置(c)时，水泥浆仍未充满封固的环形空间，而当水泥浆顶替量等于或超过环空封固段的体积(d)时，顶替效率逐渐增大，趋近于 1。

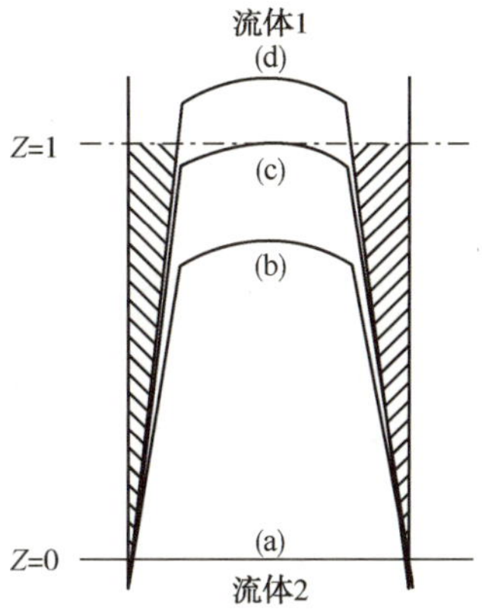

图 6-6-8　液体界面的顶替情况

为了较方便地研究水泥浆顶替量和顶替效率的关系，采用无因次水泥浆体积(V^*)代替水泥浆顶替量：

$$V^* = \frac{tQ}{V_{01}} \tag{6-6-13}$$

式中　Q——水泥浆顶替排量，m^3/min；

t——顶替时间，min；

V_{01}——环空封固段的体积，m^3。

当 $V^* = 1$ 时，水泥浆顶替量等于环空封固段的体积；

当 $V^* = 0.5$ 时，水泥浆顶替量为环空封固段体积的一半；

当 $V^* = 2$ 时，水泥浆顶替量为环空封固段体积的 2 倍。

图 6-6-9 形象地表示了顶替效率与无因次水泥浆体积的关系。曲线虽然反映了水泥浆的顶替过程，但实际关心的是水泥浆达到预定位置前后的顶替效率及如何提高 V^* 在 1 左右时的顶替效率。

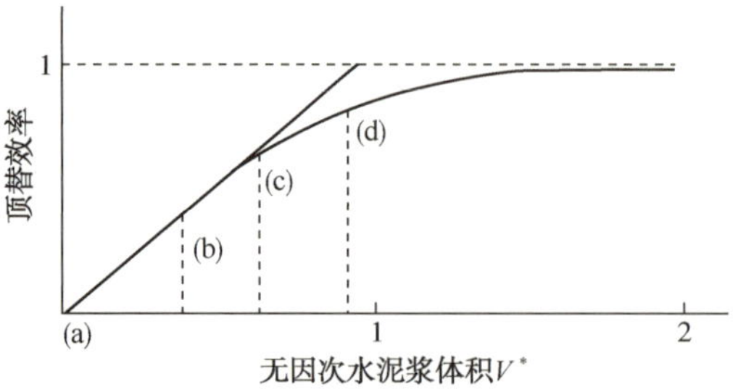

图 6-6-9　顶替效率变化情况

1. 影响顶替效率质量的因素

影响顶替效率质量的因素主要包括井身质量、套管居中度、前置液、水泥浆、钻井液、顶替流态。

① 从井身质量来看，井径扩大率过大或过小，都会对固井质量产生负面影响，过大则顶替效率降低，过小则水泥环强度不足。另外，大小井径形成的壁阶，斜井形成的特殊环形空间也都会对顶替效率产生负面影响。

② 从套管居中度来看，套管偏心导致井内水泥浆流速不一，局部顶替效率不佳。

③ 从前置液来看，前置液是在水泥浆顶替钻井液之前，用于降低钻井液黏滞应力，冲洗套管壁、井壁，降低水泥浆稠度，悬浮固态碎屑等，包括隔离液、冲洗液两种，对顶替效率及固井质量存在较大影响。

④ 从水泥浆来看，水泥浆稠度、流动指数、塑性黏度、动切力、密度等对顶替效率都存在影响，其中正面影响因素包括水泥浆稠度、塑性黏度、动切力、密度，负面影响因素为流动指数，另外，稠度、流动指数、动切力进入临界值后顶替效率恒定。

⑤ 从钻井液来看，钻井液固相含量高，密度越大，水泥浆施加外力无法超过钻井液黏滞应力，顶替效率较低。

⑥ 从流态来看，层流、紊流、塞流等不同流态对顶替效率有不同影响，紊流的径向分速可以较好地带走井内钻井液，防止钻井液对井壁侵蚀，其次是塞流、层流，效率逐一降低。

从井身质量、套管居中度、前置液角度优化顶替效率的措施前面章节已做介绍，本节不再赘述。

2. 固井前钻井液调整技术

水泥浆顶替钻井液时，其驱替动力主要来自 3 个方面：泵压、流动的水泥浆对钻井液的黏滞力、水泥浆对钻井液的浮力。阻碍钻井液流动的力也有 3 个：钻井液本身的黏度和切力，套管和井壁对钻井液的黏附力，钻井液本身的重力。因此，在固井前对钻井液地面流变性能进行调整具有极为重要的作用。固井前降低钻井液动切力、塑性黏度和静切力，既可降低流动摩阻压力，防止顶替过程中泵压过高，压漏薄弱地层，还有利于清除钻井液中的钻屑和改善泥饼质量，提高第二界面胶结质量。

对钻井液性能设计只局限在能满足钻井作业携带岩屑的要求，但是却不一定有利于提高顶替效率。因此，有必要调整改善钻井液的性能。在注水泥之前可以改变钻井液密度和流变性，以达到最适合顶替的条件。

固井前进行钻井液流变性能调整的前提是钻井液要形成薄而韧的致密泥饼。靠近井壁的实泥饼能起到较好的护壁作用，可保证井壁稳定，在一定程度上也提高地层承压能力，因而降低一定的钻井液黏度和切力不会引起地层垮塌及井下情况复杂。在确保井眼内岩屑清除干净，冲蚀掉滞留在大井眼、偏心环形空间窄边一侧及渗透性地层井壁上胶凝和脱水的钻井液后，采取最后 1 周循环可适当降低钻井液密度 0.05～0.10g/cm^3，将钻井液的静切力适当降低，黏度 50～60s，初切力≤3Pa，动切力≤6Pa，进出口钻井液密度差<0.02g/cm^3，改善钻井液的流动性能，提高顶替效率。

3. 恒 ECD 替浆工艺

针对盖层固井存在封固段长、窄安全密度窗口、防漏与紊流顶替矛盾突出的难题，通过减小环空静态当量密度(ESD)，提升替浆排量，使循环当量钻井液密度(ECD)不压破地层。在获得高效的顶替效率前提下，兼顾预防井漏。

顶替排量设计利用固井施工软件模拟施工压力、排量和施工过程中井筒内当量密度的分布，使固井顶替效率达到最优。以环容 50L/m 为例，采用不同顶替排量后(表 6-6-1)，顶替效率见图 6-6-10～图 6-6-12。通过对三个阶段施工进行计算机软件模拟发现，影响顶替效率的主要因素是井径扩大率、流体性能、入井流体总量、顶替排量。

表 6-6-1 顶替排量与环空返速

序号	环容/(L/m)	顶替排量/(L/s)	返速/(m/s)
1	50	30	0.6
2	50	45	0.95
3	50	55	1.1

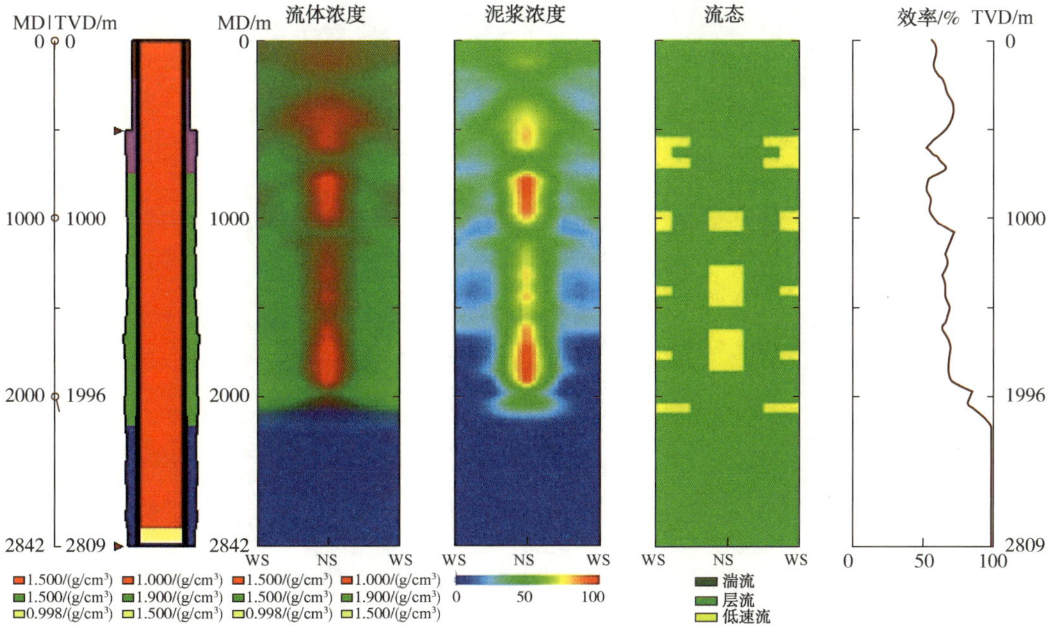

图 6-6-10 0.6m/s 返速模拟图

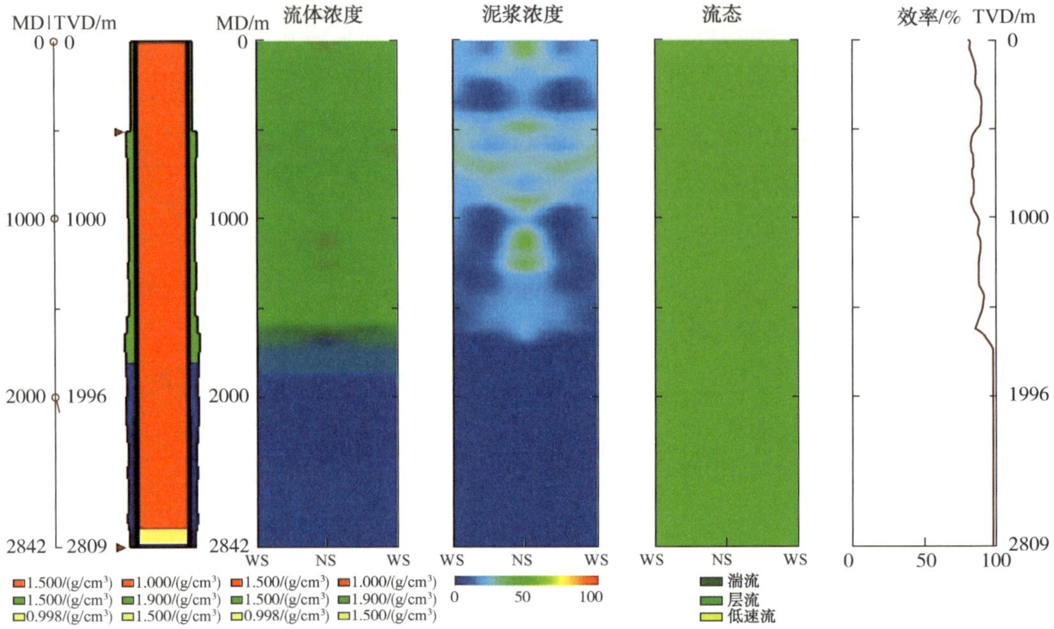

图 6-6-11　0.95m/s 返速模拟图

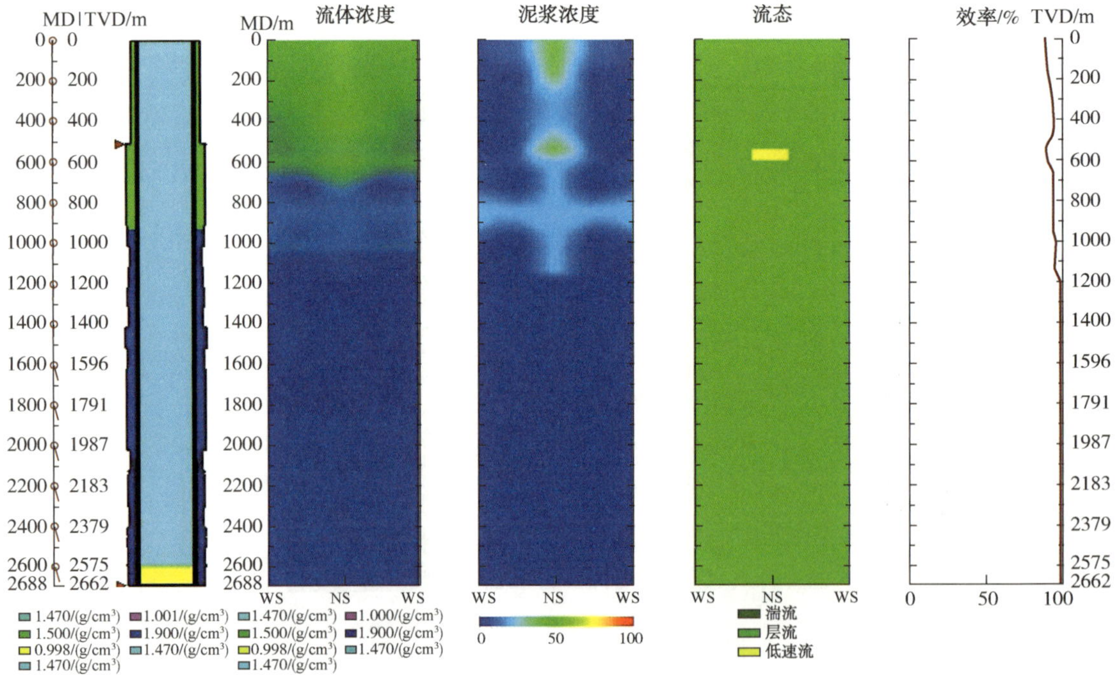

图 6-6-12　1.1m/s 返速模拟图

为使恒 ECD 替浆工艺在施工现场具备可操作性，提前绘制替浆排量、环空返速、压力关系图（图 6-6-13、图 6-6-14），在“重要节点”及时对排量进行调整。

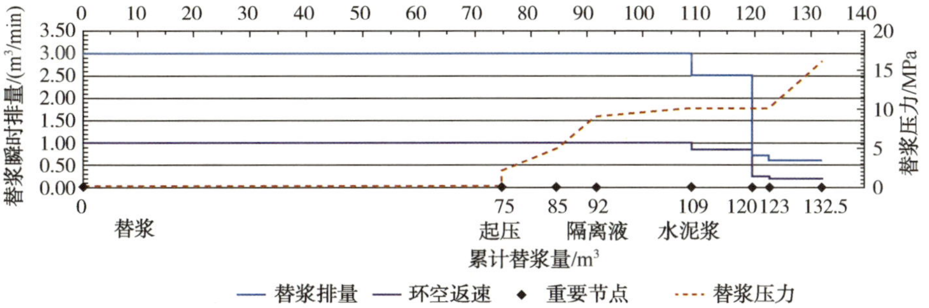

图 6-6-13 文 23C1-3 井替浆排量、环空返速、压力关系图

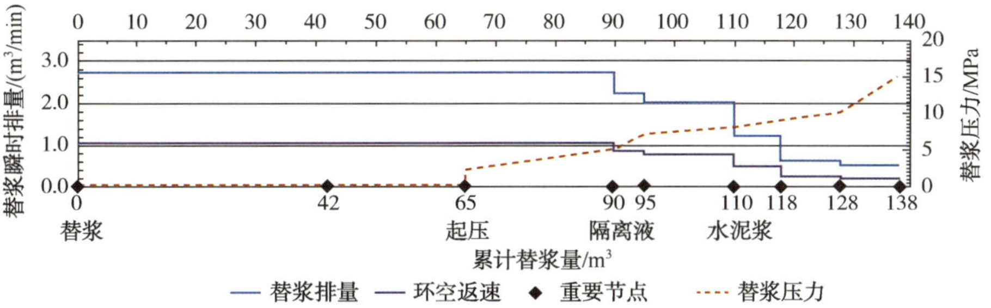

图 6-6-14 文 23C9-10 井替浆排量、环空返速、压力关系图

五、预应力固井技术

大量试验证明，水泥水化产物体积要小于其水化前混合物体积，即：水泥浆在硬化过程中会发生体积收缩，造成第一、第二界面胶结强度降低或脱离，从而导致微间隙的出现，面临着封固失效风险。预防水泥浆体积收缩除了通过在水泥浆中添加化学助剂提高水泥石的微膨胀性和使用相应的固井配套工具等技术措施外，还可以从套管与地层应力应变特征出发，运用预应力固井技术。

1. 预应力固井技术的概念

预应力固井，即在固井施工过程中通过低密度（相对于水泥浆密度而言）顶替液和环空憋压来实现较大负压差（套管外压力大于套管内压力），预先使套管和地层具备弹性性能，产生挤压变形（其中套管为向内挤压变形，地层为向外挤压变形），以此来弥补水泥浆凝固时体积收缩及后期工程作业带来的微间隙，从而有效防止第一、第二界面胶结面微间隙的产生，提高水泥环整体密封性能，消除环空气窜通道。

2. 微间隙形成的机理

套管与水泥环之间的微间隙是指套管与水泥环之间存在的极小的环形空间。在高压气井中，当微间隙不到 0.01mm 时，对油气水等介质而言，虽然不足以形成液体通道造成油气水窜，但会使声幅波的耦合率大大降低，使声幅值增高、失真。当微间隙大于 0.02mm 时，将会形成通道而发生气窜。微间隙产生的主要原因归纳为 3 类：

（1）水泥环收缩产生的微间隙

水泥浆在由液态向固态转化过程中体积逐步发生收缩，一般体积收缩为水泥浆总体积的 2.6%~5.0%，收缩量的 95%以上发生在水泥浆终凝之后，水泥浆在塑性状态下体积收缩会使水泥浆柱的孔隙压力降低(即胶凝失重)，造成油气水侵。凝固后体积收缩使水泥环与地层和套管之间形成微间隙，影响固井质量。

（2）工程因素产生的微间隙

后期的完井试压作业及后期开发需要将套管内的介质进行替换，即采用清水或低密度介质替换套管内的高密度介质，引起套管内压力降低，导致套管向内产生较大的弹性变形，由于水泥环与套管力学性能的差异，会在水泥环与套管之间产生微间隙，为油气窜提供了通道。

（3）热应力导致的微间隙

水泥在凝固过程中，水泥本身在不断水化过程中会释放大量的热能，使套管受热发生膨胀，随着水化过程的结束，所释放的热量随着时间的推移不断散发殆尽，随着水泥环温度的降低，套管也随之发生冷却收缩效应，在水泥环与套管之间形成微间隙。

3. 预应力固井机理

不论是水泥石收缩产生的微裂缝，还是套管内外收缩形成的微环隙，都会极大地影响固井质量。如果在固井施工中考虑到了这些影响因素，在水泥石收缩之前就给予套管一个受挤压的预应力，而待水泥石收缩后，根据作用力与反作用力的原理，在套管弹性条件范围内套管自身会试图恢复原状态，产生向外的挤压力，迫使套管恢复形变来弥补水泥环收缩时留下的微裂缝，始终保证水泥环与套管间的紧密接触，保持套管与水泥环之间的封隔效果。在固井时，采用高密度水泥浆和低密度顶替液，使其在替浆结束后，套管环空相比管内形成较大的液柱压差，同时在保证套管安全的条件下，候凝期间在套管外环空附加一定的压力，而管内敞压候凝，这样使套管内外形成更大的负压差，对套管产生一个向内的挤压应力，套管在弹性变形范围内向内挤压，就形成了预应力(图 6-6-15、图 6-6-16）。固井作业后，如果水泥发生收缩套管就会因弹性变形而试图恢复初始状态，从而保持与水泥环的紧密结合，形成较好的胶结质量。

采用预应力固井技术特别要注意，在采用清水或低密度顶替液和采取环空加回压时，要针对每口井的实际情况，提前计算施工过程中的静液柱压差及环空加回压值，设计时，要充分地综合考虑套管的实际抗内压、抗外挤强度，使套管所受到的内压及外挤值控制在有效安全范围内，防止挤损套管。确保套管达到最佳恢复形变，保证套管与水泥环之间的紧密接触。

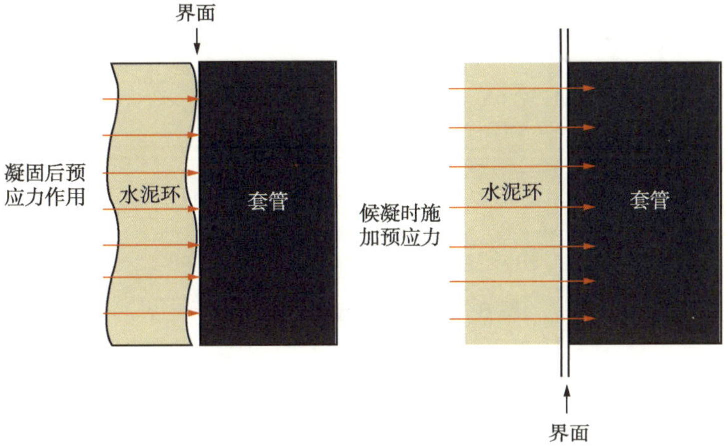

图 6-6-15 套管与水泥环界面受力状态

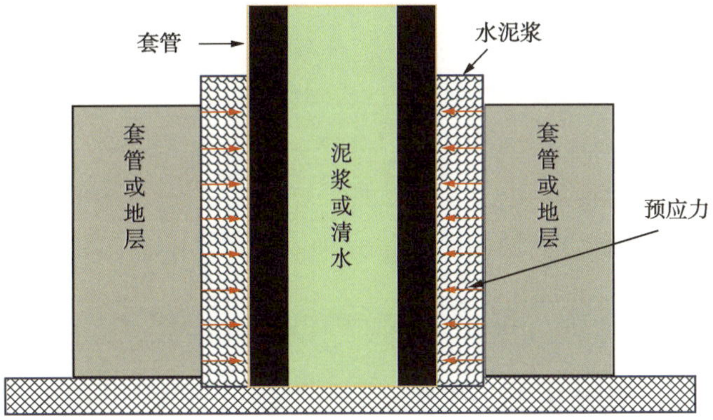

图 6-6-16 预应力作用示意图

4. 套管受力分析及压差值计算

大斜度及水平井段套管在井眼中的受力情况较为复杂，假设套管为理想的厚壁圆筒，居中度良好，外载为均匀载荷，套管内外压力均不足使套管发生塑性变形，主要从套管受内压与外挤作用方面考虑，忽略轴向力与温度对套管柱的影响(图 6-6-17)。

拉梅公式：

$$\begin{cases}\sigma_z = 0 \\ \sigma_\theta = \dfrac{r_i^2(r_o^2+r^2)}{r^2(r_o^2+r_i^2)}p_i \\ \sigma_r = -\dfrac{r_i^2(r_o^2-r^2)}{r^2(r_o^2-r_i^2)}p_i\end{cases} \tag{6-6-14}$$

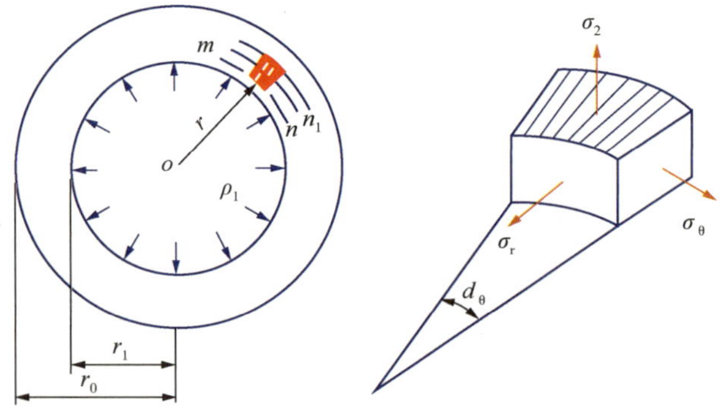

(a)　　　　(b)

图 6-6-17　套管受力分析图

虎克定律单元体的应变公式：

$$\varepsilon_r=\frac{1}{E}[\sigma_r-\nu(\sigma_\theta+\sigma_z)] \tag{6-6-15}$$

式中　E——弹性模量；

ν——泊松比。

由几何关系可知形变与应变的关系为：

$$\varepsilon_r=\frac{\Delta L_r}{r} \tag{6-6-16}$$

将式(6-6-16)代入式(6-6-15)得：

$$\Delta L_r=\frac{r}{E}[\sigma_r-\nu(\sigma_\theta+\sigma_z)] \tag{6-6-17}$$

将式(6-6-14)代入式(6-6-17)得：

$$\Delta L=\Delta L_{ro}=-\frac{2\nu r_o r_i}{E(r_o^2-r_i^2)}p_i \tag{6-6-18}$$

式中　r_o——套管外径，mm；

r_i——套管内径。mm；

P_i——套管受内压力，MPa；

σ_r——径内压力，MPa；

σ_θ——切向应力，MPa；

σ_z——轴向应力，MPa；

ΔL_r——变形量，mm。

取 $E=210\times109$N/m；$\nu=0.25\sim0.3$；$\Delta L=0.0254$mm。

根据拉梅公式和虎克定律单元体的应变公式可以计算出套管在不同内、外压差下套管的变形值。根据式(6-6-18)可计算套管的变形值。计算出的变形值是套管膨胀变形值，而在水泥凝固后释放内压，套管收缩回原尺寸，此膨胀变形就变为套管与水泥胶结被破坏而形成微环隙。从式(6-6-18)可知：①套管尺寸越大，相同压差下，产生的微环隙越大；②套管尺寸相同，壁厚越薄，产生的微环隙越大；③对于固定套管而言，微环隙大小与受的压差成正比。通过施加外挤压力使套管具备弹性能，在水泥浆候凝发生径向体积收缩时，通过释放弹性能，弥补体积收缩产生的微环隙，消除气窜通道，从而提高固井质量。

套管内外压差值的确定。压差值的确定根据微间隙的大小和水泥石收缩的程度，在不考虑水泥收缩或膨胀的情况下，确定所需的最小压差值 ΔP：

$$\Delta P=\frac{E(r_o^2-r_i^2)}{2\nu r_o r_i^2}\Delta L \tag{6-6-19}$$

根据式(6-6-19)可以得出常用不同尺寸和不同壁厚油层套管在变形为 0.02mm 微间隙所需的最小应变力。补偿的最低压差值为 P_1：

$$P_1=\Delta P-(P_o-P_i) \tag{6-6-20}$$

式中 ΔP——所需最小压差值，MPa；

P_o——套管外静液柱压力，MPa；

P_i——套管内静液柱压力，MPa。

$P_2 \geqslant P \geqslant P_1$，$P_2$ 为补偿的最高压差值：取外层套管最大抗内压强度的 80% 和裸眼地层的最高破裂压力的 80% 两者中的最小值。

5. 预应力固井工艺

为获得克服套管变形所需的压差值 P，在文 23 储气库储层固井原有固井工艺的基础上进行了进一步优化，采取了清水或低密度介质顶替和环空加回压两种方式，应用效果良好。

(1) 清水或低密度介质顶替

储气库储层固井均采用尾管+回接方式，尾管替浆采用清水或胶液，增加悬挂器以下套管内外压差近 10MPa，在水泥凝固过程中产生足够的膨胀变形致使套管不再向内变形而产生微间隙，既能确保界面胶结质量和强度，又可防止后期井筒置换介质时发生应力变形。另外，采用清水或低密度介质替浆时产生的高泵压，管外的流体作用在套管外壁和井壁的力增大，更有利于第一、第二界面的冲刷，提高驱替效果，保证固井封固质量。尾管采用清水或胶液替浆在一定程度上有利于大斜度及水平井段套管的居中，对施工过程中提高顶替效率和水泥浆有效充填起到了积极作用。

(2) 环空加回压

通过环空加回压补偿水泥浆凝固过程中失重，进一步压实水泥浆，使水泥环与环空第

一、第二界面更加紧密地接触，提高水泥环充填的密实度。中原储气库储层回接固井为钢对钢环空，无需考虑漏失问题，固井施工结束后环空回压值可控制在10MPa左右，可有效压实水泥，通过施加外挤压力使套管具备弹性能。在水泥浆候凝发生径向体积收缩时，通过释放弹性能，弥补体积收缩产生的微环隙，消除气窜通道，从而提高固井质量。环空加回压技术同属于预应力固井技术的一部分。

（3）预应力固井工具

采用预应力固井工艺技术，对工具及附件要求更高，浮箍、浮鞋要具备比常规附件更高的反向承压能力，同时具有良好的密封性和可靠性。在中原储气库储层固井中采取了强弹双作用浮箍和舌板式浮鞋搭配使用，有效保证了密封性和可靠性。由于储气库井通过现场施工发现采用清水替浆泵压在钻井泵可控范围内，因此替浆均采用井队泥浆泵进行顶替。对封固段较长的井，必须采用超高压泥浆泵和相应的硬管汇，施工前必须进行试压实验，确保管汇的安全性。

第七章

固井工具及附件

第一节　尾管悬挂器

一、概述

中原储气库一开表层套管与二开技术套管的固井工艺均采用常规固井工艺技术，该技术实施过程采用常规的浮鞋、浮箍、固井胶塞，套管扶正器采用高性能整体式弹性扶正器，增强扶正效果，提高套管居中度。三开由于地层压力系数低，固井过程中环空液柱压力高，注替水泥浆过程中易发生漏失，影响水泥浆返高。而尾管回接固井技术是解决固井恶性漏失、提高固井顶替效率与固井质量有效技术手段之一，因此三开采取尾管加尾管回接固井工艺技术，在 ϕ273.1mm/244.5mm 技套内悬挂 ϕ177.8mm/139.7mm 尾管提供大的环空间隙度，保证了悬挂器、尾管串及回接管柱的全通径，为后期注采完井工具的起下及注采完井工艺的实施提供良好井筒条件。但是，大跨度直径尾管的悬挂技术要求，大大提高了耐腐蚀高封隔全通径尾管悬挂器结构设计、防腐选材及加工难度，增大了坐挂与环空封隔失效风险，降低了尾管回接固井技术对井筒长期密封完整性增效作用。为了给后期作业提供良好的条件，延长储气库使用寿命，优选了双锥双液缸液压尾管封隔悬挂器和耐腐蚀全通径高封隔内嵌式悬挂器，现场使用均取得了良好效果，确保了中原储气库固井质量。

二、双锥双液缸液压尾管封隔悬挂器

1. 结构组成

XG 273×178(10¾×7)-YFC 双锥双液缸尾管封隔悬挂器为悬挂器与封隔器一体式。其主要由悬挂器本体总成、封隔器总成、密封总成、送入工具等组成。其中，悬挂器为双液缸、双锥双排卡瓦、液压坐挂；封隔器为机械坐封。

① 悬挂器本体总成：由卡瓦套筒、液缸、内嵌卡瓦等组成，见图 7-1-1。

图 7-1-1　悬挂器本体总成

② 封隔器总成：由本体、胶筒、锁紧机构等组成，见图 7-1-2。

图 7-1-2　封隔器总成

③ 送入工具：由防砂罩、提升短节、坐封挡块、倒扣总成及中心管组成。该工具可重复使用，见图 7-1-3。

图 7-1-3 送入工具总成

④ 胶塞：钻杆胶塞和尾管胶塞，见图 7-1-4。

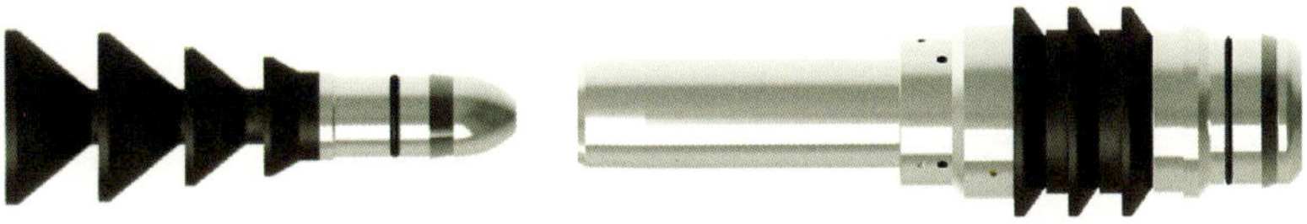

图 7-1-4 钻杆胶塞(前部分)和尾管胶塞(后部分)

⑤ 双级球座总成：见图 7-1-5。

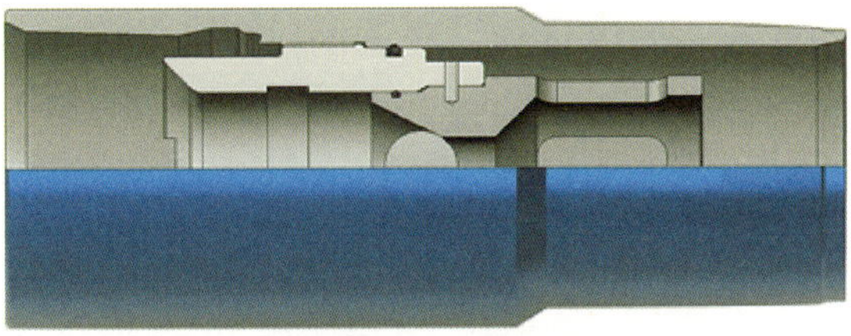

图 7-1-5 球座

⑥ 浮箍、浮鞋：两个独立部件，可选配，见图 7-1-6。

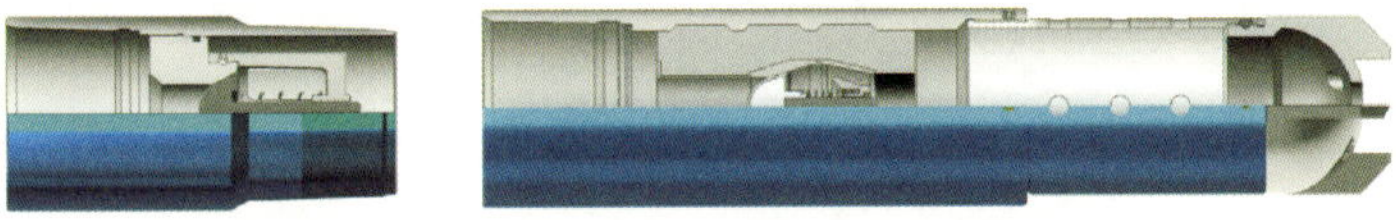

图 7-1-6 浮箍(前部分)和浮鞋(后部分)

2. 工作原理

XG 273×178(10¾×7)-YFG 双锥双液缸尾管封隔悬挂器采用液压坐挂悬挂器、机械坐封封隔器方式。使用时配合专用的送入工具，将尾管封隔悬挂器及尾管下入到井内设计深度。投球，当球到达球座后憋压，压力通过悬挂器本体上的传压孔传到液缸内，压力推动活塞上行，剪断液缸剪钉，再推动卡瓦推套，并带动卡瓦上行，卡瓦沿锥面胀开，楔入悬挂器锥体和上层套管之间的环状间隙里，当钻具下放时，尾管重量被支撑在上层套管上。继续打压，憋通球座，建立循环。正转倒扣使送入工具与悬挂器分离。倒扣及固井作业完成后，缓慢上提送入工具，当坐封挡块提出回接筒后，坐封挡块在弹簧作用下胀开，下放钻具，坐封挡块压在回接筒上端面。继续下放钻具，钻具重量通过坐封挡块传至回接筒，再传至封隔器锁紧套，剪断销钉后挤压封隔器胶筒，使之变形，产生封隔器本体与外层套管之间的环状间隙，再下压额定吨位后，锁紧套剪钉剪断后卡瓦锁紧。最后将送入工具和密封芯子提出井口。

3. 性能特点

XG 273×178(10¾×7)-YFG 双锥双液缸尾管封隔悬挂器具有以下性能特点：

① 具有在注水泥前坐挂尾管、注水泥后立即封隔尾管与套管环空的两种功能。

② 可承受较大的正负压差作用，即使尾管重叠段封固质量不好，也可确保完井作业的顺利完成。

③ 液压控制实施坐挂，倒扣后机械坐封。

④ 悬挂器材料采用 P110-SUPCr13 材料，具有强度高，耐 CO_2腐蚀等特性。

⑤ 胶塞、球座均设计有锁紧机构，且具有良好的可钻性。

⑥ 密封芯子能随送入工具提出井口，节省了钻密封芯子时间。

⑦ 内嵌式卡瓦，提高坐挂后过流面积，降低循环泵压。

⑧ 保护卡瓦免于运输、吊装、入井损坏。

⑨ 倒扣丢手无须找中和点，只要将送入钻具下压 5~10t、正转，即可轻易倒开扣。

4. 技术参数

XG 273×178(10¾×7)-YFG 双锥双液缸尾管封隔悬挂器技术参数，见表 7-1-1。

表 7-1-1 XG 273×178(10¾×7)-YFG 尾管悬挂器主要技术参数

序号	参数名称	技术参数
1	额定负荷/t	180
2	封隔器坐封压力/t	25
3	封隔器坐挂剪钉剪断压力/t	29
4	封隔器密封能力/MPa	70
5	悬挂器载荷支撑套承载能力/t	18
6	密封芯子密封能力/MPa	>25
7	液缸剪钉剪断压力/MPa	9±1
8	球座剪钉剪断压力/MPa	17-18
9	尾管胶塞剪钉剪断压力/MPa	12-13
10	判断倒扣最大允许上提高度/m	1.3
11	本体最大外径/mm	238
12	本体内径/mm	157
13	回接筒长度/mm	2800
14	回接筒外径/mm	225

续表

序号	参数名称	技术参数
15	回接筒内径/mm	190
16	钻杆胶塞总长/mm	325
17	尾管胶塞胶碗外径/mm	166
18	适用尾管壁厚/mm	10.36
19	挂胶球直径/mm	47
20	适用上层套管钢级	P110
21	适用上层套管壁厚/mm	12.57
22	提升短节上接头扣型	410(NC50)
23	适用的尾管扣型	BGT2

5. 使用方法

（1）现场检查与组装

1）首先按照装箱单检查双锥双液缸尾管封隔悬挂器及各附件是否齐全。应包含尾管封隔悬挂器本体、球座、铜球(ϕ47mm)、大小胶塞及选配的浮箍、浮鞋、通径规等。

2）对各部件进行认真仔细检查、测量与记录。主要检查内容包括：各件外观是否正常，有无被摔碰；封隔器胶筒有无破裂，各剪钉、导向钉是否齐全；密封件是否完好；各件是否匹配，丝扣是否完好；内部是否有杂物；浮箍、浮鞋畅通和密封情况；丝扣、胶塞尺寸是否与使用的套管匹配；性能参数是否满足作业要求等。

（2）准备工作

1）下套管前按要求进行通井作业，保持良好的井眼条件，同时调整好钻井液性能保证套管能顺利下到设计深度。

2）校核尾管长度，仔细计算钻杆回缩距，配好送入钻具。为方便配钻具和投球时卸扣(指无旋转水泥头)，最好准备1~2根短钻杆，配好钻具后使短钻杆下接头在转盘面附近。

3）套管要仔细丈量、清洗丝扣，并使用符合标准的通径规通径；5"钻杆通径规直径要求68mm以上，钻具接头、配合接头不应有直角台阶。

4）起钻时(或通井时)，将钻具提至悬挂器坐挂位置后，称重、测量摩阻，并记录。

5）校核坐挂位置，悬挂器卡瓦应避开上层套管接箍。

6）校核指重表和泵压表，保证灵敏准确。

（3）下套管

注意事项：严禁井内及套管内落物；操作要平稳，严禁猛提、猛刹和猛放。

1）管串排列：球座位置应由所设计的水泥塞高度确定，推荐的管串排列为：浮鞋+套管+浮箍+套管+球座+套管组合+尾管封隔悬挂器+送入钻具+水泥头。

2）按顺序下入套管及附件，按标准上够扭矩。每下入 20 根套管至少灌满钻井液一次。

3）悬挂器下面的两根套管连续加两个扶正器，套管下完后先灌满钻井液再接悬挂器。

4）接尾管悬挂器(悬挂器吊上钻台时注意防止磕碰)：提起整个悬挂器总成，先卸掉中心管接箍，再卸掉悬挂器下端的护丝，然后再连接中心管接箍，并在中心管接箍上接尾管胶塞，用链钳或管钳上紧扣。注意倒扣部分有无转动。将尾管胶塞胶碗涂上丝扣油，小心插入套管，然后连接悬挂器与套管，最佳旋紧扭矩见表 7-1-2。

表 7-1-2　悬挂器与套管连接紧扣扭矩(BGT2 扣)

规　格	XG 273×178(10¾×7)
最佳紧扣扭矩/(N·m)	17230

注意：

① 严禁在封隔器总成、悬挂器卡瓦及液缸处打大钳。

② 在回接筒内注满钻杆丝扣油，然后上紧防砂罩固定螺钉。

③ 尾管悬挂器入井(过联顶节和封井器)时要缓慢，注意保护好卡瓦及液缸。

5）称重，并做好记录。锁死转盘，以防止尾管转动。

6）下送入钻具。接送入钻杆时打好背钳，尾管坐挂前严禁下部钻具转动。送入钻杆要边通径边下钻。每下 10 立柱至少灌满一次钻井液，最好边下边灌。严格控制下放速度(推荐 1.5~2.0min/立柱)。中途遇阻循环时，开泵泵压不得超过 6MPa。

7）将尾管下至预定深度，先灌满钻井液(注意：注意活动钻具，防止粘卡)，再接方钻杆(或顶驱)。称重、测量摩阻，并记录。

8）调整好钻(方)余。小排量开泵循环钻井液，尽量控制开泵压力不超过 6MPa。待钻井液返出后可逐渐增加排量，但尽量使尾管内外流阻之和不超过 6MPa，待循环压力稳定时再以正常排量循环。

(4) 坐挂及倒扣

1）先进行试坐挂操作。受井下条件的限制，有时循环压力过高未投球就将液缸剪钉剪断，在这种情况下，钻具不能上提(上提后不能放到原位)，若无旋转水泥头或水泥头上无投球孔，可直接坐挂。

2）如果没有坐挂，则投球(ϕ47mm)，并以小排量泵送(或等待)。密切注视泵压变化，当球到达球座后憋压 11~12MPa，稳压 2min，慢慢下放钻具，当总悬重下降到等于送入钻具总重量+游车重量时(此时送入钻具回缩距等于或接近计算值)，即坐挂成功。

3）继续下压 15t，检查坐挂可靠性。

4）坐挂成功后，憋压 18MPa 左右，憋通球座，建立正常循环。

5）无异常时停泵，松开转盘，坐钻杆卡瓦，确保载荷支撑套承压 5～10t，然后正转进行倒扣，累计有效倒扣不少于 30 圈（注意：正常情况下，用转盘倒扣时，正转数圈后放松转盘，转盘应几乎不回转。若回转严重，可能是载荷支撑套未受压或受压太多，此时应予以调整。切记：必须先剪掉球座建立循环，才能倒扣）。

6）将钻具缓慢提至中和点后再上提 0.8～1.0m（注意：上提距离绝对不能超过 1.3m，否则坐封挡块将被提出回接筒，再下压时将使封隔器胀开；万一将坐封挡块提出回接筒，下放钻具时封隔器受压不能超过 10t。此时，钻具不能放到原位）。若悬重一直等于上部钻具+游车重量，表明扣已倒开。

7）倒扣成功后将钻具放回，使悬挂器下压 5～8t，接入水泥头（钻杆胶塞已事先装入），按固井要求循环后固井。

（5）固井

1）管线试压。

2）按固井设计要求注入水泥浆。

3）压钻杆胶塞。

4）替浆，当钻杆胶塞到达尾管胶塞位置前 1.5m^3左右，降低排量，注意泵压表的变化。若泵压明显上升后又回到正常值，说明胶塞已经复合，此时应校核替浆计量（注意：大多数情况下，无法观察到此压力变化）。

5）当替浆量剩 1.5m^3左右时降低排量，碰压。

6）放回水，检查浮箍、浮鞋密封情况。卸管汇。

（6）坐封封隔器、提出中心管

1）正转 2～4 圈，缓慢上提钻具至中和点后再上提 1.5～2m，然后再下放钻具，使封隔器分阶梯加压：加压载荷 15t，稳定 5min；加压载荷 20t，稳定 5min；加压载荷 25t，稳定 10min 坐封封隔器；继续加压载荷 32～35t 剪断剪钉使封隔器卡瓦坐挂，稳定 10min，完全坐封坐卡。

2）封隔器坐封后，上提钻具 5～6m（注意悬重变化）。当送入工具与悬挂器脱开后上提 1～3 柱，大排量循环一周以上，循环出多余的水泥浆。（重要提示：循环过程中要转动或上下活动钻具，保证循环干净。）

3）起钻，候凝。

6. 钻附件内套方法

钻杆胶塞、尾管胶塞及需要钻除的球座、浮箍、浮鞋附件内套都是由可钻性好的材料组成，具有防转机构，以便于钻除。钻附件内套时的注意事项及推荐的钻进参数如下：

① 应选用适应钻硬地层的牙轮钻头或钻中-硬地层的 PDC 钻头。

② 钻进中不要使用自动送钻装置。

③ 可在钻具上配备扩眼器和稳定器，必要时也可装一个随钻打捞杯。

④ 推荐的钻进参数见表 7-1-3。

表 7-1-3 推荐的钻进参数

钻头尺寸/mm	钻压/t	转速/(r/min)	水马力/hhp	泵排量/(m^3/min)
152	5~8	40~60	70~80	>1.0

注意：转速不能超过 100r/min。

⑤ 如使用井底动力钻具，钻压应不超过 2t。

⑥ 不得将钻头压在附件上再启动转盘转动钻具。

⑦ 每钻进 5cm 应上提活动一次，活动时不停泵，并保持钻具转动，以清除钻头周围的橡胶/金属屑。

⑧ 发现钻速降低时，应调整钻进参数；若无效，则应起钻检查钻头，查明原因。

7. 尾管回接操作程序

（1）下套管前准备

1）认真做好套管丈量、通径及清洗丝扣工作。

2）计算好套余(套管高出转盘面高度)。排好套管串。

3）准备长度差 0.5m 左右的数根短套管，便于现场调整(由于丈量误差和套管余扣不确定，理论计算套余不可能与实际完全吻合)。

（2）磨铣回接筒

1）连接专用铣鞋，下钻，磨铣回接筒内表面，以使回接筒内无毛刺和水泥块。

2）当铣鞋接触密封外壳顶部时(根据泵压和钻压变化判断)，记录铣鞋深度，上提钻具 1m。

3）在 40~50r/min、正常钻进排量下缓慢下放钻具，磨铣回接筒内表面 2~3 次，每次 3~4min。最后一次磨铣至扭矩突然增大时(即铣到密封外壳顶部时)加压 2~3t，再磨铣 5min，并记录此时的铣鞋深度。该深度可作为套管下深的重要依据。

4）上提钻具 1.5m，大排量清洗 5min，将磨铣下的水泥循环出井。

5）起钻，检查铣鞋的磨损情况，如果有一圈明显的磨痕，并且其直径等于悬挂器密封外壳左旋梯形内螺纹直径(ϕ160mm 左右)，表明已磨铣到回接筒底部。

(3) 下回接套管、固井

1) 下入回接套管串。排列顺序：回接插头(另选)+套管+节流浮箍(另选)+套管串。

2) 适当控制下放速度，及时灌满钻井液。

3) 当回接插头接近回接筒时，在 10L/s 排量下缓慢下放管串，注意泵压变化，当泵压突然升高时，停泵，然后缓慢下放直到悬重突然下降，表明回接插头接箍已接触到回接筒顶部。记录方余。

4) 开泵憋压 5MPa，检查插头密封情况。泄压，上提套管 2m，使插头循环孔位于回接筒以上，而插头导向头位于回接筒内。

5) 循环钻井液，按固井设计程序固井、压胶塞、替浆、碰压。

6) 碰压后附加 3~5MPa，缓慢下放管串，使回接插头坐到回接筒顶部，并下压 10~20t 套管重量。

7) 卸压检查回流。如果无回流，说明插头密封良好；若有回流，应憋压候凝。

8) 候凝。

三、耐腐蚀全通径高封隔内嵌式悬挂器

1. 结构组成

耐腐蚀全通径高封隔内嵌式尾管悬挂器是一种集耐腐蚀、尾管顶部环空封隔及液压内嵌卡瓦于一体的尾管悬挂特殊装置。主要由内嵌卡瓦尾管悬挂器、高温高压尾管顶部封隔器、送入工具等组成(图 7-1-7)。尾管悬挂器的入井和坐挂可靠性、承载能力和过流面积等性能是该工具的关键指标。与常规悬挂器相比，该尾管悬挂器系统主要包括内嵌卡瓦坐挂机构、顶部封隔装置、坐封机构等功能单元。其中，内嵌卡瓦坐挂机构能够提供更高的承载能力，且坐挂的过流面积更大；顶部封隔装置在固井结束后封隔环空，防止地层流体上窜。

图 7-1-7 耐腐蚀全通径高封隔内嵌式悬挂器

2. 工作原理

尾管封隔悬挂器采用液压坐挂悬挂器、机械坐封封隔器方式。使用时配合专用的送入工具，将尾管封隔悬挂器及尾管下入到井内设计深度。从井口将一憋压球投进送入钻柱，待憋压球落到球座，从井口憋压，压力通过悬挂器本体上的传压孔传到液缸内，压力推动活塞上行，剪断液缸剪钉，再推动支撑套，并带动卡瓦上行，卡瓦沿斜面胀开，楔入悬挂器锥体和上层套管之间的环状间隙里，当钻具下放时，尾管重量被支撑在上层套管上。继

续打压，憋通球座，建立正常循环。倒扣及固井作业完成后，缓慢上提送入工具，当胀封挡块提出回接筒后，胀封挡块在弹簧作用下胀开，下放钻具，胀封挡块压在回接筒上面。继续下放钻具，钻具重量通过胀封挡块传至回接筒，再传至锁紧滑套，剪断销钉后挤压封隔器胶筒，封隔器胶筒在外力下挤压变形，将封隔器本体与套管之间的环状间隙封隔住，锁紧滑套自锁。最后将送入工具和密封芯子提离悬挂器并循环出多余水泥浆，起钻，候凝。

3. 性能特点

① 采用先进的内嵌卡瓦机构，过流面积更大。

② 内嵌卡瓦具有复合斜面、立体承载机构，能够承受更重的尾管负荷。

③ 液压控制实施坐挂，可用于各种井况。

④ 胶塞、球座均设计有锁紧机构，且具有良好的可钻性。

⑤ 密封芯子能随送入工具提出井口，节省了钻密封芯子时间。

⑥ 密封总成采用“W”形多组密封件，具有双向密封功能，密封效果佳。

⑦ 尾管悬挂器上下均配有扶正环，既可以保证尾管悬挂器居中，提高坐挂成功率，又可以保护液缸、卡瓦不受损伤。

⑧ 倒扣丢手无须找中和点，只需将送入钻具下压一定吨位，正转，即可轻易倒开扣。

4. 技术参数

液压尾管悬挂器及封隔式尾管悬挂器的主要技术参数和性能指标见表 7-1-4、表 7-1-5。

表 7-1-4　液压尾管悬挂器主要技术参数

规格型号	额定负荷/kN	作用方式	倒扣方式	中心管密封方式	耐温性能/℃	耐压性能/MPa	卡瓦排数及片数		回接筒内径/mm
							排	片数	
XG 273×178	3000	液压式	加压倒扣，不需严格找中和点	圈组合密封	200	50	2	8	202

表 7-1-5　封隔式尾管悬挂器主要尺寸和主要性能参数

序号	参数名称	技术参数
1	规格型号	XG 273×178
2	上层套管公称直径/mm	273
3	尾管公称尺寸/mm	178
4	最大外径/mm	245
5	最小内径/mm	155

续表

序号	参数名称	技术参数
6	额定负荷/kN	1800
7	密封能力/MPa	50
8	液缸剪钉剪切压力/MPa	9-10
9	球座剪钉剪切压力/MPa	17-19
10	尾管胶塞剪钉剪切压力/MPa	11-12
11	复合胶塞承受回压能力/MPa	25
12	回接筒有效密封长度/m	1.5
13	封隔器座挂力/kN	300
14	封隔器坐封后密封能力/MPa	50

5. 使用方法及注意事项

① 管串排列：球座位置应由所设计的水泥塞高度确定，推荐的管串排列为：浮鞋+套管+浮箍+套管+球座+套管组合+尾管悬挂器总成+送入钻具+(旋转)水泥头。

② 按顺序下入套管及附件，按标准上够扭矩。每下入 20 根套管至少灌满钻井液一次。连接浮鞋、浮箍后，应接方钻杆开泵或通过其他方式检查浮鞋、浮箍的畅通及密封情况。

③ 悬挂器下面的两根套管连续加两个扶正器；套管下完后先灌满钻井液再接悬挂器。

④ 接尾管悬挂器(悬挂器吊上钻台时注意防止磕碰)。

⑤ 称重，并做好记录。锁死转盘，以防止尾管转动。

⑥ 下送入钻具。

⑦ 将尾管下至预定深度，首先灌满钻井液，然后再连接方钻杆(或顶驱)。称重、测量摩阻，并记录。

⑧ 调整好钻(方)余，小排量开泵循环钻井液，待循环压力稳定时再以正常排量循环。

⑨ 投球并以小排量泵送。当球到达球座后憋压至液缸剪断压力值并稳压，慢慢下放钻具，当总悬重下降到等于送入钻具总重量+游车重量时，即坐挂成功。

⑩ 继续下压，检查坐挂可靠性。

⑪ 坐挂成功后，憋通球座，建立正常循环。

⑫ 正转进行倒扣，累计有效倒扣不少于设计圈数 1.5 倍。

⑬ 将钻具缓慢提至中和点后再上提一定距离，若悬重值等于上部钻具+游车重量，表明扣已倒开。

⑭ 倒扣成功后将钻具放回并下压一定值，接入水泥头，按固井要求循环后固井。

⑮ 替浆，当钻杆胶塞到达尾管胶塞位置前 1.5m^3左右，降低排量，注意泵压表的变化。

⑯ 当替浆量剩 1.5m^3左右时降低排量，碰压。

⑰ 放回水，检查浮箍、浮鞋密封情况，卸管汇。

⑱ 起钻，候凝。

四、气密封回接工具

尾管回接装置是指从尾管悬挂器顶部的喇叭口处向上回接套管到井口，并完成注水泥作业的固井工具。先下尾管后回接套管，等于一层套管分两次下入，既有利于减轻钻机负荷，又可降低对套管钢级和壁厚的要求，减少下套管费用。外层套管被磨损、腐蚀后，可以在内层通过回接套管进行隔离，以提高其抗腐蚀性和耐磨性。通过尾管回接工艺，分两段注水泥施工，有利于解决深井固井，因封固井段长、温差大，一次固井水泥浆性能难以满足固井施工要求等问题。

1. 结构组成

针对文 23 储气库现场技术指标要求，设计出 ϕ178mm 高密封回接工具。该回接工具主要由上接头、本体和密封单元等组成，见图 7-1-8。回接插头插入尾管悬挂器上部的回接筒后，多组密封单元与回接筒内表面过盈配合，形成密封；同时密封组件间凹槽处残留水泥环，起到辅助密封作用。

图 7-1-8　尾管回接装置示意图

2. 原理及性能特点

为了满足储气库井对固井回接管柱 50MPa 高气密封技术要求及施工安全，专门设计了新一代高密封回接工具。与常规回接工具相比，高密封回接工具采用了高可靠性的硫化基环密封组合形式，密封能力更强，且橡胶粘接更牢固，耐磨损，多次插拔后仍能实现密封效果；加长并带循环孔的马蹄形导向循环头，不仅免除钻除的大通径，而且回接插头可以不被提出回接筒就实现回接固井作业，节约固井施工时间，避免回插不畅造成的其他潜在风险；接头与本体间采用气密封螺纹连接，保证整个回接管串的整体气密封能力，提高固井质量。施工流程见图 7-1-9。

3. 技术参数

尾管回接工具技术参数见表 7-1-6。

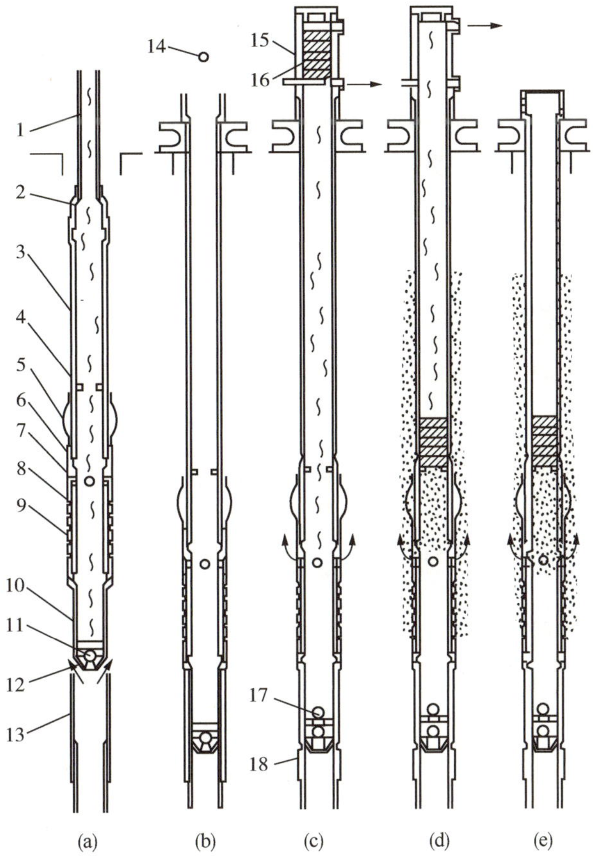

图 7-1-9 尾管回接装置注水泥施工过程：(a)开泵循环，控喇叭口位置，停泵，试插回接心管；(b)上提回接心管、卸方钻杆及大小头，配升高短节、接联顶节，将回接心管重新插入喇叭口，投入铜球；(c)接水泥头及注水泥管线，井口憋压>12MPa，剪断销钉，常闭套压缩弹簧下移，露出注水泥孔，恢复循环；(d)注水泥、压塞，替浆直到碰压；(e)井口放压，注水泥孔在常闭套压缩弹簧和外压作用下自动关闭，卸水泥头

1—方钻杆；2—大小头；3—套管；4—承托环；5—扶正器；6—注水泥接箍；7—注水泥孔；8—常闭套；9—弹簧；10—回接心管；11—尼龙球；12—引鞋；13—喇叭孔；14—铜球；15—水泥头；16—胶塞；17—铜球；18—尼龙球

表 7-1-6 尾管回接工具技术参数

规格	178	正常循环泵压/MPa	<1.0
回接心管外径/mm	202	回接工具内径/mm	155
回接心管有效长度/mm	1500	回接工具最大外径/mm	235
注水泥接箍剪销泵压/MPa	12	回接筒清铣好外径/mm	202

4. 使用注意事项

① 正确选择尾管回接密封装置，根据井下情况正确选择不同类型的密封形式及等级，确保其具有良好的密封性能。良好的尾管密封装置应达到“下得去，封得严，全通径”。

② 确定扫塞清铣后尾管回接筒状态的完整性。

③ 对尾管回接插头的使用，必须严格按操作规程执行。注意回缩距计算与预留。

五、应用实例

1. 双锥双液缸液压尾管封隔悬挂器

W23P1 井为中原储气库一口水平井，该井设计井深为 3898m，最大井斜为 92. 64°，井身结构为 ϕ609. 6mm × 50m + ϕ406. 4mm × 913. 43m + ϕ273. 1mm × 3178. 43m + ϕ177. 8mm × (2207 ~ 3898)m，该井使用 XG 273×178-YFG 的双锥双液缸液压尾管封隔悬挂器。

悬挂器坐挂位置为 2192. 82m，球座下深 3874. 66m，两个浮箍下深分别为 3885. 70m、3896. 31m，浮鞋下深 3898. 20m，悬挂器坐挂位置井斜 4°，上层套管钢级 P110、壁厚 12. 57mm，ϕ177. 8mm 尾管钢级 P110-SUP13Cr、壁厚 10. 36mm，尾管长度 1691m。

该井钻井液密度为 1. 37g/cm^3、漏斗黏度 70s、泥饼厚度 0. 5mm、含沙量 0. 3%、pH 值 8. 5。该井采用双密度三凝水泥浆体系，高低界面：2300m，双凝界面：3078m，水泥浆领浆密度为(1. 50±0. 03)g/cm^3，中浆、尾浆密度均为(1. 88±0. 03)g/cm^3，领浆 15m^3、中浆 17m^3、尾浆 26m^3，累计水泥浆量 58m^3，冲洗隔离液 15m^3，后置液 2m^3，替浆量 52. 89m^3。

作业过程：将 ϕ177. 8mm 尾管下到设计井深后，灌浆，循环，起始泵压 5. 5MPa，排量 0. 5m^3/min。将排量提升至 1. 8m^3/min，循环泵压 12MPa；循环一周后进行投球坐挂，球达到球座位置后憋压至 12MPa，稳压 2min，下放钻具 0. 9m，悬重由 130t 下降至 70t，判断坐挂成功，继续憋压至 18MPa，憋通球座。

丢手：正转 30 圈无回转，上提钻具 0. 9m，悬重 80t 不变，与钻具称重时一致，判断丢手成功。

固井：进行注水泥作业、替浆，并观察大小胶塞复合情况，替浆压力 0 ~ 18MPa，碰压 18 ~ 23MPa，放回水断流。

坐封封隔器：正转倒扣 5 圈扭矩无异常，缓慢上提拔中心管 2m 后，钻具依次下压 20t、25t、30t，分别静止 5min、5min、10min，继续缓慢下压至 32t 静止 10min，封隔器坐封成功，之后憋压 6MPa 缓慢上提拔中心管，泵压下降至 0，立即开泵循环，循环压力 6MPa，在回接筒里循环 10min 后，中心管提至回接筒以上 1m 循环出悬挂器上方的水泥浆后起钻、候凝，尾管固井结束。

2. 耐腐蚀全通径高封隔内嵌式悬挂器

W23C10井是中原储气库部署的一口定向井，该井设计井深为3120m，最大井斜为17.25°，井身结构为ϕ406.4mm×496.68m +ϕ273.1mm×2848.80m +ϕ177.8mm×(2269~3118)m，该井使用XG 273×178-YFG的耐腐蚀全通径高封隔内嵌式悬挂器。

悬挂器坐挂位置为2269.92m，球座下深3096.32m，两个浮箍下深分别为3093.57m、3105.41m，浮鞋下深3119m，悬挂器坐挂位置井斜25°，上层套管钢级P110、壁厚12.57mm，ϕ177.8mm尾管钢级P110-SUP13Cr、壁厚10.36mm，尾管长度849m。

该井钻井液密度为1.32g/cm^3、漏斗黏度72s、泥饼厚度0.4mm、含沙量0.3%、pH值9.0。该井采用双密度三凝水泥浆体系，水泥浆领浆密度为(1.50±0.03)g/cm^3，中浆和尾浆密度均为(1.88±0.03)g/cm^3，领浆10m^3、中浆112.5m^3、尾浆6.5m^3，累计水泥浆量29m^3，冲洗隔离液12m^3，后置液2m^3，替浆量36.92m^3。

作业过程：将ϕ177.8mm尾管下到设计井深后，灌浆，循环，排量1.7m^3/min，循环泵压7.8MPa；循环一周后进行投球坐挂，球达到球座位置后憋压至12MPa，稳压2min，下放钻具1.8m，下压60t，坐挂成功，继续憋压至17MPa，憋通球座。

丢手：正转30圈，上提钻具0.7m，悬重80t不变，丢手成功。

固井：进行注水泥作业、替浆，并观察大小胶塞复合情况，替浆压力0~18MPa，碰压18~22MPa，回水压力回零。

坐封封隔器：正转倒扣5圈扭矩无异常，缓慢上提拔中心管2m后，钻具依次下压20t、25t、30t，判断封隔器坐封成功之后憋压5MPa缓慢上提拔中心管，泵压下降立即开泵循环，循环压力7MPa，在回接筒里循环10min后，中心管提至回接筒以上1m循环出悬挂器上方的水泥浆后起钻、候凝，尾管固井结束。

3. 气密封回接工具

气密封回接工具因其具有良好的密封性能及免钻除大通径等特点，先后在中原储气库的文23储气库、卫11储气库、文13储气库等多口储气库井的尾管回接中使用，使用过程功能正常，施工顺利，确保了井筒密封完整性。

第二节　套管外封隔器

一、概述

套管外封隔器是接在套管柱上，在固井碰压之后能使套管与裸眼环空形成永久性桥堵的装置。该装置能够有效防止固井后发生套管外喷冒油、气、水现象，避免异常地层压力或水泥浆失重现象导致高压油、气、水侵入候凝期间的水泥环。根据中原储气库的井身结构设计及不同的使用要求，优选了双密封胶筒卡瓦式套管外封隔器、水泥填充式套管外封隔器和水力膨胀式套管外封隔器，现场使用达到了良好的封隔效果。

二、双密封胶筒卡瓦式套管外封隔器

1. 结构组成

BH/TWF 型系列套管外封隔器是采用膨胀双胶筒为密封元件，由锥套、防震卡瓦、双液缸等组合的液压胀封式套管外封隔器。主要用于复杂油、气、水井完井工程作业中，以实现各种目的的井下封隔与桥堵，对改善和提高油、气、水井的固井完井质量有显著作用。该工具操作简便、性能可靠、适应性强，是一种重要的固井完井工具。ϕ139.7mm 的 BH/TWF 型系列套管外封隔器主要由：气密封接箍、金属气密封螺纹、提升短节、上下密封胶筒总成、组合式加强骨架、移动液缸、进液密封杆、中心管、防震卡瓦及下连接短节等部件构成，见图 7-2-1。

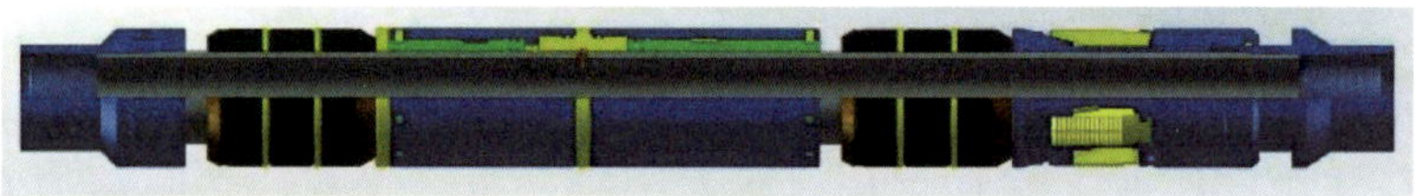

图 7-2-1　BH/TWF 型系列套管外封隔器

2. 工作原理

在施工过程中，当顶替胶塞通过封隔器时，将密封在进液孔上的断开杆碰断，打开进液孔。当顶替胶塞运行到阻流板时，使套管内形成密封并开始憋压，液体经进液孔进入液缸，当压力达到设定值时液缸销钉被剪断，液缸带动卡瓦上行并同步挤压胶筒，使双胶筒膨胀，达到封隔器膨胀与井壁紧密接触形成密封。卡瓦具有止退自锁功能，当井口放压为零时，对封隔器的封隔作用无影响。

3. 性能特点

① 适用范围广，可用于各种井下条件的深井、超深井、定向井、水平井及开窗侧钻井。

② 高承压橡胶实心胶筒，可在套管与套管之间或套管与裸眼之间形成可靠封隔段。

③ 具有良好的耐高温性能，工作温度范围 0~150℃。

④ 根据井眼(或套管)直径大小，可选择 6 个胶筒或多个加强型胶筒设计。

⑤ 具有与入井管串相同内径。

4. 技术参数

ϕ139.7mm 的 BH/TWF 型系列套管外封隔器技术参数见表 7-2-1。

表 7-2-1 ϕ139.7mm 的 BH/TWF 型系列套管外封隔器技术参数

参数名称	技术参数	备注
公称直径/mm	ϕ139.7	
井眼(钻头)尺寸/mm	ϕ215.9	
适用环境	微泡+水基钻井液	
工具总长/mm	3000~5000	
本体及胶筒的最大外径/mm	ϕ208~ϕ210	
本体壁厚/内径/mm	9.17/ϕ121.36	
单密封胶筒的实体长度/mm	200~300	
连接螺纹	金属气密封螺纹	上端母扣、下端公扣
胶筒的坐封压力/MPa	21	
封隔器整体耐压试验	50MPa，稳压 5min 不压降	
橡胶密封件要求	耐温>140℃，耐油、耐酸碱	
适应井眼直径范围/mm	ϕ216~ϕ230	
胶筒承受压差/MPa	>50	
刚体材质	110ksi- Cr13	

5. 使用方法

① 根据用途正确选择封隔器坐封位置，落实坐封井段的井径情况，封隔器尽量坐封在井径较规则、地层较致密、井斜小处。当坐封位置无法确保在规则井径、井眼扩大率较低的位置时，现场实际操作中应尽量避免压力过高，防止胶筒损坏。

② 封隔器使用在裸眼井段进行层间封隔，并有胶塞通过封隔器时，需使用断开杆。封隔器打开压力销钉剪断压力设计为 21MPa。

③ 封隔器坐封时尽量采用水泥车缓慢憋压，压力达到设计压力时，液缸销钉剪断，推动卡瓦上行坐挂并挤压双胶筒膨胀，实现封隔器膨胀坐封，稳压 5~10min，使封隔器充分膨胀，完成坐封。

④ 工具入井时注意事项：所有固井工具在地面及吊上钻台过程中防止磕碰，重要部位重点保护，如发现变形或损伤，立即更换新工具。

⑤ 封隔器上扣前，应将两端螺纹清洗干净，螺纹上均匀涂抹螺纹密封脂。上扣时，仔细观察，防止错扣，应先用手工或链钳引扣至带不动为止，后用液压大钳机紧至标准扭矩。上扣过程中如发现错扣应立即停止上扣，将扣卸开，仔细检查公母螺纹是否完好，如完好，重复上述操作，如有损伤应立即更换新工具。参照标准要求，待机紧至标准扭矩后仍有余扣，禁止入井。

⑥ 工具入井后注意事项：固井工具按设计要求连好后入井，应缓慢、匀速、平稳下

放，防止工具过封井器时，因磕碰造成变形或损坏。待工具通过封井器后，再用正常速度下放。

⑦ 应参照工具说明书要求，严格执行灌浆作业，确保套管内外无压差，为工具入井后能正常顺利工作提供保障。下钻过程中严禁猛提、猛放、猛刹，进入裸眼段后控制下放速度(1.5~2min/柱)。

⑧ 中途有异常情况及时通知工程师、监督及厂家人员。管串到位前后，如需开泵循环，应先小排量顶通，循环压力一般控制在≤5MPa，待泥浆槽有钻井液返出时，再根据要求提高循环压力。

三、水泥填充式套管外封隔器

1. 结构组成

水泥填充式套管外封隔器主要由三部分组成，见图 7-2-2。

① 两端带螺纹的上下接头；

② 坐封部分是活塞、液缸、单向阀等，是封隔器填充水泥浆的液力机构；

③ 膨胀胶筒部分是封隔器的密封部分，充填液体后膨胀，密封环形空间。

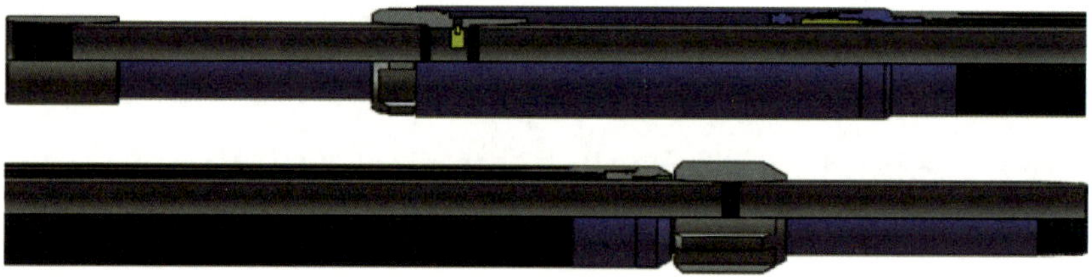

图 7-2-2　水泥填充式套管外封隔器

2. 工作原理

注水泥完成后投碰压胶塞，碰压胶塞下行剪断断开杆，继续下行与碰压座碰压；碰压完成后，释放井口压力，活塞上行，液缸通过进液套的进液孔吸入水泥浆，再次加压，压力从断开杆的盲孔进入推动活塞下行，皮碗套的上皮碗关闭进液孔，水泥浆通过下皮碗、胶筒进液孔进入胶筒内，膨胀管外封隔器的胶筒。释放井口压力，重复吸入水泥浆，再次膨胀封隔器的胶筒；如此反复加压、泄压至水泥填充式管外封隔器胀封完成，固井完毕。

3. 性能特点

① 施工操作简便，不改变原固井施工工艺。

② 适应范围广，可用于各种不同条件直井、斜井、水平井的层间隔离。

③ 变常规的工具密封为长效的实体密封。

④ 该项技术用机械密封方式替代了固井的胶结密封，更有效地实现层间隔离。

4. 技术参数

水泥填充式套管外封隔器技术参数见表 7-2-2。

表 7-2-2 水泥填充式套管外封隔器技术参数

规格	公称直径/mm	最大外径/mm	内径/mm	胶筒长度/mm	工作压力/MPa	连接螺纹
TWF140-1	140	190	121	1000~3000	10~15	套管螺纹
TWF140-2	140	208	121	1000~3000	10~15	套管螺纹
TWF178	178	216	159	900~1000	10~15	套管螺纹

5. 使用方法

根据用途正确选择封隔器坐封位置，封隔器尽量坐封在井径较规则、地层较致密、井斜小处，对坐封井段的井径情况应搞清楚。

水泥填充式管外封隔器使用时的操作程序：

① 按顺序下入套管及附件，按标准扭矩上扣；

② 下入水泥填充式管外封隔器；

③ 套管下完后，接水泥头及固井管线，开泵循环排量由小到大循环，防止憋漏地层，同时确保工具封隔器在设计封隔的位置；

④ 将碰压胶塞装入水泥头内；

⑤ 连接固井管汇；

⑥ 固井；

⑦ 压碰压胶塞、替浆，碰压；

⑧ 停泵，在井口释放压力；

⑨ 重新打压至管外封隔器涨封设计压力，稳压 3min；

⑩ 重复 4 次打压、放压，完成固井作业。

6. 注意事项

（1）运输装卸

1）封隔器采用木箱密封包装，运输装卸时，应轻抬轻放。

2）搬运过程中应保证包装完好。

（2）井场检查

1）封隔器到井后应放于平坦地面上，应由专人负责检查保管。

2）外观检查螺纹、胶筒是否完好无损。

3）检查中心管内的两个断开杆是否俱在。

4）核对封隔器铭牌标注的技术参数与所需压力是否相符。

（3）工具入井

1）封隔器入井前一定要先通好井。

2）封隔器上钻台过程中不得碰撞及在地面拖拉。

3）将两端螺纹清洗干净、涂螺纹密封脂。

4）紧扣时注意不要在标记区域内打钳子，也不要卡住最下端、紧最上端的扣。

5）为防止井壁刮坏胶管，封隔器上下的套管上各加扶正器扶正。

6）入井时控制好下放速度，严禁猛提猛放。

7）坐封时，准确控制坐封压力。

8）做好封隔器使用记录。

四、水力膨胀式套管外封隔器

1. 结构组成

水力膨胀式套管外封隔器主要由橡胶筒、中心筒、密封环、阀箍、阀系、短节、断开杆等组成，结构见图 7-2-3。橡胶筒是由内胶筒和硫化在骨架上的外胶筒组成，是一种具有承受高压的可膨胀的密封元件，外胶筒两端由软金属叠加成加强层，以提高胶筒的承受压力，中心筒为一段短套管，可与套管连接；阀箍由 2 支断开杆和 3 个并列串联的控制阀组成，这组控制阀分别是锁紧阀、单流阀和限压阀，在施工中这组控制阀可以准确控制套管外封隔器坐封，不必为封隔器提前坐封和坐封压力过大胀破胶筒而担心。

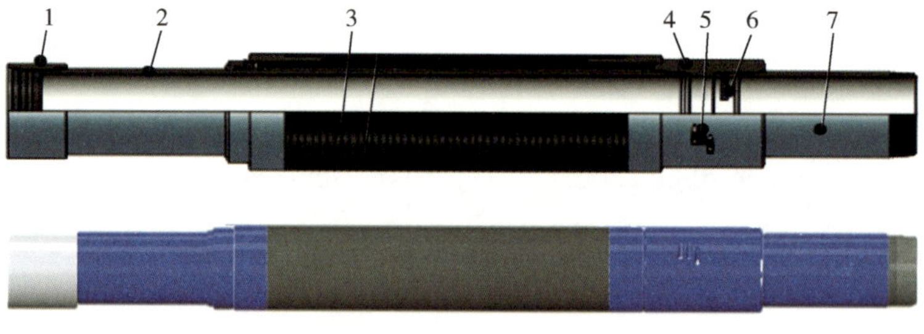

图 7-2-3　水力膨胀式套管外封隔器结构

1—接箍；2—中心管；3—胶筒；4—阀箍；5—阀系；6—断开杆；7—双公短节

2. 工作原理

水力膨胀式套管外封隔器是根据帕斯卡流体原理设计的。固井施工过程中，当顶替胶塞通过封隔器阀系接头时，将密封在进液孔上的断开杆碰断，当顶替胶塞运行到阻流板时，套管内形成密封(也可采用投球或盲板等管串工艺结构使套管内形成密封，当采用这种管串工艺结构时，无胶塞通过，必须事先将断开杆打掉)，憋压膨胀介质经阀接头的进液孔进入锁紧阀。当压力达到设定值时，锁紧阀销钉被剪断，锁紧阀打开，同时单向阀也打开，液体经限压阀进入到中心管与胶筒间的膨胀腔内，在压力作用下，封隔器胶筒膨胀变形与井壁紧紧接触形成密封。当内外压差达到预定压力时，限压阀剪切销钉剪断，限压阀关闭，进液孔内的液体不再继续流入到胶筒中。井口放压为零，锁紧阀也自动锁紧，胶筒与井壁之间密封，实现了封隔器的坐封，以后的井下作业不会影响封隔器坐封状态。工作原理见图 7-2-4。

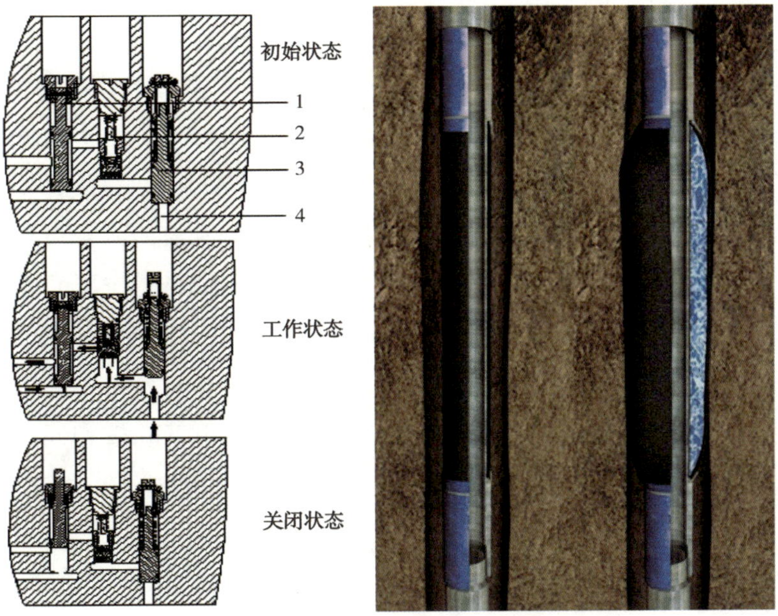

图 7-2-4　水力膨胀式封隔器工作原理

1—限压阀；2—单向阀；3—锁紧阀；4—进液孔

3. 技术参数

水力膨胀式套管外封隔器技术参数见表 7-2-3。

表 7-2-3　水力膨胀式套管外封隔器技术参数

规格	公称直径/mm	最大外径/mm	内径/mm	总长度/mm	胶筒长度/mm	工作直径/mm
HXK89	89	114	76	2620～12000	950～11000	121～188
HXK102	102	133	89	2680～12000	950～11000	141～220
HXK114	114	146	97	2660～12000	950～11000	155～241
HXK127	127	148	108	2680～12000	950～11000	157～245
HXK140	140	178	121	3000～12000	950～11000	188～294
HXK140	140	190	121	3000～12000	950～11000	201～314
HXK178	178	205	160	3000～12000	950～11000	216～337

续表

规格	公称直径/mm	最大外径/mm	内径/mm	总长度/mm	胶筒长度/mm	工作直径/mm
HXK245	245	286	220	3150~12000	950~11000	303~472
HXK273	273	324	253	3200~12000	950~11000	343~535
HXK298	298	349	278	3400~12000	950~11000	365~576
HXK340	340	390	320	3400~12000	950~11000	425~590

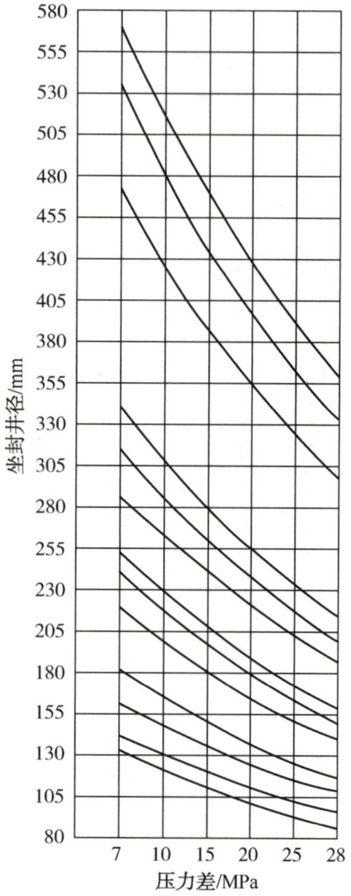

图 7-2-5　封隔器坐封井径与压差关系曲线

4. 使用方法

（1）入井前检查与准备

封隔器搬运时，应轻抬慢放，摆放牢靠，避免撞坏。在现场应置于有垫杠的平坦地面上。下井使用前检查螺纹和胶筒是否完好，管内 2 支断开杆是否俱在，中心管应无堵塞物；3 只控制阀是否齐全上紧，锁紧阀和限压阀是否穿好，应无损伤。校核封隔器铭牌标注压力是否与现场使用压力相符。将两端螺纹洗净，涂抹好螺纹密封脂。封隔器应在地面与套管连接好，在上钻台时不允许碰撞和在地面拖拉。封隔器上扣要求与常规下套管相同，但务必注意有“X→←X”标记区域处严禁使用吊卡和卡瓦，以免损坏胶筒和 3 只控制阀。在封隔器两端上下套管柱上应各加 3 只套管扶正器，以免下套管过程将封隔器胶筒刮坏。

（2）使用及操作要求

1）根据用途正确选择封隔器坐封位置，对坐封井段的井径情况应搞清楚，封隔器尽量坐封在井径较规则、地层较致密、井斜较小处。

2）计算封隔器承受的井下环空压差值，根据井径与压差关系曲线（图 7-2-5）推荐的最大值确定是否能满足需要。

3）具体分析计算：

$$P_{表}=P_{销}+\Delta P_{s}+P_{附}$$

式中　$P_{表}$——施工最大表压力，MPa；

$P_{销}$——锁紧阀销钉剪断压力，一般以施工最大循环压力为依据；

ΔP_{s}——封隔器坐封位置的静压差，MPa；

$P_{附}$——附加压力，取 3~4MPa。

(3) 下井

1) 封隔器下井前一定要先通好井。

2) 封隔器上钻台过程中不得碰撞及在地面拖拉。

3) 必须将两端螺纹清洗干净、涂螺纹密封脂。

4) 紧扣时注意不要在标记区域内打钳子，也不要卡住最下端紧最上端的扣。

5) 为防止井壁刮坏胶管，封隔器上下的套管上各加扶正器扶正。

6) 下井时控制好下放速度，严禁猛提猛放。

7) 坐封时，准确控制坐封压力，在封隔器没有完全坐封前，不准卸压进行第二次坐封。

8) 做好封隔器使用记录。

(4) 坐封封隔器

封隔器坐封时尽量采用水泥车缓慢憋压，压力达到 $P_{表}$，锁紧阀销钉剪断，封隔器膨胀坐封，稳压 3~5min(如果使用的是长胶筒封隔器要相应增加稳压时间)，使封隔器充分膨胀，然后迅速放压至零，各阀关闭，自锁完成坐封。

注意：如果使用泥浆泵碰压，要确保安全销钉剪断压力大于封隔器锁紧阀销钉施工压力，防止由于碰压后安全销剪断后泄压，封隔器锁紧阀打开，却没有足够时间膨胀胶筒，泄压后锁紧阀永久关闭，无法再次打开进行重复涨封作业。

五、应用实例

1. 双密封胶筒卡瓦式套管外封隔器

W11C1 井是一口部署在东濮凹陷中央隆起带北部卫城构造卫 11 块的储气库注采定向气井，三开完钻井深 2900m，井身结构为：ϕ339.7mm×309.57m+ϕ244.5/250.8mm×2700.44m+ϕ139.7mm×(尾管 2402~2900m)，该井最大井斜 42.83°，三开固井的主要目的是封固好三开裸眼井段及套管重叠段，为后期作业提供良好的条件。由于本井地层压力系数低，固井过程中环空液柱压力高，注替水泥浆过程中易发生漏失，影响水泥浆返高，防止漏失是本次固井的主要难点。为防止发生油、气、水窜，影响固井质量，确定在 2600m 处加 1 只管外封隔器。该井尾管固井管串结构：浮鞋+1 根套管+1 只浮箍+1 根套管+1 只浮箍+1 根套管+悬挂器球座+套管串+套管外封隔器+套管串+悬挂器+回接筒+钻杆串+水泥头。

操作过程：注隔离液 15m^3，注完水泥浆后压塞并替浆 27.6m^3，碰压至 18.6MPa。然后用水泥车缓慢憋压至 22MPa，并稳压 10min，使封隔器充分膨胀完成坐封，后续在环空加压验封压力 25MPa，封隔器密封良好。

2. 水泥填充式及水力膨胀式套管外封隔器

水泥填充式及水力膨胀式套管外封隔器在中原储气库一期工程中进行了较为广泛的应用，主要用于防止油、气、水窜影响水泥环胶结质量，对于促进固井质量提高、保障储气库井筒完整性，均起到积极的作用。

第三节 套管浮箍、浮鞋

一、概述

套管浮箍、浮鞋装配在套管串底部，防止环空液体倒返进入套管内部，下套管时可提供浮力减轻套管串重量。同时，浮箍、浮鞋还可以承托固井胶塞，以便实现碰压操作。根据中原储气库井的特点，优选了弹浮双作用式套管浮箍、浮鞋以确保功能可靠性，优选了舌板式套管浮箍、浮鞋以确保在技套大排量固井条件下的流道畅通，优选了水泥式套管浮箍、浮鞋以提高钻除效率，优选了旋转自导套管浮鞋以应对井眼轨迹曲折情况。上述类型的套管浮箍、浮鞋在实际使用中均起到了理想效果，确保了中原储气库固井质量。

二、弹浮双作用式套管浮箍、浮鞋

1. 结构组成

弹浮式套管浮箍、浮鞋主要由壳体、阀座、阀球、球篮、弹簧、球托、销钉、密封圈、引鞋等部件组成，如图 7-3-1 所示。其阀球可自由转动，在钻井液循环及固井过程中，液体推开阀球通过浮箍、浮鞋内孔进入环空，固井完毕，阀球在弹簧和反向回压的共同或单一作用下上行，关闭过流通道。

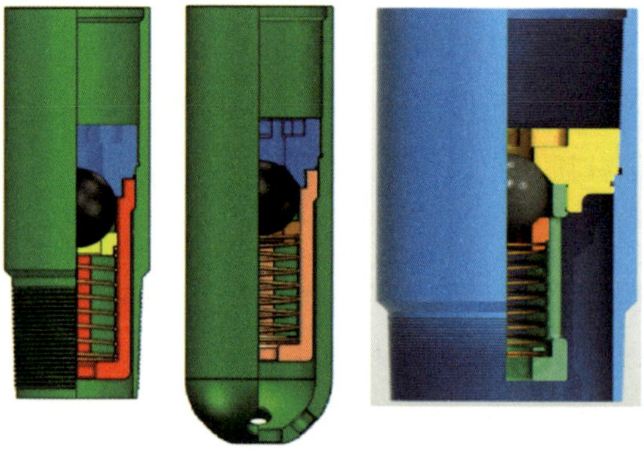

图 7-3-1 弹浮双作用式浮箍、浮鞋

2. 性能特点

① 弹浮式套管浮箍、浮鞋内部结构功能可靠，液流通道畅通，最小通径符合行业标准 SY/T 5618—2016《套管用浮箍、浮鞋》的要求，循环压力损耗小。

② 弹浮式浮箍、浮鞋内部设置的大直径弹簧能够有效缓冲阀球对球篮的冲击，可避免内部构件因相互撞击而损坏，耐冲击性能好，功能可靠。

③ 弹浮式浮箍、浮鞋内部阀球为球形高强度材料包裹耐高温氟橡胶构成，最高耐温可达 220℃，最高耐压可达 63MPa（采用全氟醚橡胶密封件、全钢阀球时，最高耐温可达 290℃，正、反向承压可达 70MPa）；因阀球可自由转动，所以耐冲蚀能力强，耐冲刷能力不低于 $2m^3$/min，72h；各项综合性能均优于其他类型的浮箍、浮鞋。

④ 弹浮式套管浮箍、浮鞋可在弹簧或返流的单一或共同作用下完成坐封，一次坐封成功率高。

⑤ 浮箍、浮鞋阻流板上设置有防堵结构（防堵槽），可防止套管内意外落物导致堵塞。

⑥ 内部各附件均可钻，不影响下步钻进。

⑦ 壳体材料机械性能不低于 API P110 钢级，或与配套套管相同。

3. 技术参数

弹浮双作用式套管浮箍浮鞋技术参数见表 7-3-1。

表 7-3-1 弹浮双作用式套管浮箍浮鞋技术参数

公称尺寸/mm(in)	最大外径[a]/mm	适应套管壁厚/mm	本体最小内径/mm	水眼直径/mm	正向承压/MPa	反向承压/MPa
114(4½)	127.00	6.35	101.6	≥46	21，28 35，42 56，63	28，35 42，56 63，70
		7.37	99.56			
		8.56	97.18			
127(5)	141.30	6.43	114.14			
		7.52	111.96			
		9.17	108.62			
140(5½)	153.67	7.72	124.26			
		9.17	121.36			
		10.54	118.62			
168(6⅝)	187.71	8.94	150.40			
		10.59	147.10			
		12.06	144.16			
		9.19	159.42			
		10.36	157.08			
		11.51	154.78			
		12.65	152.50			

续表

公称尺寸/mm(in)	最大外径[a]/mm	适应套管壁厚/mm	本体最小内径/mm	水眼直径/mm	正向承压/MPa	反向承压/MPa
194(7⅝)	215.90	10.92	171.84	≥60	14，21 28，35 42，56	21，28 35，42 56，63
		12.70	168.28			
219(8⅝)	244.48	8.94	201.20			
		10.16	198.76			
		11.43	196.22			
244(9⅝)	269.88	8.94	226.60	≥60	14，21 28，35	21，28 35，42
		10.03	224.42			
		11.05	222.38			
		11.99	220.50		14，21 28，35	21，28 35，42
		13.84	216.80			
		10.16	252.73			
		11.43	250.19			
		12.57	247.91			
		13.84	245.37			
		15.11	242.83			
340(13⅜)	365.12	9.65	320.42			
		10.92	317.88			
		12.19	315.34			

[a]最大外径为套管接箍尺寸外径，其公差尺寸应符合 API Spec 5CT 的要求。

4. 使用方法

① 浮箍通常接在浮鞋以上一根或者两根套管上，用于提供注水泥胶塞碰压座，限定下部套管内水泥塞高度，保证套管鞋部固井质量。

② 注水泥碰压结束后，防止水泥浆返回套管或者尾管内。

③ 一般在管串中连接一只浮鞋一只浮箍，以防密封失效，影响固井质量。

④ 工具与套管的连接方法和最佳上扣扭矩按套管供应商的要求执行。

⑤ 丝扣使用专用套管丝扣固结剂粘结，防止钻除水泥塞和工具附件时退扣。

⑥ 浮箍、浮鞋应存放于通风干燥条件下，避免处于潮湿或腐蚀性环境。

三、舌板式套管浮箍、浮鞋

1. 结构组成

舌板式浮箍、浮鞋主要由本体、挡板、密封圈、单向阀芯、弹簧和鞋头等组成，如图7-3-2所示。单向阀的结构是弹簧强制复位式。

2. 性能特点

① 舌板式浮箍、浮鞋本体由优质合金钢制造，机械强度高。

图 7-3-2 舌板式套管浮箍、浮鞋

② 内置的瓣阀是用一种强度高和可钻性好的特殊铝合金制成。这种瓣阀为弹簧负载加压且带有橡胶密封垫，获得密封的时间间隔短，密封性能良好、可靠。

③ 阀体耐温 150℃，耐冲刷，反向承压能力强。

④ 浮箍、浮鞋内部各附件及胶塞全部为 PDC 可钻，且通径与套管或者尾管相同。

3. 技术参数

舌板式套管浮箍、浮鞋技术参数见表 7-3-2。

表 7-3-2 舌板式套管浮箍浮鞋技术参数

规格/in	本体外径/mm	本体内径/mm	最小流通孔径/mm	螺纹形式	耐正向/反向压力/MPa
4½	127	99.6	50	LTC/BTC	35/35
5	141.30	108.6	55	LTC/BTC	35/35
5½	153.7	124	55	LTC/BTC	35/35
6⅝	187.71	147.1	60	LTC/BTC	35/35
7	200	154.8	60	LTC/BTC	35/35
7⅝	215.90	168.3	60	LTC/BTC	35/35
9⅝	269.88	222	65	LTC/BTC	35/35
10¾	298.45	247.9	65	STC/BTC	28/35
13⅜	365	317.9	70	STC/BTC	28/35
14⅜	396	337.37	70	STC/BTC	28/35

4. 使用方法

① 浮鞋接在套管串底部，引导管串下入。

② 舌板浮箍通常接在浮鞋以上一根或者两根套管上，用作注水泥胶塞碰压座。

③ 与套管的连接方法和最佳上扣扭矩按套管供应商的要求执行。

④ 丝扣使用专用套管丝扣固结剂粘结，防止钻除水泥塞和附件时退扣。

⑤ 控制套管下放速度，防止下放过速产生的压力激动而压漏地层。

四、水泥式套管浮箍、浮鞋

1. 结构组成

水泥式套管浮箍、浮鞋主要由壳体、单流阀芯、水泥石等组成，单流阀芯在壳体内固结于水泥石内部，结构见图 7-3-3。

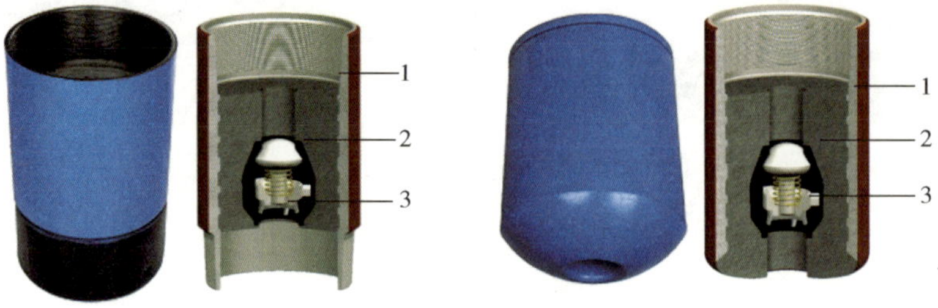

图 7-3-3　水泥式套管浮箍、浮鞋

1—壳体；2—水泥石；3—单流阀芯

2. 性能特点

① 可靠的回压密封机构，使得水泥浆或钻井液流过阻力小。

② 阀座及硫化橡胶的阀芯可有效地防止水泥浆回返。

③ 壳体内部各件全部可钻，且通径与套管或尾管相同。

④ 壳体材料强度相当于 API P110 钢级。

3. 技术参数

水泥式浮箍、浮鞋技术参数见表 7-3-3。

表 7-3-3　水泥式浮箍、浮鞋技术参数

类型	适用套管尺寸		工具尺寸			
	外径/in	壁厚/mm	最大外径/mm	流通直径/mm	钻除后内径/mm	螺纹连接
水泥式浮箍	9⅝	11.05	269.88	65	222.4	BTC
	13⅜	9.65	365.12	64	320.42	STC
水泥式浮鞋	9⅝	11.05	269.88	65	222.4	BTC
	13⅜	9.65	365.12	64	320.42	STC

4. 使用方法

① 水泥式浮鞋接在套管串底部，引导管串下入。

② 水泥式浮箍通常接在浮鞋以上一根或者两根套管上，用作注水泥胶塞碰压座。

③ 与套管的连接方法和最佳上扣扭矩按套管供应商的要求执行。

④ 丝扣使用专用套管丝扣固结剂粘结，防止钻除水泥塞和附件时退扣。

⑤ 控制套管下放速度，防止下放过速产生的压力激动而压漏地层。

⑥ 钻塞时应使用适用于中、软地层的三牙轮、长铣齿或其他旋转钻头。勿采用自动送钻方式钻水泥塞，用人工控制送钻。

五、液力旋转自导式套管浮鞋

1. 结构原理

液力旋转自导式套管浮鞋主要由壳体、阀芯、旋转引鞋等部件组成，旋转引鞋与壳体之间通过滚珠轴承连接，可相对于壳体自由转动。旋转引鞋为偏头结构，其主引导球面半径大于副引导球面半径，其外壁设置双螺旋槽，在下套管过程中，该结构可使旋转引鞋主引导面始终朝向所接触的井壁，易于通过曲折井段，减小阻卡概率。旋转引鞋外壁还均匀设置多个切向射流孔，在遇到岩屑堆积较多的井段时，一方面可通过循环切向射流冲击岩屑床使其松动，一方面可形成强烈的旋流场悬浮岩屑，另外旋转引鞋在射流作用下可高速旋转并拨动扰散岩屑床。通过以上作用可有效清除岩屑床，防止套管柱对岩屑的堆积导致下套管遇阻。旋转引鞋底部还设置有轴向射流孔，可对井底射流形成冲击，防止井底岩屑堆积。浮鞋阀芯为弹浮双作用式单流阀，正向导通，反向截止，可防止水泥浆倒流，结构见图 7-3-4。

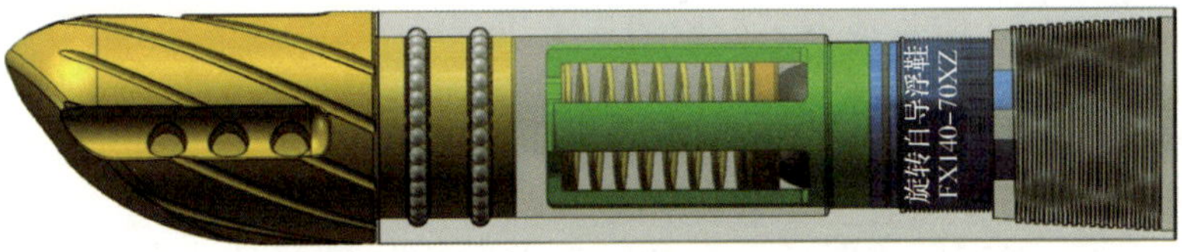

图 7-3-4　液力旋转自导式套管浮鞋

2. 性能特点

① 液力旋转自导式套管浮鞋可在下套管过程中自动调整最佳引导姿态，确保具有良好的引导能力，防止下套管遇阻。

② 液力旋转自导式套管浮鞋可在循环射流作用下高速旋转，通过切向射流作用及旋转引鞋的旋转拨动作用驱散岩屑床，防止岩屑堆积阻碍套管下入。

③ 液力旋转自导式套管浮鞋阀芯为弹浮双作用式结构，其阀球可自由转动，耐冲刷能力不低于 $2m^3/min$，72h，由于阀芯可在弹簧或返流的单一或共同作用下完成坐封，因此一次坐封成功率较高。

④ 浮鞋阻流板上设置有防堵结构(防堵槽)，可防止套管内意外落物导致堵塞。

⑤ 内部各附件均可钻，不影响下步钻进。

⑥ 壳体材料机械性能不低于 API P110 钢级，或与配套套管相同。

3. 技术参数

液力旋转自导式套管浮鞋技术参数见表 7-3-4。

表 7-3-4　液力旋转自导式套管浮鞋技术参数

规格型号	旋转速率/(r/min)	主引导面半径/mm	旋转角度/(°)	最小通径/mm	反向承压/MPa	耐温/℃
FX140-70XZ\5½″\70MPa	60~150	160	360	55	70	180
FX140-35XZ\5½″\35MPa	60~150	154	360	55	35	150
FX114-35XZ\4½″\35MPa	90~160	127	360	50	35	120
FX102-35XZ\4″\35MPa	90~160	114	360	45	35	120
FX89-35XZ\3½″\35MPa	90~180	102	360	40	35	120
FX178-35XZ\7″\35MPa	60~120	200	360	55	35	120
FX245-35XZ\9⅝″\35MPa	40~110	270	360	60	35	120
FX273-35XZ\10¾″\35MPa	40~110	300	360	60	35	120

4. 使用方法

① 下套管前应通井，尽可能清除岩屑床沉沙，避免岩屑床过厚影响下套管。

② 按照常规程序将液力旋转自导式套管引鞋本体安装于套管柱底部并旋紧。安装时避免磕碰旋转引鞋部位，防止造成变形影响正常转动。

③ 按照常规要求下放套管柱，套管柱内严禁落物；当套管柱下端下至可能存在岩屑床井段附近时，控制下放速度，注意悬重变化，判断套管柱下端遇阻情况。

④ 当确定下套管阻力较大时，应在套管柱上端转接方钻杆或通过顶驱连接套管柱，然后在开泵顶通并大排量循环的条件下缓慢下放套管柱，建议循环排量不小于 $2m^3/min$，套管下放速度不要过快，条件允许时可缓慢旋转、提放管柱，在确认接入下一根套管下入深度处的岩屑全被携出后，上提管柱并转接下一根套管。

⑤ 套管柱下至设计深度后，应小排量顶通，然后在保持大排量(建议不小于 $2m^3/min$)条件下循环 2 周以上，确保井内沉沙被全部携出后方可进行后续作业，防止岩屑再次沉积造成井底堵塞。

六、应用情况

1. 弹浮式及舌板式浮箍、浮鞋

弹浮式及舌板式浮箍、浮鞋在中原储气库井主要用于技套和产层固井，由于这两种类型的浮箍、浮鞋各有其结构特点，为了提高功能可靠性，一般情况下是将二者在同一口井中搭配使用，即：在技套固井时是 1 只弹浮式浮鞋+1 只舌板式浮箍，在产层固井时是 1 只弹浮式浮箍+1 只舌板式浮箍+1 只舌板式浮鞋。通过上述方式在中原储气库井应用，未发生过浮箍、浮鞋失效情况，确保了储气库固井质量。

2. 水泥式浮箍、浮鞋

水泥式浮箍、浮鞋由于具有较好的可钻性，因此在储气库井多用于表层固井，通过在中原储气库表层固井中进行应用，未发生功能失效情况，后续钻除过程中顺利高效，为储气库建设提速增效起到积极促进作用。

3. 旋转自导式套管浮鞋

旋转自导式套管浮鞋主要适用于井斜较大、井眼轨迹较为曲折的情况，中原储气库多口井出现过因井斜较大，井眼轨迹曲折导致套管不易下放到位风险，通过使用旋转自导式套管浮鞋，套管均一次顺利下放到位。

第四节　套管扶正器

一、概述

套管扶正器是指安装于套管柱外部，在井眼内起扶正套管作用的机械装置。其作用主要包括：扶正套管，保持套管居中，确保环空水泥环分布均匀；防止套管在高渗透地层发生粘卡，确保套管顺利入井；降低套管入井阻力，减小套管磨损；刮掉井壁疏松泥饼，提高水泥与地层胶结质量。针对中原储气库井的井身结构的地质特点，优选了整体式弹性扶正器、铝合金刚性扶正器和嵌入式螺旋滚珠扶正器以满足套管扶正和安全下入的需求，上述套管扶正器在中原储气库使用中确保了套管扶正效果，促进了固井质量的提高。

二、整体式弹性扶正器

1. 结构组成

整体式弹性扶正器是由无缝钢管，经静拔、等离子激光切割，然后压制整体成型，最后进行热处理、调质、粉末涂层处理而成。其结构主要包括箍环和弹性扶正片两部分，二者之间一体成型，其结构见图 7-4-1。相比钢板卷压焊接式整体扶正器，拥有更高的机械强度，无任何薄弱环节，在弹性扶正器中，是目前性能最高的扶正器。即使在最恶劣的井下地层条件下仍能保证套管和井壁之间的有效间隙。

2. 性能特点

① 超高强度。整体由无缝钢管制造，一体化设计，无应力薄弱点，可靠性更高。

② 零启动力和零下放力。整体式弹性扶正器最大外径尺寸与井眼尺寸一致或略小，在正常尺寸的井眼内下放无启动力和下放力。

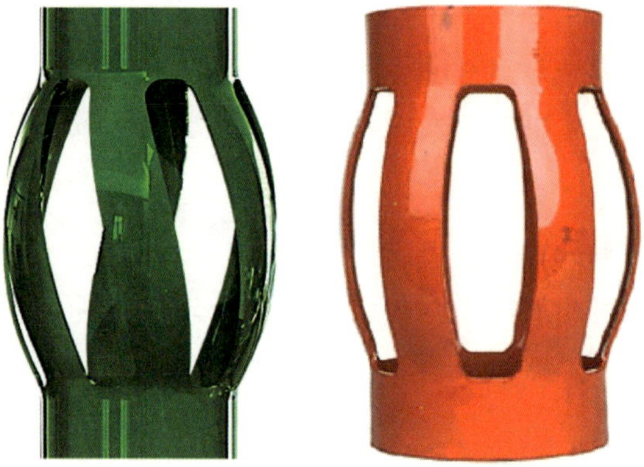

图 7-4-1　整体式弹性扶正器结构

③ 高偏离间隙比(+85%)及高回复力。具有高弹性和回复力来承受轴向和径向荷载。性能高于 API 标准。一根弹簧片就可以支撑一根套管的重量，能实现套管在井眼内居中度最大化。

④ 具有很低的摩擦系数，下入摩阻小。扶正器采用一体式设计，弹簧片具有圆滑的弧度，在套管下入时能显著地降低下入摩阻。

⑤ 弹簧片具有超高的韧性。在缩径井段能达到与套管的完全贴合，且贴合后的尺寸小于套管接箍，便于通过缩径井段，通过实际使用验证，起出管柱后扶正器无损坏。

⑥ 较薄的壁厚可以尽可能地减少过流面积损失，降低循环阻力。可以安装在套管的任意位置，不会减小套管柱的最小过流面积。

⑦ 无任何分离组件或焊接部件，上提管柱后扶正器无损伤，彻底消除打捞可能性。

3. 技术参数

整体式弹性扶正器技术参数见表 7-4-1。

表 7-4-1　整体式弹性扶正器技术参数

规格型号/mm	套管尺寸/mm	井眼尺寸/mm	弹簧片最大外径/mm	环箍内径/mm	最大启动力/N	最小复位力/N
152×114	114	152	152.4	117	≤2064	≥2064
216×140	140	216	216	142	≤2758	≥2758
241×168	168	241	241	171	≤4270	≥4270
216×178	178	216	216	181	≤4626	≥4626
241×178	178	241	241	181	≤4626	≥4626
311×245	244	311	311	248	≤7117	≥7117
445×340	340	445	445	342	≤10854	≥5427

4. 使用方法

套管扶正器的安放间距应满足固井施工设计要求，选用的扶正器外径应确认能够与施工的井眼尺寸相适应。

安装方法：

① 可以直接套在套管上，在接箍与接箍之间自由移动。

② 可以安装在套管接箍与止动环之间。

③ 可以用两个止动环安装固定在套管任意部位。

三、铝合金套管刚性扶正器

1. 结构组成

铝合金套管刚性扶正器由铝质的筒状本体和其外部设置的螺旋扶正棱构成，其结构见图 7-4-2。由于扶正棱可支撑在井壁上，可使套管在井眼内处于居中状态，且由于扶正棱为刚性结构，因此其扶正力相比于弹性扶正器更大，扶正效果好。

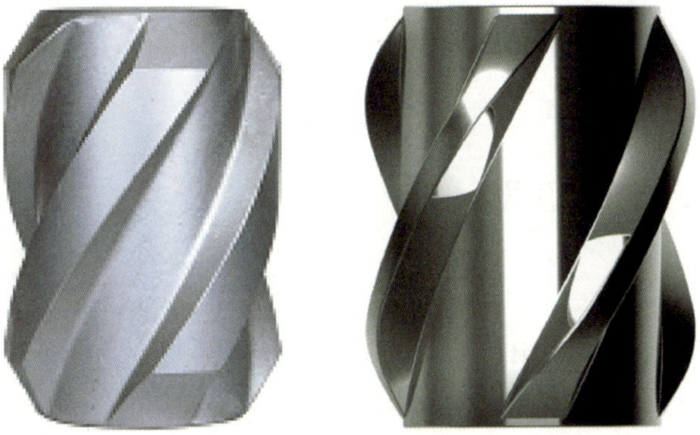

图 7-4-2　铝合金套管刚性扶正器

2. 性能特点

铝合金套管刚性扶正器由铝合金材料制造，在使用时可以有效预防与套管摩擦时产生火花，避免引燃油气。

由于扶正器在套管上可以自由转动和上下滑动，也可以用固定环将其固定在套管的某个部位。在套管入井时能刮除泥饼，清洁井壁，在注水泥时能使水泥浆产生旋流，提高顶替效率，在斜井和水平井中，能托住套管使套管居中，当要求套管旋转时，起到一个滑动轴承的作用。

铝合金套管刚性扶正器本体外径与套管接箍外径相同，可确保不减小环空流通横截面积。扶正器两端设置有大倒角，可减小入井阻力。

3. 技术参数

铝合金套管刚性扶正器技术参数见表 7-4-2。

表 7-4-2　铝合金套管刚性扶正器技术参数

规格型号/mm	套管尺寸/mm	井眼尺寸/mm	内径/mm	最大外径/mm
152×114	114	152	117	148
216×140	140	216	142	210
216×178	178	216	181	212
241×178	178	241	181	235
311×245	245	311	248	305

4. 使用方法

套管扶正器的安放间距应满足固井施工设计要求，选用的扶正器外径应确认能够与施工的井眼尺寸相适应。

安装方法：

① 可以直接套在套管上，在接箍与接箍之间自由移动。

② 可以安装在套管接箍与止动环之间。

③ 可以用两个止动环安装固定在套管任意部位。

四、嵌入式螺旋滚珠扶正器

1. 结构组成

嵌入式螺旋滚珠扶正器主要由扶正器本体、滚珠减阻机构两部分组成。本体外设置螺旋扶正棱，扶正棱上等距设置滚珠减阻机构，滚珠位于滚珠套内并可全方位自由转动，滚珠外表高出扶正棱表面，确保与井壁接触，见图 7-4-3。适用于各类水平井、大斜度井、定向井，特别适用于下套管摩阻较大的大位移水平井。

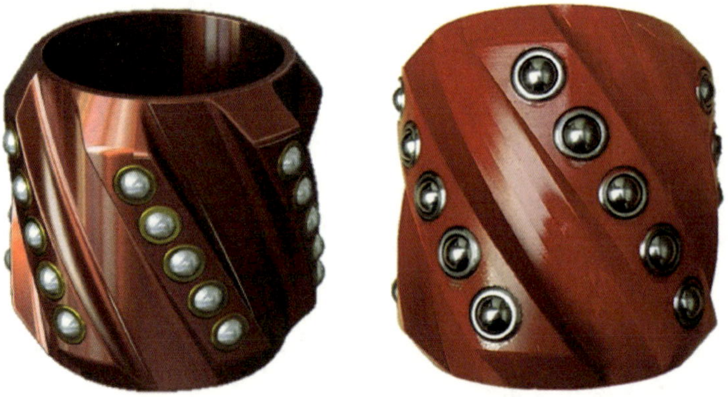

图 7-4-3　嵌入式螺旋滚珠扶正器

2. 工作原理

使用时将套管扶正器套装于套管，下套管过程中套管扶正器扶正棱上设置的滚珠与井壁接触，由于滚珠可全方位自由转动，因此具有较小的摩擦系数，由此可大大减小套管在水平段的摩擦阻力，便于套管在水平段下入更深的距离。

3. 性能特点

① 扶正能力强：螺旋扶正棱刚性大，扶正力强，可确保套管居中度。

② 机械强度高：采用优质合金钢整体成型，机械强度高，在使用过程中不易损坏。

③ 摩擦阻力小：扶正棱上设置的滚珠可全方位滚动，摩擦阻力小，便于套管下放到位。

④ 顶替效率高：螺旋扶正棱可使环空产生旋流，改善环空流态，提高顶替效率，利于固井质量。

4. 技术参数

嵌入式螺旋滚珠扶正器技术参数见表 7-4-3。

表 7-4-3 嵌入式螺旋滚珠扶正器技术参数

规格型号	适用井径/mm	套管规格/mm	箍环内径/mm	最大外径/mm	扶正棱数量	螺旋角/(°)	摩阻系数/μ
GZFZ-Q\5½″×8½″\铸钢	215.9	139.7	144	206	5~6	30~35	<0.05
GZFZ-Q\5½″×8½″\树脂	215.9	139.7	144	206	5~6	30~35	<0.05
GZFZ-Q\4½″×6″\铸钢	152.4	114.3	117	148	5	30~35	<0.05
GZFZ-Q\4½″×6″\树脂	152.4	114.3	117	148	5	30~35	<0.05
GZFZ-Q\7″×9½″\铸钢	241.3	177.8	181	235	5~6	30~35	<0.05
GZFZ-Q\7″×9½″\树脂	241.3	177.8	181	235	5~6	30~35	<0.05

5. 使用方法

套管扶正器的安放间距应满足固井施工设计要求，选用的扶正器外径应确认能够与施工的井眼尺寸相适应。

安装方法：

① 可以直接套在套管上，在接箍与接箍之间自由移动。

② 可以安装在套管接箍与止动环之间。

③ 可以用两个止动环安装固定在套管任意部位。

五、应用情况

整体式弹性扶正器和铝合金套管刚性扶正器在中原储气库技套及产层固井中已被广泛使用，其中整体式弹性扶正器使用数量大约为 16000 只，铝合金套管刚性扶正器用量大约在 7200 只。在大斜度及水平井段二者通常交替安放，通过软件模拟，居中度均大于 67%，确保了中原储气库井的固井质量。嵌入式螺旋滚珠扶正器大都用于中原储气库水平井的水平段，较好地减小了套管下放摩阻，同时也确保了套管居中度。以上类型的扶正器在实际使用中均取得了良好效果。

第五节　固井辅助工具

一、概述

中原储气库井导管及表层固井时一般采用内管法固井，固井过程后期因水泥浆产生的浮力较大，套管存在因浮力大于重力而产生上浮的情况，此时需要对套管柱施加额外的下压载荷，否则会造成较大的作业风险。文 13 储气库井表层固井均采用内管法固井工艺，按照固井设计结果，均存在套管柱上顶风险，因此研制了内管固井防套管漂浮工具。由于固井完毕后井口高压需要放喷释放，而放喷过程中产生的冲击较大，存在较大的安全风险，因此研制了卸压放喷缓冲工具用以消减放喷风险。经过现场使用，均达到了预期效果。

二、内管固井防套管漂浮工具

1. 结构组成

内管固井防套管漂浮工具主要由环形压套、吊耳、吊环等部分组成，见图 7-5-1。

图 7-5-1　内管固井防套管漂浮工具

2. 工作原理

利用环形压套安装在套管柱顶部，然后通过钢丝绳穿过吊环并固定在钻台上，进而实现对套管柱的轴向定位，达到防止套管上浮的目的。

3. 技术参数

内管固井防套管漂浮工具技术参数见表 7-5-1。

表 7-5-1　内管固井防套管漂浮工具技术参数

规格/in	外径/mm	压套内径/mm	台阶内径/mm	耳孔直径/mm	吊耳数量/个	施力载荷/kN
18⅝	570	516	473	60	6	600
13⅜	435	372	340	60	4	400

4. 使用方法

① 套管下入完毕后在下入内管柱之前，将环形压套套装在套管柱顶部的接箍上，然后向套管内下入内管柱。

② 进行固井作业前，使用钢丝绳对称穿过环形压套吊耳上吊环，然后将钢丝绳的另一端固定在钻台底座上并紧绷，应确保各道钢丝绳施力均匀。

③ 完成固井作业后需候凝水泥浆，待水泥浆凝固后方可拆除防套管漂浮工具，否则存在套管漂浮上顶风险。

三、固井井口卸压放喷缓冲工具

1. 结构组成

卸压放喷缓冲工具主要由旋流缓冲管、顶板、底板、引流管、由壬接头、提环等部分组成，引流管端部设置由壬接头，引流管侧壁开设 4 个分流孔，并分别与 4 个旋流缓冲管侧壁开设的引流孔对接；顶板封闭旋流缓冲管顶部，底板位于旋流缓冲管下部，并在对应位置开设泄流口。提环位于顶板上部两侧。井口卸压放喷缓冲工具如图 7-5-2 所示。

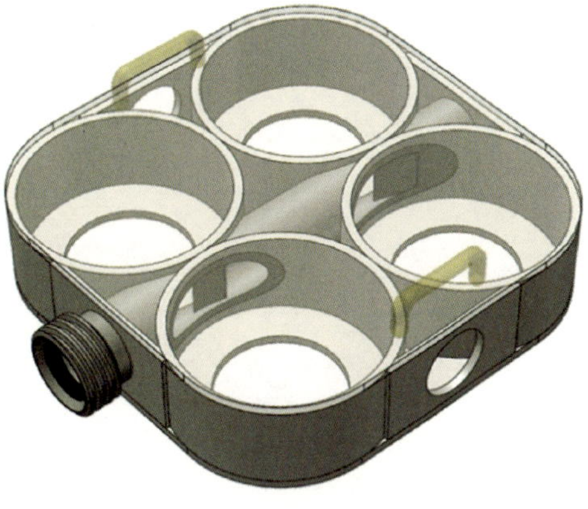

图 7-5-2 井口卸压放喷缓冲工具

2. 工作原理

高速流体经引流管侧壁的分流孔被引入旋流缓冲管，然后在其内部高速旋转，随后经由设置在底板上的泄流孔排出。由于高速流体的直接冲击被旋流缓冲，然后以流道面积较大的泄流孔排出，因此冲击作用被大大降低。

3. 技术参数

井口卸压放喷缓冲工具技术参数见表 7-5-2。

表 7-5-2 井口卸压放喷缓冲工具技术参数

接头型号	泄流口直径/mm	泄流口数量/个	外形尺寸/mm	缓冲压力/MPa	缓冲管内径/mm
2″FIG1502	150	4	490×490×116	60	229

4. 使用方法

① 使用时将缓冲工具引流管端部的由壬接头安装于放喷管线端部并砸紧，并使底板上的泄流孔朝向地面。

② 放喷管线及放喷缓冲工具需使用钢丝绳及手动倒链固定在地面固定的支架上，防

止放喷时管线发生反冲及摆动。

③ 放喷前，放喷区域周围应拉好警戒线，防止人员靠近放喷区域。

四、应用情况

1. 内管固井防套管漂浮工具

内管固井防套管漂浮工具先后在中原储气库使用 40 井次，包括卫 11 储气库 10 井次，文 13 储气库 8 井次，文 23 储气库二期 22 井次。通过该工具在井口对套管柱进行轴向固定，较好地防止了套管柱漂浮上顶，内管固井施工过程顺利，未发生套管上浮情况。

2. 固井井口卸压放喷缓冲工具

由于中原储气库多口井完井固井时采用预应力固井技术，低密度介质替浆导致碰压后井口压力较高，释放井口压力时采用卸压放喷缓冲工具对排出的高速流体进行缓冲，放喷的流体经缓冲后冲击大大削弱，较好地降低了放喷风险。

第八章

储气库固井技术现场应用

第一节　中原储气库概况

中原储气库是华北地区最大的天然气地下储气库，在天然气供应链中扮演着重要的角色，尤其在冬季调峰和安全保供中发挥至关重要的作用。中原储气库有文 23 储气库、文 24 储气库、卫 11 储气库、文 13 储气库、文 96 储气库等多个储气库，通过支线管网并入国家管网公司的华北干线，有力保障了华北地区在冬季的天然气供应。

文 23 储气库注采站如图 8-1-1 所示。

图 8-1-1　文 23 储气库注采站

文 23 储气库主要依托文 23 气田的盐盖层具有良好的封闭性，能满足储气库周期性注采的工况需求，分界断层封闭性好，主块气层厚度、砂体连通性好，储量规模大，产能高，采出程度高。设计总库容 $103\times10^8m^3$，工作气量 $40\times10^8m^3$，规划分二期建设，一期工程设计库容 $84\times10^8m^3$，工作气量 $32\times10^8m^3$，布置注采井 66 口，已于 2019 年 7 月建成投运。2022 年根据文 23 储气库运行的情况，分别在 3 平台和 5 平台补充布置了一期加密井 2 口，对原有储气库进行扩容。在文 23 储气库主体区域注气环境下于 9 平台布置了二期工程先导井 2 口，论证了在高压注气环境下优质高效建库的可行性。根据 2 口二期先导井的建设情况，在 1 平台、9 平台和 12 平台布置了二期注采井 22 口(包含 20 口定向井，2 口水平井)，主要井身结构，一开采用 ϕ508mm 钻头钻至井深 500m，下入 ϕ406.4mm 表层套管封隔上部松散、易垮塌地层；二开采用 ϕ330.2mm 钻头钻穿盐盖层底界中完，下 ϕ273.1mm 技术套管，封隔盖层及以上地层，为三开亏空目的层的安全钻进和储层保护创造条件；三开采用 ϕ235mm 钻头钻至设计井深，下 ϕ177.8mm 生产套管，采用尾管悬挂+

回接的固井工艺，悬挂点为文 23 盐盖层顶以上 100m。

卫 11 储气库，注采层系：沙三下$^{1-3}$，运行压力：13.0~27.0MPa，设计工作气量 5.08×10^8m^3、库容气量 10.09×10^8m^3。井台 3 个，注采井数 10 口(新井)，采气井 4 口，监测井 2 口。采用三开井身结构完成注采井建设，一开采用 ϕ444.5mm 钻头钻至井深 300m，下入 ϕ339.7mm 表层套管封隔上部松散、易垮塌地层；二开采用 ϕ311.2mm 钻头钻至盖层底界中完，下 ϕ244.5mm 技术套管，封隔盖层及以上地层，为三开亏空目的层的安全钻进和储层保护创造条件；三开采用 ϕ215.9mm 钻头钻至设计井深，下 ϕ139.7mm 生产套管，采用尾管悬挂+回接的固井工艺，悬挂点为卫城盐盖层顶以上 100m，且与上层套管的重叠段不少于 300m。

文 13 储气库井台 3 个，注采井数 8 口(新井)，采气井 4 口，监测井 4 口。运行压力：15.7~47.0MPa，库容体积：5.69×10^8m^3，总垫气量：2.37×10^8m^3，工作气量：3.32×10^8m^3，为有效提升文 13 储气库盖层封固质量，采用四开井身结构实现了盖层专打、储层专封，一开采用 ϕ609.6mm 钻头钻至井深 300m，下入 ϕ473.1mm 表层套管封隔上部松散、易垮塌地层；二开采用 ϕ431.8mm 钻头钻至 3000m，下 ϕ339.7mm 技术套管，封隔盐盖层以上地层，为三开盐层专打安全钻进创造条件；三开采用 ϕ311.2mm 钻头钻至盖层底界中完，下 ϕ244.5mm 技术套管，专封盐盖层，为四开亏空目的层的安全钻进和储层保护创造条件；四开采用 ϕ215.9mm 钻头钻至设计井深，下 ϕ139.7mm 生产套管，采用尾管悬挂+回接的固井工艺，悬挂点为第一层技套鞋以上 100m，且与上层套管的重叠段不少于 300m。

文 24 储气库位于东濮凹陷中央隆起带北部文留构造高部位，目的层为沙二下$^{1-3}$。设计注采井 8 口井，优先实施 5 口井。文 24 储气库运行压力 13~25MPa，总库容 5.51×10^8m^3，工作气量 2.56×10^8m^3，总垫底气 2.95×10^8m^3，补充垫气量 2.45×10^8m^3，注/采气规模：160×10^4m^3/200×10^4m^3。井身结构一开采用 ϕ444.5mm 钻头钻至井深 300m，下入 ϕ339.7mm 表层套管封隔上部松散、易垮塌地层；二开采用 ϕ311.2mm 钻头钻至盖层底界中完，下 ϕ244.5mm 技术套管，封隔盖层及以上地层，为三开亏空目的层的安全钻进和储层保护创造条件；三开采用 ϕ215.9mm 钻头钻至设计井深，下 ϕ139.7mm 生产套管，采用尾管悬挂+回接的固井工艺，悬挂点为泥岩盖层顶以上 100m，且与上层套管的重叠段不少于 300m。

第二节 储气库盐盖层固井技术应用

中原储气库的成功建设主要依托中原东濮凹陷得天独厚的致密、连续盐盖层。储气库的盐盖层固井质量直接关系到储气库投产后要经受 30~50 年每年定期强注强采，为保证整个储气库的正常运行，不仅要求储层水泥环长期密封性良好，对盖层的水泥环也同样有此要求，以 W23 储 X 井为例介绍储气库盐盖层的固井技术应用情况。

一、井身结构

W23 储 X 井井身结构见表 8-2-1，文 23 储气库盐盖层井身结构见图 8-2-1。

表 8-2-1　W23 储 X 井井身结构

开钻次序	钻头尺寸×井深/mm×m	套管尺寸×下深/mm×m	钢级	壁厚/mm	扣型	封固井段/m
表层	508×508	406. 4×507. 21	J55	12. 57	BTC	0~508
技套	330. 2×2866	273. 05×2864. 49	P110/155V	12. 57/15. 11	金属气密封扣	0~2866

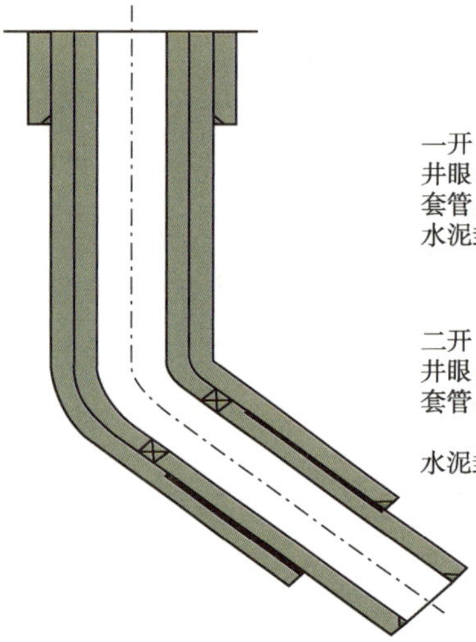

图 8-2-1　W23 储 X 井井身结构

二、水泥浆体系设计

文 23 储气库二开套管下至 $S_4^{上}$，钻遇漏层，一次封固段长，固井时易发生漏失；钻遇文 23 盐，水泥浆游离液易溶解盐层，对水泥浆产生污染，影响界面胶结质量；另外水泥环的长期封固质量影响到储气库的寿命，其力学性能及后期防窜性能需着重考虑。为此，采用双密度水泥浆体系，减少液柱压力，降低漏失风险；提高盖层水泥浆的抗盐能力，增强水泥环与界面的胶结能力，降低水泥石的脆性，保证盖层水泥环的长期密封性。水泥浆性能要求见表 8-2-2。

表 8-2-2 水泥浆性能要求

项 目	领浆	中间浆	尾浆
密度/(g/cm^3)	1.50±0.03	1.88±0.03	1.88±0.03
失水量/mL	≤100	≤50	≤50
游离液	0	0	0
100Bc 稠化时间/min	340~500	200~300	100~130
初始稠度/Bc	≤30	≤30	≤30
SPN 值	—	≤3	≤3
48h 抗压强度/MPa	≥10	≥16	≥16
7 天抗压强度/MPa	—	≥28	≥28
7 天杨氏模量/GPa	—	≤6.0	≤6.0
7 天气体渗透率/μm^2	—	$\leqslant 0.05\times10^{-3}$	$\leqslant 0.05\times10^{-3}$
7 天线性膨胀率/%	—	0~0.2	0~0.2

三、固井针对性技术措施

① 采用双扶钻具结构对电测井径较小的井段和起下钻有阻卡井段进行划眼，起下钻畅通无阻后方可下入套管。为提高套管居中度，采用高侧向支撑力的整体式弹性扶正器。

② 下套管前，钻井液筛除堵漏剂后，进行地层承压试验。静态承压试验要求 2000m 处当量密度不低于 1.65g/cm^3为合格。动态承压试验要求动态承压循环排量以 70L/s 循环两周不漏失为合格。

③ 下套管时严格控制套管下放速度，每根套管下放时间不少于 90s，防止产生过高的激动压力压漏地层；并派专人观察返浆情况，校核排出量，发现异常及时汇报。

④ 为了防止井漏，下完套管后以 3~8L/s 排量顶通，循环 1 周后，待泵压、返浆正常后，再使用大泵单凡尔循环 1 周，将井内老浆循环干净。根据泵压和返出情况逐步将排量提升至 45L/s，至少循环 2 周以上，循环期间钻井液必须过振动筛、离心机、除砂器，彻底将井眼内的砂子循环干净，并调整好钻井液性能。

⑤ 固井施工期间，严格控制施工排量(不得大于循环排量)，要求排量平稳提降，杜绝骤升骤降。根据前置液及低密度水泥浆返出情况和高密度水泥浆进入裸眼情况及时调整替浆排量：替浆前期排量为 45L/s，后期根据实际泵压和稠化时间，改用单泵替浆；最后 20~30m^3顶替排量 8~13L/s，以降低循环摩阻，减少漏失风险。

⑥ 返出口采用内径不低于 80mm 的引流管线，避免大排量替浆时产生较高回压压漏薄弱地层。下套管前提前接好引流管线并固定牢固。

⑦ 为防止固井时发生漏失，降低施工压力，采用双密度三凝水泥浆体系，领浆密度

为(1.50±0.03)g/cm^3；中间浆、尾浆密度为(1.88±0.03)g/cm^3。水泥浆中加入0.1%堵漏纤维，提高入井流体的预堵漏能力。

⑧ 通井前测全井迟到时间，核对井眼容积，确保水泥用量和返高的准确性。

⑨ 用黏度>150s的稠钻井液30m^{3}携砂1周，然后在斜井段打上封闭钻井液。

⑩ 采用双扶钻具结构，模拟套管强度通井，钻井队采用60L/s的排量循环洗井，净化井眼。井队下套管前最后一次通井循环正常后，采用稠钻井液至少30m^{3}携砂1周，然后在斜井段打上封闭，以保证环空井眼内无砂子。

⑪ 提高套管居中度，采用整体式弹性扶正器，并优化扶正器加法，严格按要求下套管扶正器：2000m至井口2根套管加1只整体式弹性扶正器，2000m至井底1根套管加1只整体式弹性扶正器。

⑫ 固井前根据井壁稳定情况，最后1周循环可适当降低钻井液密度0.05~0.10g/cm^3，将钻井液的静切力适当降低，黏度50~60s，初切力≤3Pa，动切力≤6Pa，进出口钻井液密度差<0.02g/cm^3，改善钻井液的流动性能，提高顶替效率。

⑬ 固井施工前注入流动性能较好的钻井液30m^{3}作为先导钻井液，要求密度1.20~1.25g/cm^3，黏度40~50s，帮助提高顶替效率，降低环空摩阻。

⑭ 采用三级隔离冲洗工艺，即先导钻井液(30m^3)+抗盐隔离液(50m^3)+先导水泥浆(20m^3)，紊流接触时间不少于10min，隔离液与钻井液、水泥浆有较好的相容性，能有效驱替掉环空中的钻井液及泥饼。

⑮ 隔离液中加入适量的界面清洗剂和短纤维，确保第一、第二界面得到有效清洁，预防井漏。

⑯ 为提高固井质量，减少混浆影响，采用常规双胶塞固井。

⑰ 采用与外加剂配伍性好的G级水泥，优选减轻剂材料，优选性能稳定、配伍性好、保证大温差下水泥石强度的外加剂体系。

⑱ 优选水泥浆配方，采用双密度三凝水泥浆体系。上部采用防漏防窜高强低密度体系，水泥浆密度为(1.50±0.03)g/cm^3，低密度返到地面，高低界面2000m；为保证盐层段封固质量，下部采用双凝抗盐弹韧性水泥浆体系，催凝界面2450m，水泥浆密度为(1.88±0.03)g/cm^3。

⑲ 催凝段水泥浆稠化时间=施工时间+10~30min，以快封盐，提高封固质量。

⑳ 为提高固井质量，采用“三同一”原则，即同一批号水泥、同一批号外加剂、同一水源，避免不同批次水泥、外加剂和水源对水泥浆性能的影响。

四、固井相关数据计算

水泥量计算见表8-2-3。

表 8-2-3 水泥量计算

浆体	名称	井段/m		段长/m	环容/(L/m)	段容/(m^3)	附加后水泥量/m^3
领浆	重叠段	0	508	508	55.59	28.24	130
	裸眼段 1	508	2000	1492	45.78	68.30	
中间浆	裸眼段 2	2000	2450	450	43.96	19.78	20
尾浆	裸眼段 3	2450	2866	416	34.03	14.16	15
合计						130.48	165

注：裸眼段平均环容 43.36L/m；平均井径 36.03cm；井眼扩大率 9.12%。盐层段平均环容 35.86L/m，非盐层段平均环容 45.27L/m。

前置液：抗盐隔离液+先导水泥浆($40m^3$+ $20m^3$)。

替浆量的计算见表 8-2-4。

表 8-2-4 替浆量的计算

套管/mm	壁厚/mm	段长/m	每米容积/L	段容积/m^3
273.05	12.57	1959.66	48.27	94.56
273.05	15.11	882.13	46.31	40.85
合计				135.41

技套固井施工工艺流程见表 8-2-5。

表 8-2-5 技套固井施工工艺流程

序号	工作内容	液体密度/(g/cm^3)	排量/(m^3/min)	液体量/m^3	施工时间/min	累计时间/min	泵压/MPa
1	管线试压	1.02	—	—	—	—	25
2	注抗盐隔离液	1.02~1.05	1.0~1.5	40	30	30	5
3	注先导水泥浆	1.48~1.50	1.5~2.5	20	13	43	5
4	注领浆	1.50±0.03	1.5~2.5	110	50	93	5~0
5	注中间浆	1.88±0.03	1.0~2.5	20	12	105	—
6	注尾浆	1.88±0.03	0.6~2.5	15	20	125	—
7	压塞+替浆 1	1.42	2.7~1.0	115.41	50	175	0~8
8	替浆 2	1.42	0.5~0.8	20	25	200	8~12
9	碰压	—	—	—	—	—	15
检查浮箍坐封情况							
候凝 72h							

五、固井质量评定情况

固井质量评定情况见表 8-2-6，W23 储 X 井电测图如图 8-2-2 所示。

表 8-2-6　固井质量评定情况

井号	井段/m	厚度/m	盖层最长连续优质段/m	盖层累计优质段/m	盖层合格段长/m	盖层段合格率/%	盖层段优质率/%
W23 储 X 井	2115~2835	720	57.3	706.1	206.32	98.10	98.07

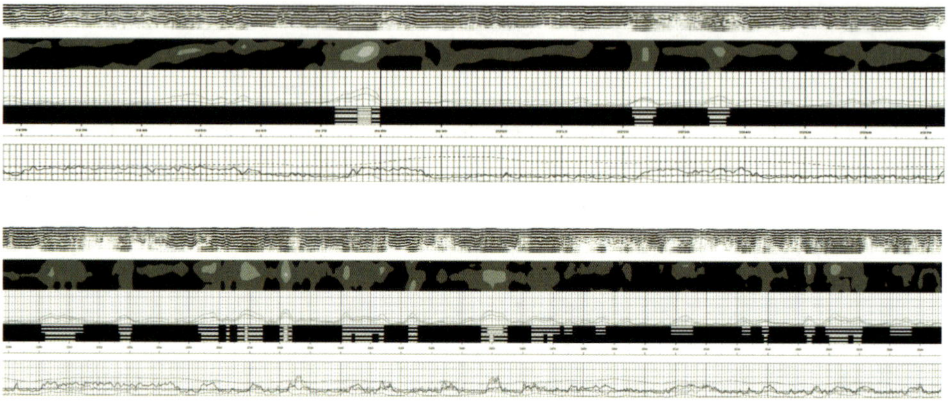

图 8-2-2　W23 储 X 井电测图

第三节　储气库枯竭气藏固井技术应用

一、井身结构

井身结构见表 8-3-1。

表 8-3-1　井身结构

开钻次序	钻头尺寸×井深/mm×m	套管尺寸×下深/mm×m	钢级	壁厚/mm	扣型	封固井段/m
导管	660.4×52	609.6×50	J55	15.24	TP-QR	0~52
表层	508×1290	406.4×913.43	J55	12.57	BTC	0~914
技套	330.2×3180	273.05×2257.27/3178.43	P110/155V	12.57/15.11	金属气密封扣	0~3180
尾管	235×3900	177.8×(2207~3898)	P110-SUP13Cr	10.36	金属气密封扣	2207~3900
尾管回接		177.8×(0~2207)	P110	10.36	金属气密封扣	0~2207

二、水泥浆性能要求

储气库寿命设计 30~50 年，投产运行后，每年定期进行高压注气、采气，压力及温度变化对水泥环的长期完整性及防窜抗突破性能提出了更高的要求。文 23 储气库的气源为新粤浙管道的新疆煤制气，气源中含有CO_2和H_2，文23气田地层水为高矿化度盐水，Cl^-含量(16~18)×10^4mg/L，高矿化度Cl^-地层水与CO_2协同作用对水泥石产生腐蚀，为此需具备良好的耐腐蚀能力。另外，目的层虽为枯竭气藏，但仍残存一定能量，尤其是储气库二期建设时地层压力基本恢复原始地层压力，候凝过程中仍有可能发生气窜，故要求水泥浆具有良好的防窜能力。为有效降低施工压力，防止压漏低压储层，采用尾管悬挂+套管回接至井口的固井工艺，采用低渗增韧耐腐蚀双凝水泥浆体系。尾管水泥浆性能见表8-3-2。

表8-3-2 尾管水泥浆性能

项　目	领浆	中浆	尾浆
密度/(g/cm^3)	1.50±0.03	1.88±0.03	1.88±0.03
失水量/mL	≤50	≤50	≤50
游离液	0	0	0
100Bc稠化时间/min	300~450	200~280	80~130
初始稠度/Bc	≤30	≤30	≤30
48h抗压强度/MPa	≥10	≥16	≥16
7天抗压强度/MPa	≥20	≥28	≥28
7天杨氏模量/GPa	≤4.0	≤6.0	≤6.0
7天气体渗透率/μm^2	≤0.05×10^{-3}	≤0.05×10^{-3}	≤0.05×10^{-3}
7天线性膨胀率/%	0~0.2	0~0.2	0~0.2

回接水泥浆性能见表8-3-3。

表8-3-3 回接水泥浆性能

项　目	尾　浆	项　目	尾　浆
密度/(g/cm^3)	1.88±0.03	48h抗压强度/MPa	≥16
失水量/mL	≤50	7天抗压强度/MPa	≥28
游离液	0	7天杨氏模量/GPa	≤6.0
100Bc稠化时间/min	240~360	7天气体渗透率/μm^2	≤0.05×10^{-3}
初始稠度/Bc	≤30	7天线性膨胀率/%	0~0.2

三、尾管固井针对性技术措施

① 筛除堵漏剂后，做好地层静态承压试验，套压不低于8MPa，井底当量密度不低于1.65g/cm^3。动态承压要求35L/s循环不低于1周，不漏失为合格。验证承压能力，防止固井施工时发生井漏，降低对产层的污染。

② 通井时，对不规则井段反复划眼后，充分大排量循环洗井不低于2周，确保井眼干净，在钻井液内加入润滑剂，并调整好钻井液性能，确保套管一次性下至设计井深。

③ 严格控制套管和钻具下放速度，尾管在进入裸眼之前每立柱下放时间不少于 60s，尾管进入裸眼后每立柱下放时间不少于 120s，并派专人观察返浆情况。

④ 为了提高套管的居中度，具体加法如下：悬挂器至 2700m，每 2 根套管加 1 只刚性旋流扶正器；2700m 至技套鞋，每 1 根套管加 1 只刚性旋流扶正器；裸眼井段每根套管交替加入 1 只弹性、刚性扶正器。

⑤ 下完套管后以排量 37L/s 循环 2 周以上，钻井液密度 1.37g/cm^3，黏度 60~70s。

⑥ 采用三级隔离冲洗工艺，先导钻井液(40m^3)+冲洗液(15m^3)+领浆(15m^3)，接触时间不低于 10min。冲洗液与水泥浆、钻井液相容性好，有利于冲洗井壁上的虚泥饼，提高水泥石的胶结强度。先导钻井液要求用淡水重新配制，密度 1.35g/cm^3，黏度 40~50s。冲洗液要求密度 1.02~1.05g/cm^3，黏度 40~50s。

⑦ 为有效压稳产层，采用双密度三凝水泥浆体系，高低界面：2300m，双凝界面：3078m，领浆密度为(1.50±0.03)g/cm^3，中浆、尾浆密度均为(1.88±0.03)g/cm^3。

⑧ 悬挂器、浮箍、浮鞋在厂家的指导下进行安装、入井及坐挂和倒扣。

⑨ 为提高替浆准确率，简化替浆工艺，形成稳定的替浆排量，采用胶液进行替浆，并采用独立的泥浆罐进行人工计量，减少计量误差。替浆排量 36L/s，碰压后，悬挂器顶封必须在厂家的指导下进行胀封。

⑩ 替浆过程中遇到异常高压时，首先以防漏为主，降低排量或采用水泥车顶替。

⑪ 顶封胀封后，迅速组织人员卸水泥头，进行悬挂器后续作业。

⑫ 提出中心管后，憋压循环出多余水泥浆，再循环洗井 2 周，起钻要求边起钻边灌浆。

⑬ 若施工过程中发生漏失，原则上不胀封顶封，为挤水泥建立通道。

⑭ 尾管固井候凝 72h 后电测固井质量，测井结束后再进行下步回接作业。

⑮ 为提高固井质量，采用“三同一”原则，即同一批号水泥、同一批号外加剂、同一水源，避免不同批次水泥、外加剂和水源对水泥浆性能的影响。

四、回接固井针对性技术措施

① 铣回接筒时，需按工具服务厂家现场服务人员要求作业，使回接筒内无毛刺和水泥块，清洗回接筒内壁使之光洁、圆滑，有利于插头的进入并有效地实现密封。

② 为保证套管居中，回接筒以上 200m，每根套管加 1 只铝合金刚性旋流扶正器，其余井段每 2 根套管加 1 只铝合金刚性旋流扶正器。

③ 使用优质高效的前置液体系 30m^3，有效冲洗胶结界面，提高顶替效率。

④ 为提高胶结质量，采用抗盐弹韧性水泥浆体系，加入弹性剂、膨胀剂等外加剂，

抑制水泥石收缩，稳定浆体，防止因水泥石收缩及析出滤液而产生界面气窜通道。

⑤ 水泥浆附加量20%，确保返出地面水泥浆密度大于1.80g/cm³。

⑥ 为降低施工泵压，减少施工风险。要求钻井队配制顶替液45m³，密度1.45～1.50g/cm³，黏度50～60s，48h内无沉淀。

⑦ 固井施工结束后，立即冲洗井口并实施控量加回压，压力控制在5～10MPa。

五、固井相关数据计算

尾管水泥与水泥浆计算见表8-3-4。

表8-3-4 尾管水泥与水泥浆计算

名称		井段/m		段长/m	单位环容/(L/m)	段容/(m³)	附加后水泥浆量/m³
领浆	洗井段	2007	2207	200	48.27	9.65	15
	重叠段	2207	2245	38	23.45	0.89	
	重叠段	2245	2300	55	21.49	1.18	
小计						11.73	15
中浆	重叠段	2300	3078	778	21.49	16.72	17
尾浆	重叠段	3078	3178	100	21.49	2.15	26
	裸眼段	3178	3260	82	26.37	2.16	
	裸眼段	3260	3900	640	33.1	21.18	
小计						42.21	43
合计						53.94	58

注：裸眼段平均环容33.1L/m；平均井径27.16cm；井眼扩大率15.59%。

回接水泥与水泥浆计算见表8-3-5。

表8-3-5 回接水泥与水泥浆计算

名称	密度/(g/cm³)	井段/m		断长/m	环容/(L/m)	水泥浆/m³	附加后水泥浆/m³
水泥	1.88	0	2207	2207	23.45	51.75	62
合计						51.75	62

尾管顶替量计算见表8-3-6。

表8-3-6 尾管顶替量计算

管柱类型	外径/mm	壁厚/mm	分段长度/m	每米容积/(L/m)	分段容积/m³
钻杆	127	9.19	2192.82	9.26	20.31
套管	177.8	10.36	1681.84	19.37	32.58
总容积：52.89m³					

回接顶替量见表 8-3-7。

表 8-3-7 回接顶替量

管柱类型	外径/mm	壁厚/mm	阻位/m	每米容积/(L/m)	容积/m^3
套管	177.8	10.36	2196	19.37	42.54
合计					42.54

尾管施工工艺流程见表 8-3-8。

表 8-3-8 尾管施工工艺流程

序号	操作内容	工作量/m^3	密度/(g/cm^3)	排量/(m^3/min)	压力/MPa	施工时间/min	累计时间/min
1	管汇试压				25	5	5
2	注先导钻井液	40	1.35	1.5~2.0	7	25	30
3	注入冲洗隔离液	15	1.02	0.8~1.5	7	15	45
4	注入领浆	15	1.50	1.0~1.5	7~0	15	60
5	注入中浆	17	1.88	0.8~1.5		20	80
6	注入尾浆	26	1.88	0.8~1.5		30	110
7	替浆	52.89	1.0	0.5~2.1	20	35	145
8	碰压				25	1	146
9	胀封顶封					40	186
10	循环洗井					60	246

注：上返速度不得小于 0.8m/s；注领浆至循环洗井结束，施工时间为 201min；注中浆至替浆结束，施工时间为 85min；注尾浆至替浆结束，施工时间为 65min。

尾管回接施工工艺流程见表 8-3-9。

表 8-3-9 尾管回接施工工艺流程

顺序	操作内容	工作量/m^3	密度/(g/cm^3)	排量/(m^3/min)	压力/MPa	施工时间/min	累计时间/min
1	管汇试压				30	5	5
2	注入冲洗液	30	1.0	1.2	4	25	30
3	注入水泥浆	62	1.88	1.0~1.8	0~4	50	80
4	释放胶塞				0	2	82
5	压塞、替浆	42.54	1.45/1.0	0.5~1.8	0~15	30	112
6	碰压				20		
7	插入回接头					5	117
8	检查坐封						
候凝 48h							

六、固井质量评定情况

1. 尾管固井质量

尾管固井质量见表 8-3-10，W23 储 X-P1 井尾管电测图如图 8-3-1 所示。

表 8-3-10 尾管固井质量

井号	尾管固井质量				
	封固段长/m	优良段长/m	优质段长/m	优良率/%	优质率/%
W23 储 X-P1 井	1684.80	1684.80	1215.00	100.00	72.12

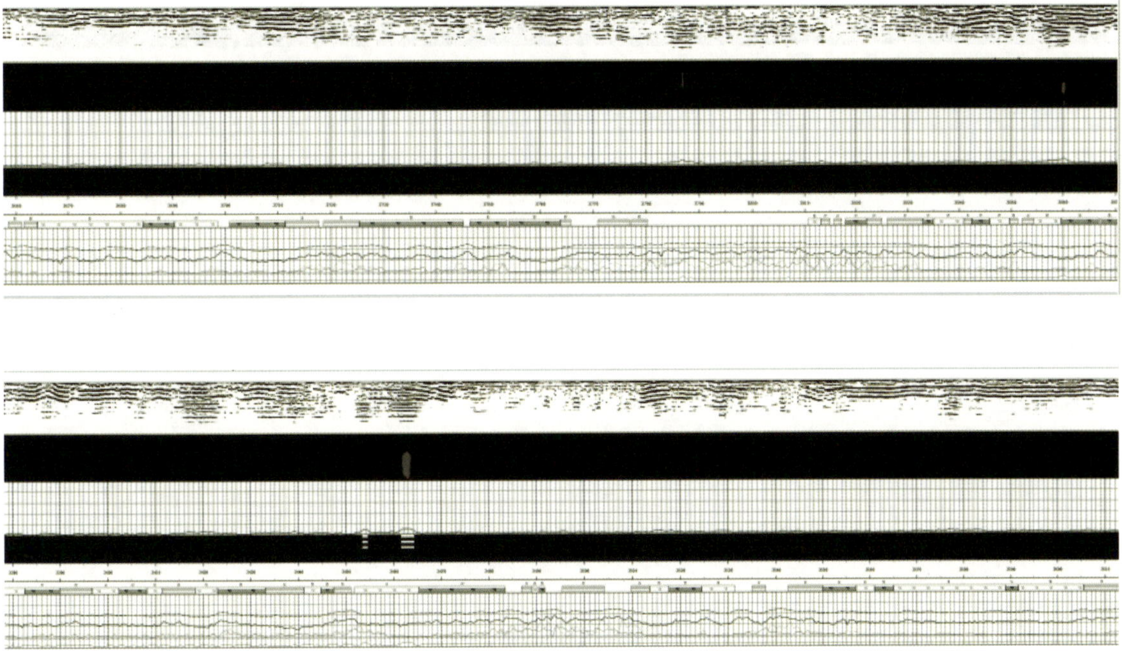

图 8-3-1 W23 储 X-P1 井尾管电测图

2. 回接固井质量

回接固井质量见表 8-3-11，W23 储 X-P1 井电测图如图 8-3-2 所示。

表 8-3-11 回接固井质量

井号	回接固井质量				
	封固段长/m	优良段长/m	优质段长/m	优良率/%	优质率/%
W23 储 X-P1 井	2167.30	2152.50	2072.70	99.32	95.64

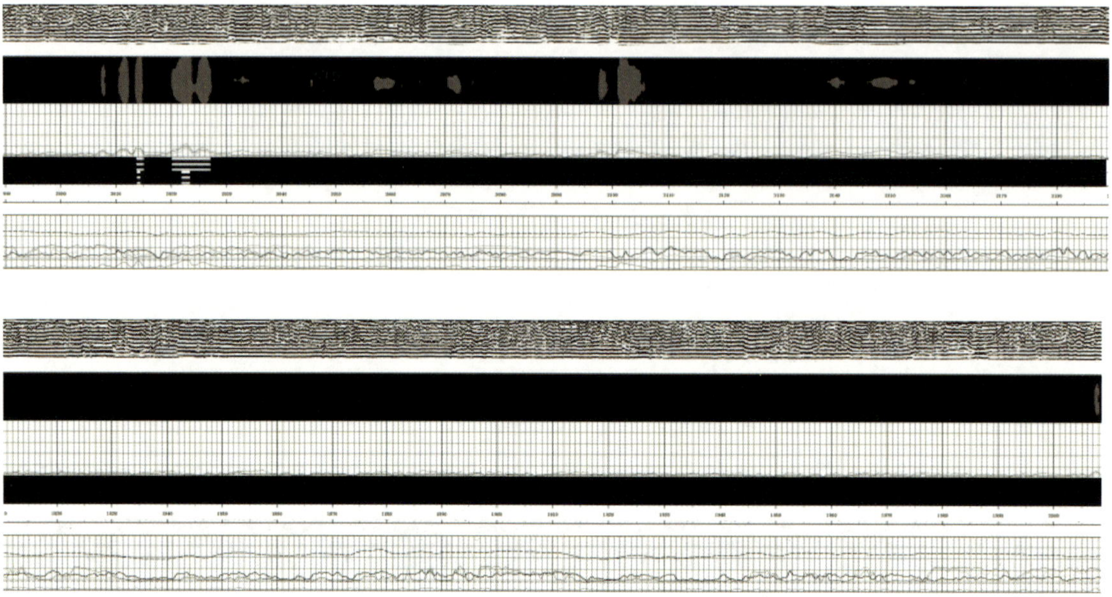

图 8-3-2　W23 储 X-P1 井尾管回接电测图

参 考 文 献

[1] 苏展．全球地下储气库发展趋势研究及对我国储气调峰体系建设的启示[J]．质量与市场，2021，(07)：5-143.

[2] 刘恒阳．“双碳”背景下天然气地下储气库机遇与挑战[J]．石油与天然气化工，2022，51(06)：6-70.

[3] 魏欢，田静，李建中，等．中国天然气地下储气库现状及发展趋势[J]．国际石油经济，2015，23(06)：57-62.

[4] 高红灿，郑荣才，陈发亮等．渤海湾盆地东濮凹陷古近系沙河街组层序地层[J]．石油与天然气地质，2011，32(06)：839-850.

[5] 袁光杰，杨长来，王斌，等．国内地下储气库钻完井技术现状分析[J]．天然气工业，2013，33(2)：61-64.

[6] 权春阳，权迎军，种奋刚，等．陕224储气库大井眼定向井钻完井关键技术[J]．山东化工，2022，51(5)：159-165.

[7] 刘自广．文23枯竭砂岩型储气库微泡钻井液技术[J]．钻探工程，2022，49(2)：117-122.

[8] 钟志英，罗天雨，邬国栋，等．新疆油田呼图壁储气库气井管柱腐蚀实验研究[J]．新疆石油天然气，2012，8(3)：82-86.

[9] 姚勇，张建辉，吕传涛，等．模拟盐穴储气库条件下含Cr石油套管腐蚀选材研究[J]．四川冶金，2016，38(2)：40-44.

[10] 丁磊，姚勇，张志远，等．慢应变拉伸法模拟含氢储气库管材的应力腐蚀试验研究[J]．钢管，2017，46(5)：18-24.

[11] 王建军，孙建华，薛承文，等．地下储气库注采管柱气密封螺纹接头优选[J]．天然气工业，2017，37(5)：76-80.

[12] 王建军，路彩虹，贺海军，等．气藏型储气库管柱选用与评价[J]．石油管材与仪器，2019，5(2)：26-29.

[13] 冯耀荣，韩礼红，张福祥，等．油气井管柱完整性技术研究进展与展望[J]．天然气工业，2014，34(11)：73-81.

[14] 姚小飞，谢发勤，吴向清，等．温度对超级13Cr油管钢慢拉伸应力腐蚀开裂的影响[J]．石油矿场机械，2012，41(9)：50-53.

[15] 汪雄雄，樊莲莲，刘双全，等．榆林南地下储气库注采井完井管柱的优化设计[J]．天然气工业，2014，34(1)：92-96.

[16] 范伟华，冯彬，刘世彬，等．相国寺储气库固井井筒密封完整性技术[J]．断块油气田，2014，21(1)：104-106.

[17] 许红林，施太和，张智．油套管特殊螺纹接头上扣扭矩理论分析[J]．西南石油大学学报(自然科学版)，2014，36(5)：160-168.

[18] 张国权．超声波在水泥混凝土结构强度检测种应用[J]．中国公路，2018，(09)：106-107.

[19] Okrajni S ，Azar JJ. The effects of mudrheology on annular hole cleaning indirec-tional wells[J]. SPE Drilling Engineering，1986，1(4)：297-308.

[20] 杨金荣，贾建文，穆西伟，等．古巴 GBO-03 大位移井钻井液技术[J]．钻井液与完井液，2011，28(6)：35-39.

[21] 李文哲，文乾彬，肖新宇，等. 页岩气长水平井套管安全下入风险评估技术[J]．天然气工业，2020，40(9)：97-104.

[22] 杨万忠，李锐，石庆．增加套管内外压差提高固井质量[J]．天然气工业，2009，29(8)54-56.

[23] 刘珂兵，贾彪，王庆等．关于内嵌卡瓦尾管悬挂器的应用探讨[J]．中国石油和化工标准与质量，2016，36(22)：74-75.

[24] 马兰荣，白晓静，朱和明等．尾管回接装置及其在现场的应用[J]．石油矿场机械，2008(09)：88-90.

[25] 周战云，李社坤，秦克明等．高性能弹浮式套管浮箍的研制及在页岩气井的应用[J]．石油钻探技术，2016，44(04)：77-81.

[26] 李社坤，周战云，任文亮，等．大位移水平井旋转自导式套管浮鞋的研制及应用[J]．石油钻采工艺，2017，39(3)：323-327. DOI：10. 13639/j. odpt. 2017. 03. 013.

[27] 中国石油化工集团公司，中石化中原石油工程有限公司固井公司．弹浮式套管浮箍：CN201420642985. 3[P]. 2015-04-22.

[28] 河北上善石油机械有限公司．一种舌板式浮箍：CN201620144799. 6[P]. 2016-08-24.

[29] 中石化石油工程技术服务有限公司，中石化中原石油工程有限公司固井公司．旋转自导式浮鞋：CN201520900061. 3[P]. 2016-04-20.

[30] 中国石油化工股份有限公司，中国石油化工股份有限公司西南油气分公司．一种油管固井用的整体式弹性扶正器：CN202021080817. 1[P]. 2021-05-04.

[31] 中石化石油工程技术服务有限公司．一种套管扶正器：CN201920630638. 1[P]. 2020-01-10.

[32] 李龙迪．东濮凹陷中央低凸起带砂体成因机制与分布规律研究[D]．中国石油大学(北京)，2021.

[33] 李继东．东濮凹陷构造特征与断块群成藏条件分析[D]．中国地质大学(北京)，2008.

[34] 刘勇．大位移井套管扶正器安放间距新模型研究[D]．成都：西南石油大学，2008.

[35] 李杰，杨健，马辉运，等．相国寺储气库钻采工艺技术[M]．北京：石油工业出版社，2018.

[36] 马新华，丁国生，等．中国天然气地下储气库[M]．北京：石油工业出版社，2018.

[37] 马开华，丁士东．深井复杂地层固井理论与实践[M]．北京：中国石化出版社，2019.

[38] GB/T 28911—2012，石油天然气钻井工程术语[S].

[39] SY/T 5106—2019，石油天然气钻采设备封隔器规范[S].

[40] Q/SH1557 2011—2022，弹浮式套管浮箍、浮鞋[S].

[41] 28th World Gas Conference[R]. Korea：lnternatlonal Gas Union 2022.

[42] Drilling Design and Implementation for Exrtended Reach Wells，K&M Technology Group Third Edition，2003.